➡点線にそって切り取りましょう。

Gakken New Course Study Plan Sheet

↓テスト前1週間でやることを決めよう。(2週間前から取り組む場合は2列使う。)

WEEKLY STUDY PLAN

Name of the Test ←テスト名を書こう。

Test Period ←

／ ～ ／

Date ←勉強する日付を書こう。

To-do List ← やることを書こう。(例)「英単語を10個覚える」など。

／ ( )

Time Record
0分 10 20 30 40 50 60分
1時間 2時間 3時間 4時間 5時間 6時間

／ ( )

Time Record
0分 10 20 30 40 50 60分
1時間 2時間 3時間 4時間 5時間 6時間

／ ( )

Time Record
0分 10 20 30 40 50 60分
1時間 2時間 3時間 4時間 5時間 6時間

／ ( )

Time Record
0分 10 20 30 40 50 60分
1時間 2時間 3時間 4時間 5時間 6時間

／ ( )

Time Record
0分 10 20 30 40 50 60分
1時間 2時間 3時間 4時間 5時間 6時間

／ ( )

Time Record
0分 10 20 30 40 50 60分
1時間 2時間 3時間 4時間 5時間 6時間

／ ( )

Time Record
0分 10 20 30 40 50 60分
1時間 2時間 3時間 4時間 5時間 6時間

テス[illegible]その日勉強した時間分のマス目をぬろう。1マス10分。

WEEKLY STUDY PLAN

Name of the Test

Test Period

／ ～ ／

Date To-do List

／ ( )

Time Record
0分 10 20 30 40 50 60分
1時間 2時間 3時間 4時間 5時間 6時間

／ ( )

Time Record
0分 10 20 30 40 50 60分
1時間 2時間 3時間 4時間 5時間 6時間

／ ( )

Time Record
0分 10 20 30 40 50 60分
1時間 2時間 3時間 4時間 5時間 6時間

／ ( )

Time Record
0分 10 20 30 40 50 60分
1時間 2時間 3時間 4時間 5時間 6時間

／ ( )

Time Record
0分 10 20 30 40 50 60分
1時間 2時間 3時間 4時間 5時間 6時間

／ ( )

Time Record
0分 10 20 30 40 50 60分
1時間 2時間 3時間 4時間 5時間 6時間

／ ( )

Time Record
0分 10 20 30 40 50 60分
1時間 2時間 3時間 4時間 5時間 6時間

WEEKLY STUDY PLAN

Name of the Test

Test Period

／ ～ ／

Date To-do List

／ ( )

Time Record
0分 10 20 30 40 50 60分
1時間 2時間 3時間 4時間 5時間 6時間

／ ( )

Time Record
0分 10 20 30 40 50 60分
1時間 2時間 3時間 4時間 5時間 6時間

／ ( )

Time Record
0分 10 20 30 40 50 60分
1時間 2時間 3時間 4時間 5時間 6時間

／ ( )

Time Record
0分 10 20 30 40 50 60分
1時間 2時間 3時間 4時間 5時間 6時間

／ ( )

Time Record
0分 10 20 30 40 50 60分
1時間 2時間 3時間 4時間 5時間 6時間

／ ( )

Time Record
0分 10 20 30 40 50 60分
1時間 2時間 3時間 4時間 5時間 6時間

／ ( )

Time Record
0分 10 20 30 40 50 60分
1時間 2時間 3時間 4時間 5時間 6時間

↓テスト前1週間でやることを決めよう。(2週間前から取り組む場合は2列使う。)

WEEKLY STUDY PLAN

Name of the Test ←テスト名を書こう。

Test Period ←テスト期間を書こう。

/ ～ /

→Date 勉強する日付を書こう。

To-do List ← やることを書こう。(例)「英単語を10個覚える」など。

Time Record ←実際にその日勉強した時間分のマス目をぬろう。1マス10分。

Date	To-do List	Time Record
/ ( )	□ □ □ □ □	Time Record 0分 10 20 30 40 50 60分 1時間 2時間 3時間 4時間 5時間 6時間
/ ( )	□ □ □ □ □	Time Record 0分 10 20 30 40 50 60分 1時間 2時間 3時間 4時間 5時間 6時間
/ ( )	□ □ □ □ □	Time Record 0分 10 20 30 40 50 60分 1時間 2時間 3時間 4時間 5時間 6時間
/ ( )	□ □ □ □ □	Time Record 0分 10 20 30 40 50 60分 1時間 2時間 3時間 4時間 5時間 6時間
/ ( )	□ □ □ □ □	Time Record 0分 10 20 30 40 50 60分 1時間 2時間 3時間 4時間 5時間 6時間
/ ( )	□ □ □ □ □	Time Record 0分 10 20 30 40 50 60分 1時間 2時間 3時間 4時間 5時間 6時間
/ ( )	□ □ □ □ □	Time Record 0分 10 20 30 40 50 60分 1時間 2時間 3時間 4時間 5時間 6時間

WEEKLY STUDY PLAN

Name of the Test

Test Period

/ ～ /

Date	To-do List	Time Record
/ ( )	□ □ □ □ □	Time Record 0分 10 20 30 40 50 60分 1時間 2時間 3時間 4時間 5時間 6時間
/ ( )	□ □ □ □ □	Time Record 0分 10 20 30 40 50 60分 1時間 2時間 3時間 4時間 5時間 6時間
/ ( )	□ □ □ □ □	Time Record 0分 10 20 30 40 50 60分 1時間 2時間 3時間 4時間 5時間 6時間
/ ( )	□ □ □ □ □	Time Record 0分 10 20 30 40 50 60分 1時間 2時間 3時間 4時間 5時間 6時間
/ ( )	□ □ □ □ □	Time Record 0分 10 20 30 40 50 60分 1時間 2時間 3時間 4時間 5時間 6時間
/ ( )	□ □ □ □ □	Time Record 0分 10 20 30 40 50 60分 1時間 2時間 3時間 4時間 5時間 6時間
/ ( )	□ □ □ □ □	Time Record 0分 10 20 30 40 50 60分 1時間 2時間 3時間 4時間 5時間 6時間

WEEKLY STUDY PLAN

Name of the Test

Test Period

/ ～ /

Date	To-do List	Time Record
/ ( )	□ □ □ □ □	Time Record 0分 10 20 30 40 50 60分 1時間 2時間 3時間 4時間 5時間 6時間
/ ( )	□ □ □ □ □	Time Record 0分 10 20 30 40 50 60分 1時間 2時間 3時間 4時間 5時間 6時間
/ ( )	□ □ □ □ □	Time Record 0分 10 20 30 40 50 60分 1時間 2時間 3時間 4時間 5時間 6時間
/ ( )	□ □ □ □ □	Time Record 0分 10 20 30 40 50 60分 1時間 2時間 3時間 4時間 5時間 6時間
/ ( )	□ □ □ □ □	Time Record 0分 10 20 30 40 50 60分 1時間 2時間 3時間 4時間 5時間 6時間
/ ( )	□ □ □ □ □	Time Record 0分 10 20 30 40 50 60分 1時間 2時間 3時間 4時間 5時間 6時間
/ ( )	□ □ □ □ □	Time Record 0分 10 20 30 40 50 60分 1時間 2時間 3時間 4時間 5時間 6時間

Gakken New Course Study Plan Sheet

←点線にそって切り取りましょう。

【学研ニューコース】

問題集

中1数学

Gakken

学研ニューコース
Gakken New Course for Junior High School Students

もくじ
Contents

中1数学 問題集

「解答と解説」は別冊になっています。本冊と軽くのりづけされていますので，はずしてお使いください。

本書の特長と使い方

特長

ステップ式の構成で無理なく実力アップ	充実の問題量＋定期テスト予想問題つき	スタディプランシートでスケジューリングもサポート

1項目4ページ構成

【1見開き目】

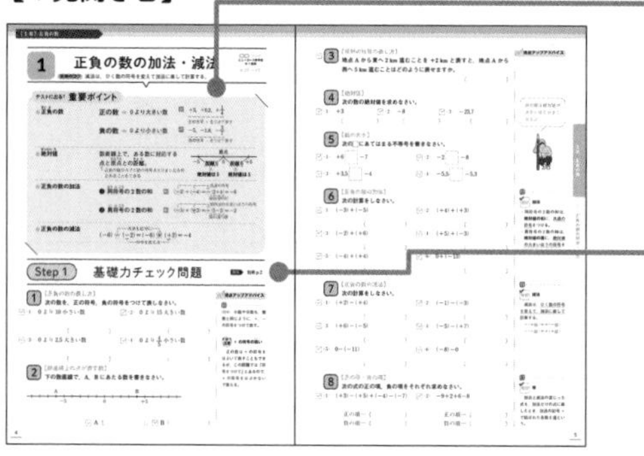

テストに出る！　重要ポイント

各項目のはじめには，その項目の重要語句や要点，公式・法則などが整理されています。まずはここに目を通して，テストによく出るポイントをおさえましょう。

Step 1　基礎力チェック問題

基本的な問題を解きながら，各項目の基礎が身についているかどうかを確認できます。
わからない問題や苦手な問題があるときは，「得点アップアドバイス」を見てみましょう。

確認　おさえておくべきポイントや公式・法則。

復習　小学校やこれまでの学習内容の復習。

テストで注意　テストでまちがえやすい内容の解説。

【2見開き目】

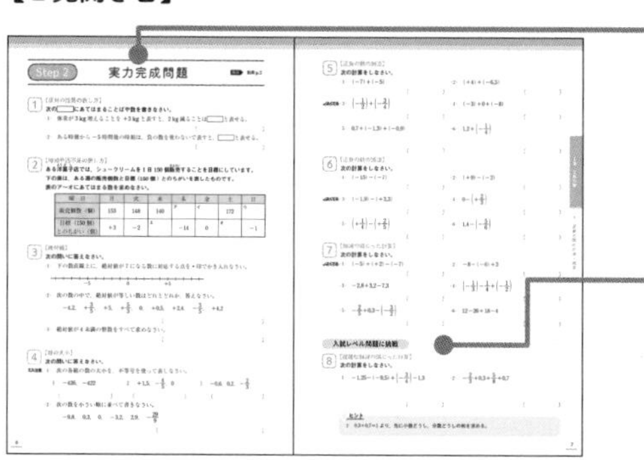

Step 2　実力完成問題

標準レベルの問題から，やや難しい問題を解いて，実戦力をつけましょう。まちがえた問題は解き直しをして，解ける問題を少しずつ増やしていくとよいでしょう。

入試レベル問題に挑戦

各項目の，高校入試で出題されるレベルの問題に取り組むことができます。どのような問題が出題されるのか，雰囲気をつかんでおきましょう。

よくでる　定期テストでよく問われる問題。

ミス注意　まちがえやすい問題。

思考　思考力を問う問題。

章末

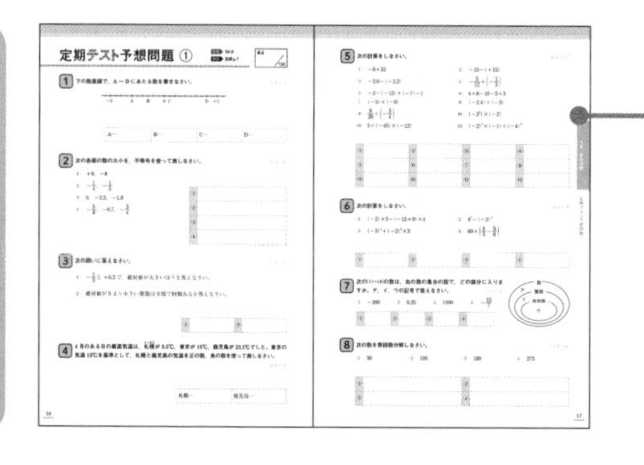

定期テスト予想問題

学校の定期テストでよく出題される問題を集めたテストで，力試しができます。制限時間内でどれくらい得点が取れるのか，テスト本番に備えて取り組んでみましょう。

スタディプランシート【巻頭】

勉強の計画を立てたり，勉強時間を記録したりするためのシートです。計画的に勉強するために，ぜひ活用してください。

1 正負の数の加法・減法

リンク
ニューコース参考書
中1数学
p.28 ~ 43

攻略のコツ 減法は，ひく数の符号を変えて加法に直して計算する。

テストに出る！ 重要ポイント

● 正負の数

正の数 ➡ 0より大きい数　例 $+3,\ +0.2,\ +\frac{1}{4}$
正の符号 + をつけて表す

負の数 ➡ 0より小さい数　例 $-5,\ -1.8,\ -\frac{3}{7}$
負の符号 − をつけて表す

● 絶対値

数直線上で，ある数に対応する点と原点との距離。
↑正負の数からその数の符号をとりさったものとみることもできる

原点
−5　距離5　0　距離5　+5
絶対値は5　絶対値は5

● 正負の数の加法

❶ 同符号の2数の和　例 $(-2)+(-4)=-(2+4)=-6$
共通の符号
絶対値の和

❷ 異符号の2数の和　例 $(-5)+(+3)=-(5-3)=-2$
絶対値の大きいほうの符号
絶対値の差

● 正負の数の減法

$(-6)-(-2)=(-6)+(+2)=-4$
減法を加法に
符号を変える

Step 1 基礎力チェック問題

解答 別冊 p.2

1 【正負の数の表し方】

次の数を，正の符号，負の符号をつけて表しなさい。

(1) 0より10小さい数　〔　　　〕

(2) 0より15大きい数　〔　　　〕

(3) 0より2.5大きい数　〔　　　〕

(4) 0より$\frac{4}{5}$小さい数　〔　　　〕

2 【数直線上の点が表す数】

下の数直線で，A，Bにあたる数を書きなさい。

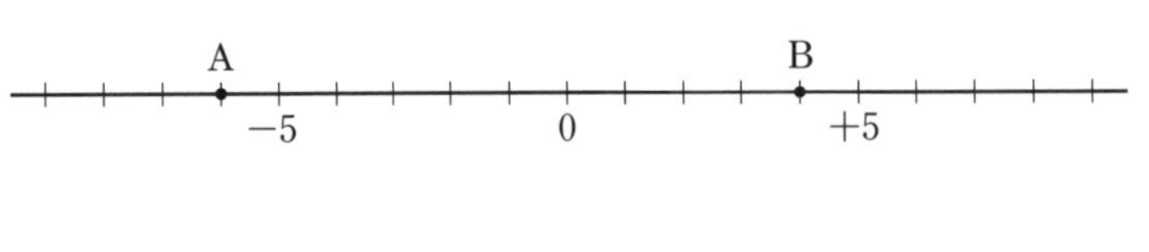

A〔　　　〕，B〔　　　〕

得点アップアドバイス

1 (3)(4) 小数や分数も，整数と同じように，+，−の符号をつけて表す。

テストで注意 + の符号の扱い

正の数は + の符号をはぶいて表すこともできるが，この問題では「符号をつけて」とあるので，+ の符号をはぶかないで答える。

3 【反対の性質の表し方】

地点Aから東へ2 km進むことを +2 km と表すと，地点Aから西へ5 km進むことはどのように表せますか。

〔　　　　〕

4 【絶対値】

次の数の絶対値を求めなさい。

(1) $+3$ 〔　　　　〕　(2) -8 〔　　　　〕　(3) -23.7 〔　　　　〕

5 【数の大小】

次の□にあてはまる不等号を書きなさい。

(1) $+6$ □ -7　(2) -2 □ -8

(3) $+3.5$ □ -4　(4) -5.5 □ -5.3

6 【正負の数の加法】

次の計算をしなさい。

(1) $(-3)+(-5)$ 〔　　　　〕　(2) $(+4)+(+3)$ 〔　　　　〕

(3) $(-2)+(+6)$ 〔　　　　〕　(4) $(+5)+(-3)$ 〔　　　　〕

(5) $(-4)+(+4)$ 〔　　　　〕　(6) $0+(-13)$ 〔　　　　〕

7 【正負の数の減法】

次の計算をしなさい。

(1) $(+2)-(+4)$ 〔　　　　〕　(2) $(-1)-(-3)$ 〔　　　　〕

(3) $(+6)-(-5)$ 〔　　　　〕　(4) $(-5)-(+7)$ 〔　　　　〕

(5) $0-(-11)$ 〔　　　　〕　(6) $(-8)-0$ 〔　　　　〕

8 【正の項(こう)・負の項】

次の式の正の項，負の項をそれぞれ求めなさい。

(1) $(+3)-(+5)+(-4)-(-7)$

正の項…〔　　　　〕
負の項…〔　　　　〕

(2) $-9+2+6-8$

正の項…〔　　　　〕
負の項…〔　　　　〕

得点アップアドバイス

6 確認 **加法**

・同符号の2数の和は，**絶対値の和**に，共通の符号をつける。
・異符号の2数の和は，**絶対値の差**に，絶対値の大きいほうの符号をつける。

7 確認 **減法**

減法は，ひく数の符号を変えて，加法に直して計算する。

8 確認 **項**

加法と減法の混じった式を，加法だけの式に直したとき，加法の記号 + で結ばれた各数を項という。

Step 2 実力完成問題

解答 ▶ 別冊 p.2

1 【反対の性質の表し方】

次の□にあてはまることばや数を書きなさい。

(1) 体重が 3 kg 増えることを +3 kg と表すと，2 kg 減ることは□と表せる。

〔　　　　　　〕

(2) ある時刻から −5 時間後の時刻は，負の数を使わないで表すと，□と表せる。

〔　　　　　　〕

2 【増減や過不足の表し方】

ある洋菓子店では，シュークリームを 1 日 150 個販売することを目標にしています。
下の表は，ある週の販売個数と目標（150 個）とのちがいを表したものです。
表のア〜オにあてはまる数を求めなさい。

曜　日	月	火	水	木	金	土	日
販売個数（個）	153	148	140	ア	イ	172	ウ
目標（150 個）とのちがい（個）	+3	−2	エ	−14	0	オ	−1

3 【絶対値】

次の問いに答えなさい。

(1) 下の数直線上に，絶対値が 7 になる数に対応する点を • 印でかき入れなさい。

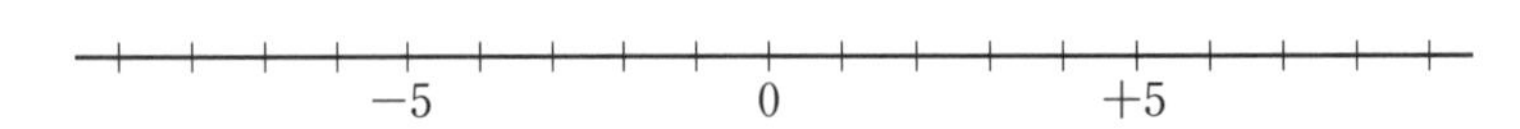

(2) 次の数の中で，絶対値が等しい数はどれとどれか，答えなさい。

$-4.2,\quad +\frac{3}{5},\quad +5,\quad +\frac{5}{3},\quad 0,\quad +0.5,\quad +2.4,\quad -\frac{3}{5},\quad +4.2$

〔　　　　　　〕

(3) 絶対値が 4 未満の整数をすべて求めなさい。

〔　　　　　　〕

4 【数の大小】

次の問いに答えなさい。

ミス注意 (1) 次の各組の数の大小を，不等号を使って表しなさい。

① $-426,\ -422$　② $+1.5,\ -\frac{4}{5},\ 0$　③ $-0.6,\ 0.2,\ -\frac{2}{3}$

〔　　　　〕〔　　　　〕〔　　　　〕

(2) 次の数を小さい順に並べて書きなさい。

$-9.8,\quad 0.3,\quad 0,\quad -3.2,\quad 2.9,\quad -\frac{29}{9}$

〔　　　　　　〕

5 【正負の数の加法】

次の計算をしなさい。

(1) $(-7)+(-5)$　〔　　〕

(2) $(+4)+(-6.5)$　〔　　〕

✓よくでる (3) $\left(-\frac{1}{2}\right)+\left(-\frac{3}{4}\right)$　〔　　〕

(4) $(-3)+0+(-8)$　〔　　〕

(5) $0.7+(-1.3)+(-0.9)$　〔　　〕

(6) $1.2+\left(-\frac{1}{4}\right)$　〔　　〕

6 【正負の数の減法】

次の計算をしなさい。

(1) $(-15)-(-7)$　〔　　〕

(2) $(+9)-(-2)$　〔　　〕

✓よくでる (3) $(-1.9)-(+3.3)$　〔　　〕

(4) $0-\left(+\frac{2}{3}\right)$　〔　　〕

(5) $\left(+\frac{1}{4}\right)-\left(+\frac{2}{5}\right)$　〔　　〕

(6) $1.4-\left(-\frac{5}{6}\right)$　〔　　〕

7 【加減の混じった計算】

次の計算をしなさい。

✓よくでる (1) $(-5)+(+2)-(-7)$　〔　　〕

(2) $-8-(-6)+3$　〔　　〕

(3) $-2.8+3.2-7.3$　〔　　〕

(4) $\left(-\frac{1}{3}\right)-\frac{1}{4}+\left(-\frac{1}{2}\right)$　〔　　〕

(5) $-\frac{2}{5}+0.3-\left(-\frac{3}{2}\right)$　〔　　〕

(6) $12-26+18-4$　〔　　〕

入試レベル問題に挑戦

8 【複雑な加減の混じった計算】

次の計算をしなさい。

(1) $-1.25-(-9.5)+\left(-\frac{3}{4}\right)-1.3$　〔　　〕

(2) $-\frac{2}{3}+0.3+\frac{5}{8}+0.7$　〔　　〕

ヒント

(2) $0.3+0.7=1$ より，先に小数どうし，分数どうしの和を求める。

2 正負の数の乗法・除法

リンク ニューコース参考書 中1数学 p.44 ~ 54

攻略のコツ 分数でわる除法は，わる数の逆数をかけて，乗法だけの式に直す。

テストに出る! 重要ポイント

乗法・除法

❶ 同符号の2数の積・商
➡ 絶対値の積・商に，＋の符号をつける。

例 $(-3)\times(-2)=+(3\times2)=+6$ （同符号／絶対値の積）

❷ 異符号の2数の積・商
➡ 絶対値の積・商に，－の符号をつける。

例 $(+6)\div(-2)=-(6\div2)=-3$ （異符号／絶対値の商）

3つ以上の数の積の符号

● 負の数が偶数個 ➡ ＋　● 負の数が奇数個 ➡ －

累乗

累乗(同じ数をいくつかかけ合わせたもの)は**指数**を使って表す。

例 $4\times4\times4=4^3$ ←指数　「4の3乗」と読む

乗除の混じった計算

わる数の逆数をかけて，乗法だけの式に直して計算する。

例 $15\div\left(-\frac{3}{5}\right)\times4=15\times\left(-\frac{5}{3}\right)\times4=-\left(\overset{5}{\cancel{15}}\times\frac{5}{\underset{1}{\cancel{3}}}\times4\right)=-100$

逆数をかける

Step 1 基礎力チェック問題

解答 別冊 p.3

1 【乗法】

次の計算をしなさい。

(1) $(+4)\times(+5)$　〔　　　〕

(2) $(+3)\times(-6)$　〔　　　〕

(3) $(-2)\times(+8)$　〔　　　〕

(4) $(-4)\times(+4)$　〔　　　〕

(5) $(-0.4)\times(+2)$　〔　　　〕

(6) $(-0.3)\times(-0.2)$　〔　　　〕

(7) $(+4)\times\left(-\frac{3}{2}\right)$　〔　　　〕

(8) $\left(-\frac{3}{4}\right)\times\left(+\frac{1}{3}\right)$　〔　　　〕

(9) $(-9)\times0$　〔　　　〕

(10) $\left(-\frac{2}{7}\right)\times(-1)$　〔　　　〕

1

確認 乗法

・同符号の2数の積
➡絶対値の積に＋の符号をつける。

・異符号の2数の積
➡絶対値の積に－の符号をつける。

2 【3つ以上の数の積】

次の計算で，□にはあてはまる数を，○にはあてはまる符号を書き入れなさい。

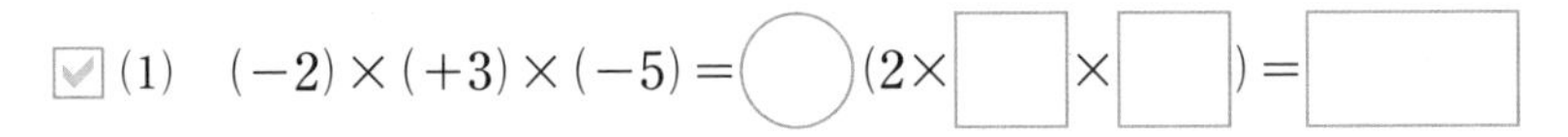

☑ (1)　$(-2)\times(+3)\times(-5)=\bigcirc(2\times\square\times\square)=\square$

☑ (2)　$(-3)\times(-4)\times(-1)=\bigcirc(3\times\square\times\square)=\square$

3 【累乗の計算】

次の計算をしなさい。

☑ (1)　$(-4)^2$　〔　　　〕

☑ (2)　-5^2　〔　　　〕

☑ (3)　$(-2)^3$　〔　　　〕

☑ (4)　$(2\times3)^2$　〔　　　〕

4 【逆数】

次の数の逆数を求めなさい。

☑ (1)　-7　〔　　　〕

☑ (2)　$\frac{1}{5}$　〔　　　〕

☑ (3)　-0.4　〔　　　〕

5 【除法】

次の計算をしなさい。

☑ (1)　$(+12)\div(+3)$　〔　　　〕

☑ (2)　$(-16)\div(+8)$　〔　　　〕

☑ (3)　$(+27)\div(-3)$　〔　　　〕

☑ (4)　$(-15)\div(+5)$　〔　　　〕

☑ (5)　$(-2)\div(-0.4)$　〔　　　〕

☑ (6)　$6\div\left(-\frac{2}{3}\right)$　〔　　　〕

☑ (7)　$\left(-\frac{2}{3}\right)\div\left(+\frac{4}{9}\right)$　〔　　　〕

☑ (8)　$0\div(-5)$　〔　　　〕

6 【乗除の混じった計算】

次の計算をしなさい。

☑ (1)　$(-3)\div(-6)\times(+4)$　〔　　　〕

☑ (2)　$12\times(-7)\div3$　〔　　　〕

☑ (3)　$(-15)\div\frac{3}{5}\times(-3)$　〔　　　〕

☑ (4)　$\frac{3}{4}\times\left(-\frac{2}{3}\right)\div\left(-\frac{4}{5}\right)$　〔　　　〕

得点アップアドバイス

2

確認 **積の符号**

かけ合わされている**負の数の個数**が，

偶数⇒積の符号は ＋

奇数⇒積の符号は －

正の数の逆数は正の数，負の数の逆数は負の数だよ。

5

確認 **除法**

・同符号の2数の商
⇒絶対値の商に＋の符号をつける。

・異符号の2数の商
⇒絶対値の商に－の符号をつける。

(6)(7)　分数でわる除法は，わる数を逆数にしてかけるとよい。

確認 **0との除法**

(8)　0をどんな数でわっても商は0。なお，0でわる除法は考えない。

6

確認 **乗除の混じった計算**

まず，除法の部分を，逆数をかける乗法に直す。乗法だけの式ならば，かける順序を変えて，どの2数から計算してもよい。

Step 2 実力完成問題

解答 別冊 p.4

1 【乗法】

次の計算をしなさい。

(1) $(-7)\times(-12)$ 〔　　　〕

(2) $-18\times(+4)$ 〔　　　〕

(3) $9\times(-8)$ 〔　　　〕

(4) $-16\times(-5)$ 〔　　　〕

(5) $-1.2\times(-1.5)$ 〔　　　〕

(6) -0.8×30 〔　　　〕

(7) $-\frac{2}{5}\times\left(-\frac{15}{4}\right)$ 〔　　　〕

(8) $(-5)\times(-2)\times(-6)$ 〔　　　〕

ミス注意 (9) $0.4\times\left(-\frac{5}{8}\right)$ 〔　　　〕

(10) $(-0.25)\times\frac{5}{6}\times(-4)$ 〔　　　〕

2 【除法】

次の計算をしなさい。

(1) $(+18)\div(+3)$ 〔　　　〕

(2) $(-28)\div(-7)$ 〔　　　〕

(3) $(-32)\div4$ 〔　　　〕

(4) $20\div(-5)$ 〔　　　〕

ミス注意 (5) $-12\div\left(-\frac{3}{4}\right)$ 〔　　　〕

(6) $-1.8\div6$ 〔　　　〕

(7) $-\frac{5}{8}\div\left(-\frac{5}{12}\right)$ 〔　　　〕

(8) $2.4\div\left(-\frac{3}{8}\right)$ 〔　　　〕

3 【乗除の混じった計算】

次の計算をしなさい。

(1) $-5\div(-6)\times 9$

〔　　　　〕

(2) $24\times(-4)\div 3$

〔　　　　〕

(3) $-\frac{4}{3}\div 4\times\left(-\frac{3}{5}\right)$

〔　　　　〕

(4) $-2\times(-3)^2\div 6$

〔　　　　〕

ミス注意 (5) $(-4)\div 6\times 15\div(-2)$

〔　　　　〕

(6) $24\div(-2)\div(-16)\times 4$

〔　　　　〕

(7) $(-3^2)\times(-2)^2\div\left(-\frac{1}{3}\right)$

〔　　　　〕

(8) $-2^4\div\left(-\frac{2}{3}\right)$

〔　　　　〕

ミス注意 (9) $8\times\left(-\frac{3}{2}\right)^2\div 15$

〔　　　　〕

(10) $\left(-\frac{3}{7}\right)\div\frac{2}{7}\times\left(-\frac{8}{9}\right)$

〔　　　　〕

入試レベル問題に挑戦

4 【正負の数の乗法・除法】

次の計算をしなさい。

(1) $-4^2\times(-3\times 2)^2$

〔　　　　〕

(2) $\left(-\frac{3}{4}\right)\div(-0.8)\div\left(-\frac{1}{2}\right)$

〔　　　　〕

(3) $\frac{9}{26}\div\left(-\frac{3}{13}\right)\times\left(-\frac{1}{2}\right)^2$

〔　　　　〕

(4) $\left(-\frac{8}{15}\right)\times\frac{3}{4}\div\left(-\frac{1}{3}\right)^3$

〔　　　　〕

ヒント

(1) はじめにかっこの中を計算し，次に累乗(るいじょう)の計算をする。

(2) 小数は分数に直すとよい。

(3)(4) 累乗の計算をして，次に乗法だけの式に直して符号(ふごう)を決める。

3 いろいろな計算

リンク
ニューコース参考書
中1数学
p.55 ~ 65

攻略のコツ 四則の混じった計算では，まず，累乗・かっこの中を計算する。

テストに出る！ 重要ポイント

● 四則の混じった計算の順序

累乗（るいじょう）・かっこの中 ➡ 乗除 ➡ 加減の順に計算。

例 $2^3+10\div2-(2+3)\times4=8+10\div2-5\times4=8+5-20=-7$
（2^3：累乗，$(2+3)$：かっこの中）

● 分配法則の利用

分配法則 $(a+b)\times c=\underset{①}{a\times c}+\underset{②}{b\times c}$

例 $\left(\frac{1}{3}+\frac{3}{7}\right)\times21=\underset{①}{\frac{1}{3}\times21}+\underset{②}{\frac{3}{7}\times21}=7+9=16$

● 数の範囲（はんい）と四則の計算

	加法	減法	乗法	除法
自然数	○	×	○	×
整数	○	○	○	×
数	○	○	○	○

○…計算が，その集合でいつでもできる

×…計算が，その集合でいつでもできるとは限らない

● 素数と素因数分解（そいんすうぶんかい）

素数…1とその数自身のほかに約数がない自然数。

素因数分解…自然数を素因数の積で表すこと。

例 $36=2\times2\times3\times3=2^2\times3^2$

Step 1 基礎力チェック問題

解答 別冊 p.5

1 【四則の混じった計算】

次の計算をしなさい。

(1) $6+2\times(-4)$　〔　　〕

(2) $-10-(-21)\div3$　〔　　〕

(3) $(-3)\times5-20\div(-4)$　〔　　〕

(4) $-9-(-4)\times4$　〔　　〕

(5) $5\times(-2)+(-18)\div6$　〔　　〕

(6) $-3+6\times(-3)\div9$　〔　　〕

得点アップアドバイス

1

確認 **計算の順序①**

乗除➡**加減**の順に計算する。

(1) 左から計算して，
$6+2\times(-4)$
$=8\times(-4)$（×）
としてはいけない。

2 【累乗・かっこをふくむ計算，分配法則の利用】

次の計算をしなさい。

(1) $2\times(3-5)$　〔　　　〕

(2) $(16-7)\div(-3)$　〔　　　〕

(3) $-2\times(2-14)\div6$　〔　　　〕

(4) $12\div(4-7)\div(-2)$　〔　　　〕

(5) $(-4)^2-9\div3$　〔　　　〕

(6) $(-2)^2+3\times(-2^2)$　〔　　　〕

(7) $11-(3-6)^2$　〔　　　〕

(8) $1-3^2\times(5-3)$　〔　　　〕

(9) $\left(\frac{2}{3}+\frac{1}{5}\right)\times15$　〔　　　〕

(10) $3.14\times1.21-3.14\times0.21$　〔　　　〕

3 【数の範囲と四則計算】

次のア～エの式の□に，どんな整数を入れても計算の結果がいつも整数になるのはどれですか。ア～エの記号であてはまるものをすべて答えなさい。

ア □＋□　　イ □－□

ウ □×□　　エ □÷□

〔　　　〕

4 【素数と素因数分解】

次の問いに答えなさい。

(1) 次の中から，素数をすべて選びなさい。

0，1，5，9，21，35，41，53，77

〔　　　〕

(2) 次の数を素因数分解します。□にあてはまる数を書きなさい。

```
 2 ) 104
[ア] )  52
 2 )  26
      [イ]
```

ア〔　　　〕

イ〔　　　〕

得点アップアドバイス

2

確認　**計算の順序②**

累乗・かっこの中➡**乗除**➡**加減**の順に計算する。

テストで注意　**( )の中が負になるとき**

(1) $2\times(3-5)=2\times(-2)$ のように，かっこをつけたままにしておく。

テストで注意　**指数とかっこの位置に注意**

(6) $(-2)^2$ と (-2^2) のちがいに注意する。

$(-2)^2=(-2)\times(-2)=4$

$(-2^2)=-(2\times2)=-4$

3

自然数の集合➡整数の集合➡数の集合と，数の範囲を広げて考える。

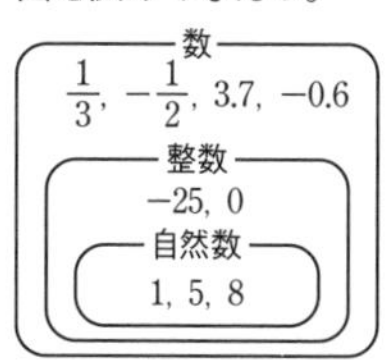

4

確認　**素因数分解の方法**

(2) 小さい素数から順にわっていき，商が素数になったらやめる。

Step 2 実力完成問題

解答 別冊 p.6

1 【四則の混じった計算】

次の計算をしなさい。

よくでる (1) $(-3)\times2-4\times(-3)$

〔　　　　〕

(2) $(-2)\times5+9\div3$

〔　　　　〕

(3) $(-2)\times3+20\div(-5)$

〔　　　　〕

(4) $-11-1.8\div(-0.6)$

〔　　　　〕

(5) $15-4\times(-2)-9$

〔　　　　〕

(6) $-4\times7-18\div3\times(-2)$

〔　　　　〕

2 【かっこ，累乗(るいじょう)をふくむ計算】

次の計算をしなさい。

(1) $(8-11)\times2+8$

〔　　　　〕

(2) $8-(21-17)\div\left(-\dfrac{1}{2}\right)$

〔　　　　〕

ミス注意 (3) $-4-\{12\div(4-7)+2\}$

〔　　　　〕

(4) $2-\{(3-6)\times4-12\}$

〔　　　　〕

よくでる (5) $(-6)^2\div9-2\times(-3^2)$

〔　　　　〕

(6) $(-4)-\{(-2)^3+15\}$

〔　　　　〕

(7) $(-3)^2+5\times(2-3)^2$

〔　　　　〕

(8) $\dfrac{1}{6}+3\times\left(-\dfrac{1}{3}\right)^2-\dfrac{1}{2}$

〔　　　　〕

3 【分配法則の利用】

次の計算を，くふうしてしなさい。

(1) $\left(\dfrac{1}{6}-\dfrac{3}{4}\right)\times12$

〔　　　　〕

(2) $0.23\times1.2+0.77\times1.2$

〔　　　　〕

4 【数の範囲と四則計算】

次のことがらは正しいですか。正しくないときは，その例もあげなさい。

(1) 自然数と整数の和は，いつでも整数になる。

〔　　　　　　　〕

(2) 和が自然数になる2つの数は，どちらも自然数である。

〔　　　　　　　〕

5 【素因数分解】

次の数を素因数分解しなさい。

(1) 14

〔　　　　　　　〕

(2) 96

〔　　　　　　　〕

(3) 189

〔　　　　　　　〕

(4) 324

〔　　　　　　　〕

6 【正負の数の利用】

下の表のAらんの数は，ある都市の4月の第4週の最高気温を表し，Bらんの数はAらんの数をある気温を基準として，それよりも高い場合を正の数，低い場合を負の数で表したものです。次の問いに答えなさい。

	日	月	火	水	木	金	土
A		19.5			18.5		20
B	−1		+2.5	+4.5		−0.5	

(1) 木曜日の最高気温は，前の日の最高気温より6℃低かったそうです。木曜日のBらんにあてはまる数を求めなさい。

〔　　　　　　　〕

(2) この1週間の最高気温の平均を求めなさい。

〔　　　　　　　〕

入試レベル問題に挑戦

7 【かっこ，累乗をふくむ計算】

次の計算をしなさい。

(1) $\left\{1-\frac{2}{3}\times\left(\frac{1}{4}-1\right)\right\}^2\div\frac{5}{2}$

〔　　　　　　　〕

(2) $\left(\frac{3}{4}-\frac{5}{6}\right)\div(-0.5)^3+0.8\times\frac{5}{3}$

〔　　　　　　　〕

ヒント

(1) 小かっこ➡中かっこ➡累乗の順に計算する。 (2) 小数は分数に直して計算するとよい。

定期テスト予想問題 ①

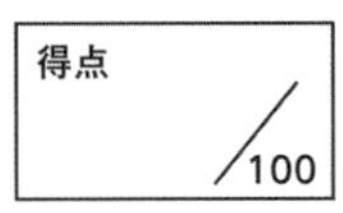

1 下の数直線で，**A ～ D** にあたる数を書きなさい。 【2点×4】

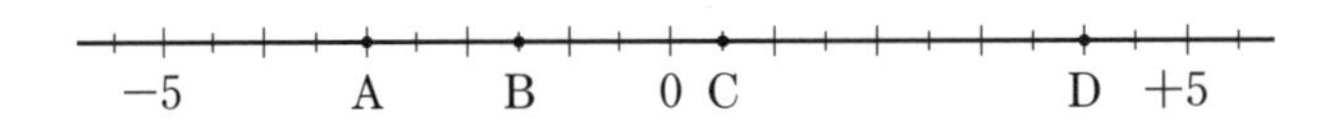

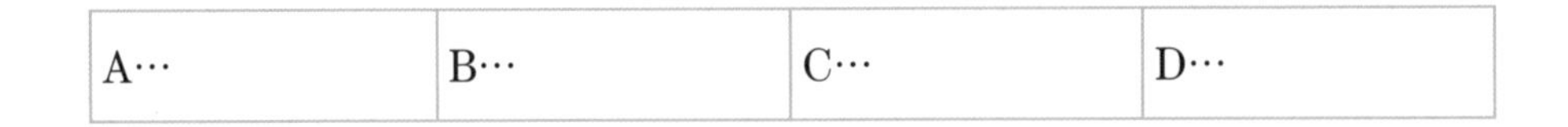

A…	B…	C…	D…

2 次の各組の数の大小を，不等号を使って表しなさい。 【2点×4】

(1) $+9,\ -8$

(2) $-\frac{1}{4},\ -\frac{1}{5}$

(3) $0,\ -2.3,\ -1.8$

(4) $-\frac{5}{8},\ -0.7,\ -\frac{3}{4}$

(1)	
(2)	
(3)	
(4)	

3 次の問いに答えなさい。 【2点×2】

(1) $-\frac{1}{3}$と $+0.3$ で，絶対値が大きいほうを答えなさい。

(2) 絶対値が5より小さい整数は全部で何個あるか答えなさい。

(1)		(2)	

4 4月のある日の最高気温は，札幌（さっぽろ）が 5.5℃，東京が 15℃，鹿児島が 23.5℃でした。東京の気温 15℃を基準として，札幌と鹿児島の気温を正の数，負の数を使って表しなさい。

【2点×2】

札幌…	鹿児島…

5 次の計算をしなさい。

【3点×12】

(1) $-8+32$

(2) $-15-(+15)$

(3) $-2.6-(-2.2)$

(4) $-\dfrac{5}{12}+\left(-\dfrac{1}{3}\right)$

(5) $-2-(-13)+(-7)-1$

(6) $4+8-16-5+3$

(7) $(-5)\times(-9)$

(8) $(-2.4)\div(-3)$

(9) $\dfrac{9}{20}\div\left(-\dfrac{3}{4}\right)$

(10) $(-3^3)\times(-2)$

(11) $5\div(-45)\times(-12)$

(12) $(-2)^2\times(-1)\div(-4)^2$

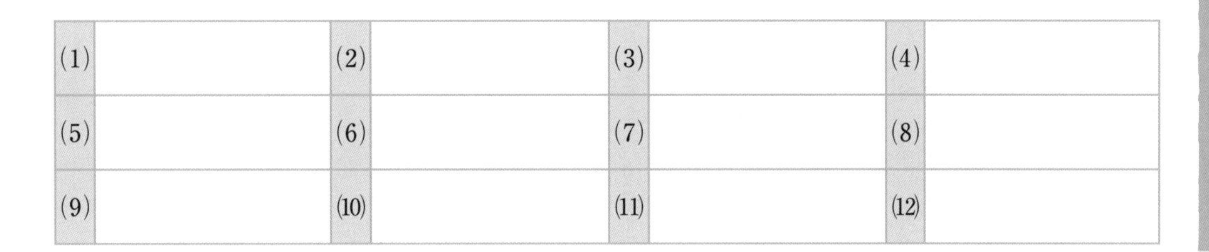

(1)		(2)		(3)		(4)	
(5)		(6)		(7)		(8)	
(9)		(10)		(11)		(12)	

6 次の計算をしなさい。

【4点×4】

(1) $(-2)\times3-(-15+9)\times4$

(2) $4^2-(-2)^2$

(3) $(-3)^2+(-2)^3\times3$

(4) $60\times\left(\dfrac{4}{5}-\dfrac{5}{6}\right)$

(1)		(2)		(3)		(4)	

7 次の(1)〜(4)の数は，右の数の集合の図で，どの部分に入りますか。ア，イ，ウの記号で答えなさい。

【2点×4】

(1) -200　(2) 0.25　(3) 1200　(4) $-\dfrac{15}{7}$

(1)		(2)		(3)		(4)	

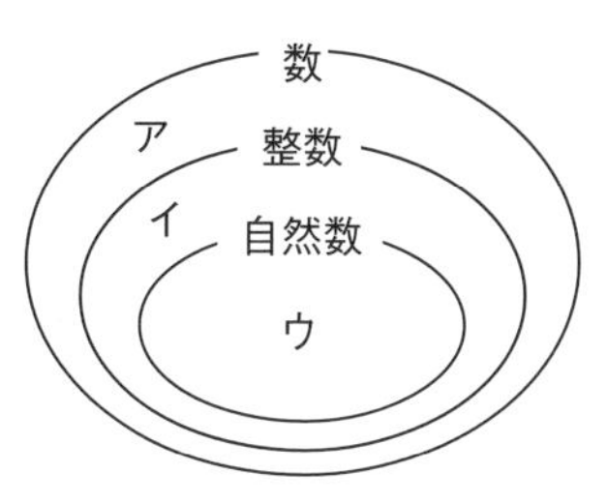

8 次の数を素因数分解しなさい。

【4点×4】

(1) 30　(2) 105　(3) 180　(4) 273

(1)		(2)	
(3)		(4)	

定期テスト予想問題 ②

時間 50分
解答 別冊p.8

得点 /100

1 次の数の中から，(1)〜(6)にあてはまる数をすべて答えなさい。 【3点×6】

$$-8,\quad 0,\quad -0.5,\quad 2,\quad 1.2,\quad \frac{7}{2},\quad -\frac{7}{3}$$

(1) 整数

(2) 自然数

(3) 最も大きい数

(4) 最も小さい数

(5) 絶対値が最も大きい数

(6) 絶対値が最も小さい数

(1)		(2)	
(3)		(4)	
(5)		(6)	

2 次の計算をしなさい。 【4点×12】

(1) $-5+8-(-3)$

(2) $0-(-12.6)$

(3) $\left(-\frac{3}{5}\right)\div\frac{6}{25}$

(4) $24\div(-9)\times(-4)$

(5) $6-3\times(-4)$

(6) $-7^2+48\div(-8)$

(7) $(-2)\times(-10+15)$

(8) $(-4)\times3\div(-6)-9$

(9) $-\frac{5}{8}-\left(-\frac{1}{4}\right)^2\times6$

(10) $-5.9+3\times(-0.2)-2.4$

(11) $\left(\frac{6}{7}-\frac{9}{2}\right)\times\left(-\frac{14}{3}\right)$

(12) $-\frac{25}{13}\times\frac{3}{2}-\left(-\frac{11}{13}\right)\div\frac{2}{3}$

(1)		(2)		(3)		(4)	
(5)		(6)		(7)		(8)	
(9)		(10)		(11)		(12)	

3 右の表は，ある工場の月曜日から金曜日までの生産高が 1000 個を基準として，それよりどれだけ多いかを表したものです。次の問いに答えなさい。　【4点×3】

曜日	月	火	水	木	金
基準との差(個)	＋250	−45	＋10	＋130	−120

(1)　月曜日の生産高は何個か答えなさい。

(2)　生産高がいちばん多い曜日といちばん少ない曜日の生産高の差は何個か答えなさい。

(3)　この 5 日間で 1 日の生産高の平均は何個か答えなさい。

4 次の(1)〜(4)について，いつでも正しいといえるものは解答らんに○を書き，いつでも正しいとはいえない場合は，解答らんに正しくない例を 1 つ書きなさい。　【3点×4】

(1)　(自然数)−(自然数)の結果は自然数である。

(2)　(自然数)×(自然数)の結果は自然数である。

(3)　(整数)×(整数)の結果は整数である。

(4)　(整数)÷(整数)の結果は整数である。

(1)　(2)　(3)　(4)

5 252 にできるだけ小さい自然数をかけて，ある数の 2 乗になるようにします。どんな数をかければよいですか。　【5点】

6 数直線上の原点に置いてあるコマを下のルールにしたがって，動かします。　【5点】

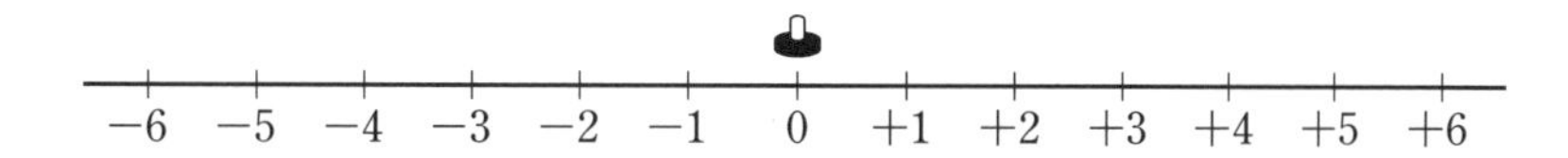

ルール　さいころを投げて，偶数(ぐうすう)であれば右へ 2，奇数(きすう)であれば，左へ 1 進む。

たとえば，1 回目に 1 の目，2 回目に 4 の目が出たときのコマの移動は
0 ➡ −1 ➡ +1 となり，コマは +1 の位置にあります。
さいころを 5 回投げ，その目が 3，6，1，4，2 のとき，コマが置かれた数直線上のめもりの数を書きなさい。

文字を使った式と式の値

リンク ニューコース参考書 中1数学 p.74 ~ 90

攻略のコツ 数量を文字式で表すときは，ことばの式をつくって，文字や数をあてはめる。

テストに出る！ 重要ポイント

●文字式の表し方

❶ 記号×をはぶき，数を文字の前に書く。 例 $a\times4=4a$

❷ 同じ文字の積は，累乗（るいじょう）の指数を使って書く。 例 $a\times a=a^2$

❸ 記号÷を使わずに，分数の形で書く。 例 $a\div5=\frac{a}{5}$

●数量の表し方

- 代金 ➡ **代金＝1個の値段×個数** を利用
- 速さ ➡ **速さ＝道のり÷時間** を利用
- 十の位の数が a，一の位の数が b の2けたの整数 ➡ $\boldsymbol{10a+b}$

●割合の表し方

- 1% ➡ $\frac{1}{100}$ より，$\boldsymbol{a}$**%** ➡ $\boldsymbol{\frac{a}{100}}$
- 1割 ➡ $\frac{1}{10}$ より，$\boldsymbol{b}$ **割** ➡ $\boldsymbol{\frac{b}{10}}$

●式の値の求め方

例 $x=-2$ のとき，$5+3x$ の値

$5+3x=5+3\times x$ ←×を使った式に直す

↓ ←代入…文字を数におきかえること

$=5+3\times(-2)=5-6=-1$ ←式の値…代入して計算した結果

Step 1 基礎力チェック問題

解答 別冊 p.9

1 【積・商の表し方】

次の式を，文字式の表し方にしたがって表しなさい。

(1) $x\times a$　〔　　〕

(2) $a\times(-2)$　〔　　〕

(3) $q\times p\times(-1)$　〔　　〕

(4) $(a+3)\times4$　〔　　〕

(5) $x\times x\times x$　〔　　〕

(6) $a\times b\times a\times b$　〔　　〕

(7) $x\div3$　〔　　〕

(8) $(-2)\div a$　〔　　〕

(9) $(a+2)\div3$　〔　　〕

(10) $a\div4\times b$　〔　　〕

得点アップアドバイス

1

確認 **文字の表し方**

(3) 文字の積は，ふつうアルファベット順に書く。また，1や −1と文字の積では，1をはぶいて表す。

(4)(9) かっこのついた式はひとまとまりとみる。

2 【四則の混じった式の表し方】
次の式を，文字式の表し方にしたがって表しなさい。

☑ (1) $x \times (-2) + y$　〔　　〕

☑ (2) $a \times 2 - b$　〔　　〕

☑ (3) $3 \times x \times x - x$　〔　　〕

☑ (4) $m \div 2 + n \times 5$　〔　　〕

3 【数量の表し方】
次の数量を表す式を書きなさい。

☑ (1) 1本90円の鉛筆(えんぴつ)をx本，1個120円の消しゴムをy個買ったときの代金の合計

〔　　〕

☑ (2) xの2倍とyの3倍の和

〔　　〕

☑ (3) a kmの道のりを時速8 kmの速さで走ったときにかかる時間

〔　　〕

☑ (4) m人の3%の人数

〔　　〕

☑ (5) a円の8割の金額

〔　　〕

☑ (6) nを整数とするとき，7の倍数

〔　　〕

4 【式の値】
次の問いに答えなさい。

(1) $x=3$のとき，次の式の値を求めなさい。

☑ ① $2x+4$　〔　　〕

☑ ② $\dfrac{12}{x}$　〔　　〕

(2) $a=-2$のとき，次の式の値を求めなさい。

☑ ① $2-3a$　〔　　〕

☑ ② a^2　〔　　〕

得点アップアドバイス

3

確認 **数量の表し方**

(3) **時間＝道のり÷速さ**
この式に文字や数をあてはめ，÷の記号を使わないで表す。

(4) 1% → $\frac{1}{100}=0.01$

(5) 1割 → $\frac{1}{10}=0.1$

4

テストで注意 **代入と式の値**

(1) ①積の部分に代入するときは，×を使った式に直してから代入する。
$2x=2\times x$
3を代入して，
$2\times 3=6$

(2) 負の数にはかっこをつけて代入する。
かっこをつけないと，
② $a^2=-2^2=-4$ (×)
のようなミスをしやすい。

Step 2 実力完成問題

解答 別冊 p.9

1 【文字式の表し方】

次の式を，文字式の表し方にしたがって表しなさい。

(1) $x \times x \div (-2) \times a$　〔　　〕

(2) $(x+2) \div y \times (-3)$　〔　　〕

✓よくでる (3) $a \times (-2) - b \div 3$　〔　　〕

(4) $x \div (-2) + y \times y \times x \times 2$　〔　　〕

2 【式を ×，÷ を使って表す】

次の式を，記号×，÷を使って表しなさい。

(1) $5abx$　〔　　〕

(2) $-\dfrac{xy}{4}$　〔　　〕

ミス注意 (3) $\dfrac{m+3}{2}$　〔　　〕

(4) $\dfrac{p}{3} - 3q$　〔　　〕

3 【数量の表し方】

次の数量を表す式を書きなさい。

ミス注意 (1) 1 個 a g の商品 1 個と，1 個 2 kg の商品 b 個の合計の重さ(kg)

〔　　〕

(2) 20 km の道のりを，行きは時速 a km の自転車で，帰りは時速 b km の自動車で走ったとき，往復にかかった時間

〔　　〕

(3) 百の位の数が a，十の位の数が 7，一の位の数が b である 3 けたの自然数

〔　　〕

(4) 9 でわると商が a，余りが b になる数

〔　　〕

(5) 10 点満点のゲームを行い，a 点が 3 回，b 点が 2 回であったときの得点の平均

〔　　〕

(6) ある村の面積が a km^2 で，そのうちの 13%が山林であるときの，山林の面積

〔　　〕

4 【式の表す数量】

次の問いに答えなさい。

(1) 分速 a m の速さで b 分間走ったとき，ab はどんな数量を表していますか。その単位も書きなさい。

式が表す数量…〔　　　　　　　　　　　　〕単位…〔　　　　〕

(2) 定価 x 円の品物を，定価の p 割引きで買ったとき，$\frac{px}{10}$ はどんな数量を表していますか。その単位も書きなさい。

式が表す数量…〔　　　　　　　　　　　　〕単位…〔　　　　〕

5 【式の値】

次の問いに答えなさい。

(1) $x=-6$ のとき，次の式の値を求めなさい。

① $-7-\frac{2}{3}x$

〔　　　　〕

② x^2-3x+7

〔　　　　〕

ミス注意 (2) $a=-\frac{3}{2}$ のとき，次の式の値を求めなさい。

① $-8a^2$

〔　　　　〕

② $-\frac{12}{a}-9$

〔　　　　〕

(3) $x=3$，$y=-4$ のとき，次の式の値を求めなさい。

① $5x+3y$

〔　　　　〕

② $-x-\frac{1}{2}y$

〔　　　　〕

入試レベル問題に挑戦

6 【数量の表し方，式の値】

次の問いに答えなさい。

(1) 濃度(のうど) a%の食塩水 x kg 中にふくまれる食塩の重さは何 kg か答えなさい。

〔　　　　　　〕

(2) $x=-4$，$y=\frac{2}{3}$ のとき，次の式の値を求めなさい。

① $\frac{x}{2}-\frac{6}{y}$

〔　　　　〕

② x^2-9y

〔　　　　〕

ヒント

(1) 食塩の重さ ＝ 食塩水の重さ×濃度

(2) ①記号÷を使った式に直してから代入するとよい。　②負の数はかっこをつけて代入する。

2 式の加減・乗除

リンク ニューコース参考書 中1数学 p.91～99

攻略のコツ　$-(\ )$や，負の数と文字式の乗除では，符号の変化に十分注意する。

テストに出る！ 重要ポイント

●式を簡単にすること　$3a+5a=(3+5)a=8a$　←係数どうしを計算して，数を文字の前に書く

●1次式の加減
- $+(\ )$ ➡ そのままかっこをはずす。
- $-(\ )$ ➡ 各項(かくこう)の符号(ふごう)を変えてかっこをはずす。

例　$(x+2)-(2x-3)$
$=x+2-2x+3=-x+5$

●項が2つの式と数との乗除

乗法 ➡ 分配法則を使ってかっこをはずす。

例　$2(3x+1)=\underset{①}{2\times3x}+\underset{②}{2\times1}$
$=6x+2$

除法 ➡ 分数の形にして，数どうしを約分する。または，除法を乗法に直して計算する。

例　$(6a-9)\div3$

$=\dfrac{6a-9}{3}=\dfrac{6a}{3}-\dfrac{9}{3}$　または　$=(6a-9)\times\dfrac{1}{3}=6a\times\dfrac{1}{3}-9\times\dfrac{1}{3}$

$=2a-3$　　　　$=2a-3$

Step 1 基礎力チェック問題

解答 別冊 p.11

1【項と係数】
次の問いに答えなさい。

(1) 次の式の項と係数を答えなさい。

① $2x-y+5$

項　…〔　　　　　〕
係数…〔　　　　　〕

② $x-\dfrac{1}{2}y+9$

項　…〔　　　　　〕
係数…〔　　　　　〕

(2) 次の式の中から1次式をすべて選んで，記号で答えなさい。

ア　$2x-1$　　イ　$ab+1$　　ウ　x^2　　エ　$\dfrac{a}{3}+2$　　オ　$2-x^2$

〔　　　　　〕

得点アップアドバイス

1

確認 **項と係数**

(1) **項**…加法だけの式で，加法の記号＋で結ばれた1つ1つの文字式や数。
係数…文字をふくむ項の数の部分。
① $-y=-1\times y$
② $x=1\times x$　と考える。

確認 **1次の項と1次式**

(2) **1次の項**…$2x$，$-y$のように，文字が1つだけの項。
1次式…1次の項だけか，1次の項と数の項の和で表すことができる式。
x^2は$x\times x$で文字が2つあることに注意。

2 【式を簡単にすること】
次の計算をしなさい。

(1) $4x+6x$ 〔　　　〕

(2) $-2a+7a$ 〔　　　〕

(3) $\frac{1}{4}x-\frac{1}{2}x$ 〔　　　〕

(4) $3a-5a+2a$ 〔　　　〕

3 【式の加減】
次の計算をしなさい。

(1) $x+2-2x$ 〔　　　〕

(2) $2a-3+3a+1$ 〔　　　〕

(3) $3x+(-5x+4)$ 〔　　　〕

(4) $(5a+1)+(7a-2)$ 〔　　　〕

(5) $8x+4-(7x+9)$ 〔　　　〕

(6) $(5x+6)-(3x-5)$ 〔　　　〕

4 【式をたすこと・ひくこと】
2つの1次式 $x+6$, $9x-2$ について，次の問いに答えなさい。

(1) 2式をたしなさい。 〔　　　〕

(2) 左の式から右の式をひきなさい。 〔　　　〕

5 【式の乗除】
次の計算をしなさい。

(1) $3x\times2$ 〔　　　〕

(2) $\frac{5}{8}a\times(-4)$ 〔　　　〕

(3) $9x\div3$ 〔　　　〕

(4) $-6m\div\frac{2}{3}$ 〔　　　〕

(5) $3(x+5)$ 〔　　　〕

(6) $-2(5a+4)$ 〔　　　〕

(7) $(15x+10)\div5$ 〔　　　〕

(8) $(21y-6)\div(-3)$ 〔　　　〕

得点アップアドバイス

文字の部分が同じ項は，1つの項にまとめられるね。

3 テストで注意 **かっこのはずし方**

$-(\ )$ をはずすとき，うしろの項の符号の変え忘れに注意。

(5) $-(7x+9)=-7x+9$ ✕

5 確認 **項が2つの式と数との乗法**

(5)(6) 分配法則を使って，かっこの外の数をかっこの中のすべての項にかける。

確認 **項が2つの式と数との除法**

(7)(8) 分数の形にして約分するか，わる数を逆数にして乗法に直す。

Step 2 実力完成問題

解答 ▶ 別冊 p.12

1 【式の加減】

次の計算をしなさい。

(1) $16a+4a$

〔　　　　〕

(2) $20x-8x$

〔　　　　〕

(3) $-25x+14x$

〔　　　　〕

(4) $-9b-5b$

〔　　　　〕

(5) $1.8a-0.7a$

〔　　　　〕

(6) $-\frac{3}{5}x+\frac{1}{4}x$

〔　　　　〕

(7) $5x-12+17x$

〔　　　　〕

(8) $11-7a-4a-1$

〔　　　　〕

✓よくでる (9) $18x-5+(16x-4)$

〔　　　　〕

(10) $(6m-15)+(12m-17)$

〔　　　　〕

ミス注意 (11) $(9x-8)-(11x-6)$

〔　　　　〕

(12) $5y-10-(19y-4)$

〔　　　　〕

(13) $\left(\frac{3}{4}x-2x\right)+(3x-2)$

〔　　　　〕

(14) $\frac{1}{3}x-\frac{1}{6}-\left(\frac{2}{3}-\frac{5}{6}x\right)$

〔　　　　〕

2 【式をたすこと・ひくこと】

次の 2 式の和を求めなさい。また，左の式から右の式をひいた差を求めなさい。

(1) $7x-6$，$5x+8$

和〔　　　　〕，差〔　　　　〕

(2) $-2x-3$，$2-3x$

和〔　　　　〕，差〔　　　　〕

3 【式の乗除】

次の計算をしなさい。

(1) $\frac{3}{4}x\times(-16)$ 〔　　　〕

(2) $-25a\div5$ 〔　　　〕

(3) $5(x+0.4)$ 〔　　　〕

(4) $(3x-2)\times\frac{3}{4}$ 〔　　　〕

(5) $(30a-12)\div(-6)$ 〔　　　〕

(6) $(21a-28)\div\left(-\frac{7}{4}\right)$ 〔　　　〕

✓よくでる (7) $2(8x-3)+3(6x-5)$ 〔　　　〕

(8) $8(9p-1)-6(3p-2)$ 〔　　　〕

ミス注意 (9) $12\times\frac{2x-5}{4}$ 〔　　　〕

(10) $\frac{4x-7}{3}-(x-2)$ 〔　　　〕

(11) $\frac{2}{3}(24x-9)-\frac{1}{2}(16x-20)$ 〔　　　〕

(12) $9\left(\frac{1}{3}a-2\right)-8\left(\frac{3}{4}a-1\right)$ 〔　　　〕

4 【式の値と式の乗除】

$A=2x-1$, $B=x+3$ として，次の式を計算しなさい。

(1) $A-2B$ 〔　　　〕

(2) $3A-4B$ 〔　　　〕

入試レベル問題に挑戦

5 【式の加減・乗除】

次の計算をしなさい。

(1) $\frac{5x-(x+8)}{2}$ 〔　　　〕

(2) $\frac{3a-1}{2}-\frac{7a-3}{5}$ 〔　　　〕

(3) $\frac{1}{3}(2x-3)-\frac{1}{2}(5x-4)$ 〔　　　〕

(4) $\frac{8x-12}{5}\div\left(-\frac{1}{10}\right)$ 〔　　　〕

ヒント

(1) 分子の計算をする。　(2) 分子の式に（　）をつけて通分し，分子の計算をする。

(3) 分配法則を使って（　）をはずす。　(4) わる数を逆数にして乗法に直す。

3 関係を表す式

リンク ニューコース参考書 中1数学 p.87, 100~105

攻略のコツ 等しい関係は「等式」で，大小関係は「不等式」で表す。

テストに出る！ 重要ポイント

◎等式

等号＝を使って，2つの数量が**等しい関係**を表した式。

例 a 歳(さい)の兄は，b 歳の弟より2歳年上 **等式で表すと** $a=b+2$

◎不等式

不等号を使って，2つの数量の**大小関係**を表した式。

例 2つの数 x と y の和は負 **不等式で表すと** $x+y<0$

- a は b **以上**…$a \geqq b$
- a は b **以下**…$a \leqq b$
- a は b **より大きい**…$a>b$
- a は b **未満**…$a<b$

◎文字を使った公式

例 円の面積 S　例 三角形の面積 S　例 直方体の体積 V

$S=\pi r^2$

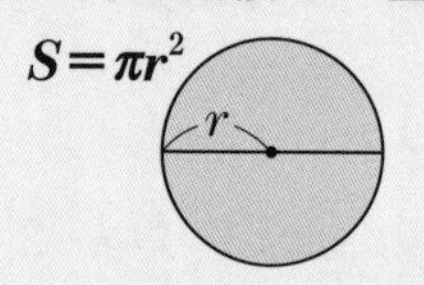

$S=\frac{1}{2}ah$

h
a

$V=abc$

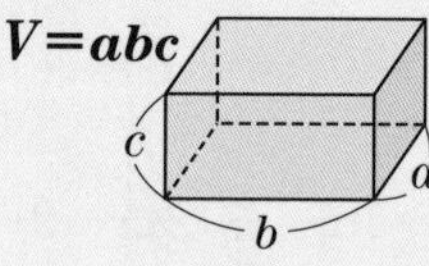

π(パイ) ➡ 円周率 3.14159……を表す文字。
積の中では数のあと，文字の前に書く。

Step 1 基礎力チェック問題

解答 別冊 p.13

1 【等しい関係を等式に表す】

次の数量の関係を等式に表しなさい。

(1) 1個150円のりんご a 個の代金は b 円です。

〔　　　　　　　　　〕

(2) 時速 40 km で t 時間走ると，走った道のりは d km です。

〔　　　　　　　　　〕

(3) 1辺が a cm の立方体の体積は V cm³ です。

〔　　　　　　　　　〕

(4) 半径 r cm の円の周の長さは ℓ cm です。ただし，円周率を π とします。

〔　　　　　　　　　〕

(5) 濃度(のうど) 4% の食塩水 a g の中にふくまれている食塩の重さは b g です。

〔　　　　　　　　　〕

得点アップアドバイス

1

等式をつくる

(3) 立方体の体積
=1辺×1辺×1辺

(4) 円周の長さ
= 直径 × 円周率

(5) 食塩の重さ
= 食塩水の重さ × 濃度

2 【大小関係を不等式に表す】

次の数量の関係を不等式に表しなさい。

(1) x から 4 をひいた数は y 未満です。

〔　　　　　　〕

(2) 50 円のシールを a 枚，80 円の色紙を b 枚買ったら，1000 円ではたりませんでした。

〔　　　　　　〕

(3) 時速 x km で 4 時間走ると，100 km 以上走ったことになります。

〔　　　　　　〕

(4) 長さ x m のロープで 1 辺が y m の正方形をつくろうとしましたが，ロープの長さがたりませんでした。

〔　　　　　　〕

(5) 半径 r cm の円の面積は，1 辺が a cm の正方形の面積より大きいです。

〔　　　　　　〕

3 【規則的に並んだ図形の問題】

碁石(ごいし)を並べて，下の図のような正方形をつくります。
1 辺の碁石の数が 2 個のとき，必要な碁石の数は 4 個です。
1 辺の碁石の数が 3 個のとき，必要な碁石の数は 8 個です。

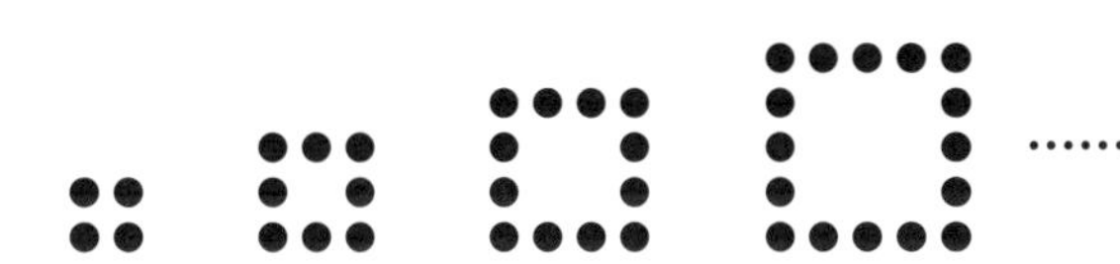

次の問いに答えなさい。

(1) 1 辺が 4 個の正方形をつくるために必要な碁石の個数は，何個ですか。

〔　　　　　　〕

(2) 1 辺が 5 個の正方形をつくるために必要な碁石の個数は，右の図のように考えて，16 個と求められます。□にあてはまる数を答えなさい。

$5\times4-\square=16$

(3) 1 辺が 5 個の正方形をつくるために必要な碁石の個数は，右の図のように考えて求めることもできます。□にあてはまる数を答えなさい。

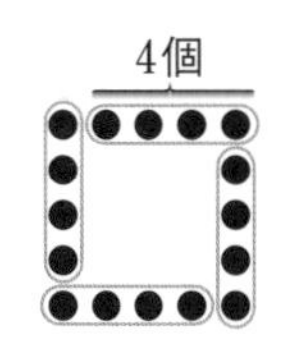

$(5-\square)\times4=16$

(4) 1 辺の碁石の数が n 個のとき，正方形をつくるために必要な碁石の数を，n を使って表しなさい。

〔　　　　　　〕

得点アップアドバイス

2

未満

「a は b 未満」とは「a は b より小さい」と同じ意味である。

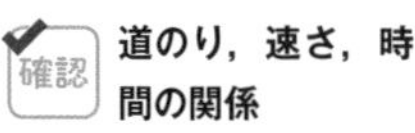

確認 **道のり，速さ，時間の関係**

(3) 道のり＝速さ×時間

速さ＝$\frac{道のり}{時間}$

時間＝$\frac{道のり}{速さ}$

3

(2) 5 個の 4 倍と考えると，かどの 4 つの碁石は 2 回数えていることになる。

Step 2 実力完成問題

解答 別冊 p.14

1 【等しい関係を等式に表す】

次の数量の関係を等式に表しなさい。

よくでる (1) 100 g あたり a 円の肉を 400 g と 1 個 120 円のコロッケを b 個買ったところ，代金は 1400 円でした。

〔　　　　　　　　〕

ミス注意 (2) 時速 x km の速さで y 分間走ったとき，進む道のりは 10 km です。

〔　　　　　　　　〕

よくでる (3) 全校生徒 a 人のうち，p%の生徒が欠席したため，出席した生徒は 600 人でした。

〔　　　　　　　　〕

(4) x 本のジュースを 60 人の子どもに n 本ずつ配ったところ，y 本たりませんでした。

〔　　　　　　　　〕

2 【大小関係を不等式に表す】

次の数量の関係を不等式に表しなさい。

よくでる (1) x 円持って買い物に行ったところ，持っていたお金で 1400 円の参考書 1 冊と，y 円の問題集を 3 冊買えました。

〔　　　　　　　　〕

(2) a kg の箱に 1 個 2 kg の品物を b 個入れると，全体の重さは 20 kg 以上でした。

〔　　　　　　　　〕

(3) n ページの本を毎日 20 ページずつ読んでいたが，x 日間では全体の半分も読み終わりませんでした。

〔　　　　　　　　〕

3 【文字を使った公式】

次の図形の面積や周の長さを求める式をつくりなさい。

(1) 1 辺の長さが a cm で，高さが h cm の正三角形の面積 S cm^2

〔　　　　　　　　〕

(2) 右の図のような半円の周の長さ ℓ cm(円周率は π とする)

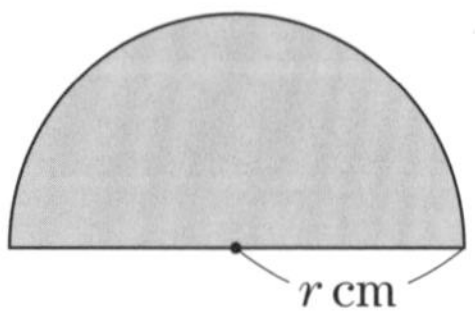

r cm

〔　　　　　　　　〕

4 【関係を表す式の意味】

A 町から B 町まで x km あります。太郎さんは，A 町から B 町に向かって時速 y km で歩きます。このとき，次の式は，どんな関係を表していますか。

(1) $3=x-2y$ 〔　　　　　　　　　　〕

(2) $\frac{x}{y}\leqq 2$ 〔　　　　　　　　　　〕

5 【規則的に並んだ図形の面積】

1 辺の長さが 6 cm の正方形の紙を，右の図のようにのりしろを幅（はば）1 cm にしてつなげていきます。つなげてできた長方形の面積について，次の問いに答えなさい。

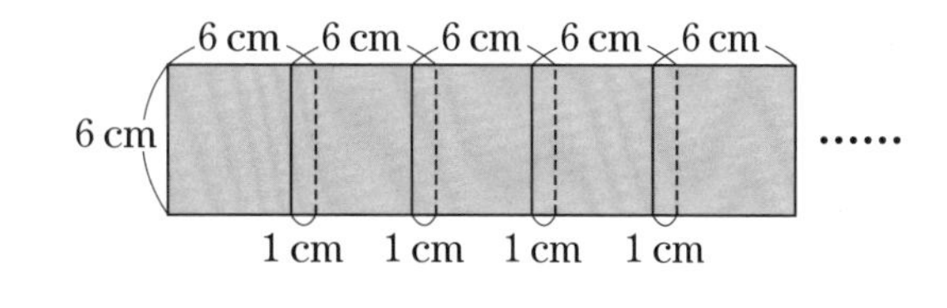

(1) 正方形の紙を n 枚つなげたとき，長方形の面積を n を使って表しなさい。

〔　　　　　　　　　　〕

(2) 正方形の紙を 10 枚つなげたとき，長方形の面積を求めなさい。

〔　　　　　　　　　　〕

6 【大小関係を不等式で表す】

A 店と B 店では，1 個の値段が a 円のシュークリームのセールをしています。A 店では 1 個につき定価の 2 割引きで，B 店では 10 個までは定価で，11 個以上は 1 個につき定価の 4 割引きになります。シュークリームを 15 個買うとき，どちらの店が安くなりますか。2 店の合計金額を文字で表し，不等号を使って説明しなさい。

〔　　　　　　　　　　〕

入試レベル問題に挑戦

7 【規則的に並んだ図形の枚数】

右の図のように，1 辺の長さが 1 の正三角形のタイルをすき間なく並べて，順に 1 番目，2 番目，3 番目，4 番目，…と，n 番目の底辺の長さが n である正三角形をつくります。このとき，正三角形をつくるのに必要なタイルの枚数を考えます。たとえば，4 番目の正三角形をつくるのに必要なタイルの枚数は 16 枚です。このとき，n 番目の正三角形をつくるのに必要なタイルの枚数を求めなさい。

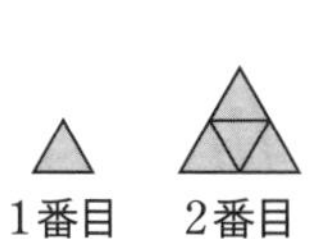
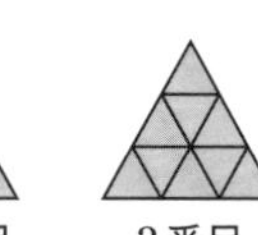
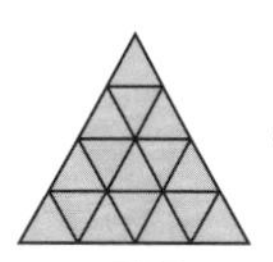

〔　　　　　　　　　　〕

ヒント

1 番目は 1 枚，2 番目は 4 枚，3 番目は 9 枚，4 番目は 16 枚。番目の数と枚数の規則性を考える。

定期テスト予想問題 ①

得点 ／100

1 次の式を，文字式の表し方にしたがって表しなさい。 【2点×4】

(1) $a\times a\times(-1)\times a$　　(2) $x\times y\div(-5)$

(3) $x\times 2+y\div(-1)$　　(4) $(x-y)\times 3-z\div 2$

(1)		(2)		(3)		(4)	

2 次の問いに答えなさい。 【3点×4】

(1) $x=-4$ のとき，次の式の値を求めなさい。

① $6-3x$　　② $-3x^2$

(2) $a=2$，$b=-5$ のとき，次の式の値を求めなさい。

① $6a-3b$　　② $-3a+\frac{b}{5}$

(1)	①	②
(2)	①	②

3 次の数量を文字を使った式で表しなさい。 【4点×4】

(1) 十の位の数が a で，一の位の数が 9 である 2 けたの自然数

(2) 半径 r cm の円の面積(ただし，円周率を π とする)

(3) 1 個 800 円のメロンを x 個と 1 個 y 円のオレンジを 8 個買ったときの代金の合計

(4) はじめ分速 90 m で a 分歩き，途中(とちゅう)から分速 60 m で b 分歩いたときの歩いた道のりの合計

(1)		(2)	
(3)		(4)	

4 次の計算をしなさい。

【3点×8】

(1) $9x-13x$

(2) $2a-5a+7a$

(3) $\frac{5}{6}y-y$

(4) $\frac{a}{3}-\frac{a}{2}+\frac{a}{6}$

(5) $7x-4-x+2$

(6) $2y-4-5y+6$

(7) $(a-8)+(-4a+3)$

(8) $(5-3x)-(8x-9)$

(1)		(2)		(3)		(4)	
(5)		(6)		(7)		(8)	

5 次の計算をしなさい。

【3点×8】

(1) $-24x\times\frac{1}{8}$

(2) $2a\div\left(-\frac{2}{3}\right)$

(3) $-5(2y+1)$

(4) $\left(\frac{3}{8}x-\frac{1}{4}\right)\times(-24)$

(5) $\frac{2a+3}{5}\times15$

(6) $(60y-270)\div(-15)$

(7) $-(x-8)+2(3x-4)$

(8) $3(9a-1)-5(a-7)$

(1)		(2)		(3)		(4)	
(5)		(6)		(7)		(8)	

6 次の数量の関係を，等式または不等式で表しなさい。

【4点×4】

(1) a 本のジュースを1人 b 本ずつ10人に分けたら，7本余った。

(2) ある数 m に5をたしたところ，その和は n 以下であった。

(3) 底辺 a cm，高さ b cm の平行四辺形の面積は S cm^2 である。

(4) ある町の昨年の人口は x 人で，今年の人口は昨年より p%増えて10000人をこえた。

(1)		(2)	
(3)		(4)	

定期テスト予想問題 ②

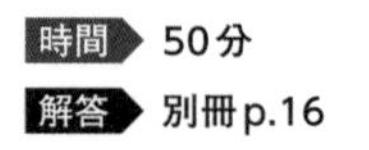

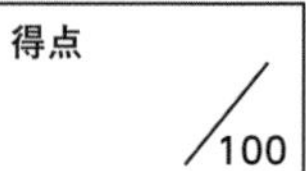

1 次の式を，記号×，÷を使って表しなさい。

【4点×4】

(1) $2xy$　　(2) $-\dfrac{2a}{b}$

(3) $\dfrac{x-5}{2}$　　(4) $4a-\dfrac{b}{3}$

(1)		(2)		(3)		(4)	

2 次の計算をしなさい。

【4点×10】

(1) $5x-2x+6x$　　(2) $4a-5+2-8a$

(3) $\dfrac{x}{3}-4-x$　　(4) $\dfrac{a}{6}-\dfrac{1}{2}-\dfrac{2}{3}a+2$

(5) $(-5x+4)+(2x-9)$　　(6) $(-3a-7)-(2-5a)$

(7) $\dfrac{2a-5}{4}\times16$　　(8) $(15y-12)\div(-3)$

(9) $4(x+2)-\dfrac{1}{3}(6x-9)$　　(10) $6\left(\dfrac{1}{6}x-\dfrac{1}{2}\right)+8\left(\dfrac{3}{4}x-\dfrac{1}{2}\right)$

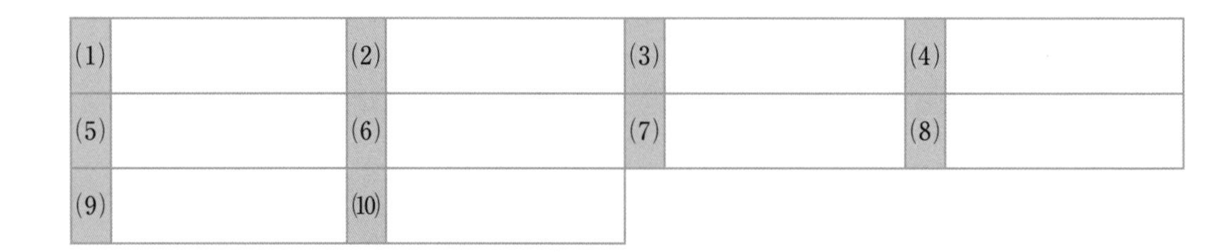

(1)		(2)		(3)		(4)	
(5)		(6)		(7)		(8)	
(9)		(10)					

3 次の問いに答えなさい。

【4点×3】

(1) $x=-2$ のとき，次の式の値を求めなさい。

① $x-x^2$　　② $3-\dfrac{8}{x}$

(2) $A=x-2$，$B=-2x+1$ として，$2A-B$ を計算しなさい。

(1)	①	②	(2)	

4 次の数量の関係を，等式または不等式で表しなさい。

【4点×3】

(1) a m のひもから 5 m のひもを切り取り，その残りのひもを 10 等分しました。10 等分したひも 1 本の長さは b m でした。

(2) 100 m の重さが x kg の針金 y m の重さは 0.4 kg です。

(3) 通学時間を調べたところ，A さんは 19 分，B さんは p 分，C さんは q 分で，3 人の通学時間の平均は 20 分以上でした。

(1)		(2)	
(3)			

5 次の問いに答えなさい。

【5点×2】

(1) A 駅から時速 50 km の電車に a 時間乗り，さらに時速 4 km で b 時間歩いたら目的地に着きました。$50a+4b$ は，どんな数量を表していますか。

(2) 1 個 40 円のみかんを x 個，1 個 150 円のりんごを y 個買いました。$40x+150y \leqq 2000$ は，どんな関係を表していますか。

(1)	
(2)	

6 1 辺に n 個の碁石（ごいし）を並べて，正六角形をつくります。

【5点×2】

(1) 碁石の数を右の図のように囲んで考えました。考え方と合っている式をア〜ウから選びなさい。

ア　$6(n-1)$

イ　$6n-6$

ウ　$6(n-2)+6$

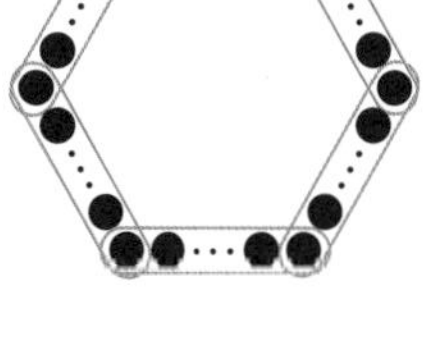

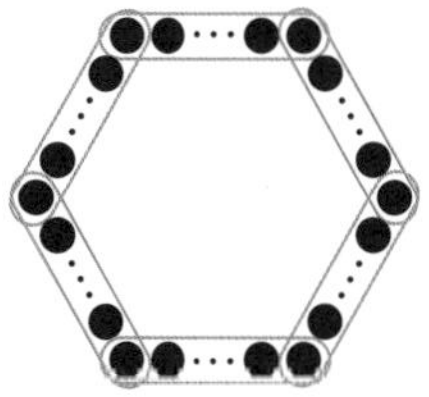

(2) 1 辺に碁石を 8 個並べたときの全部の碁石の数を求めなさい。

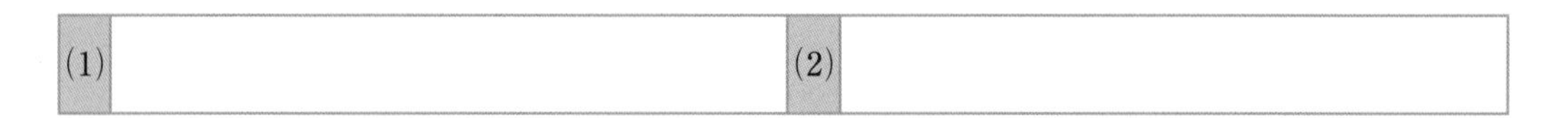

(1)		(2)	

1 方程式の解き方

リンク ニューコース参考書 中1数学 p.114 ~ 121

攻略のコツ x をふくむ項を左辺に，数の項を右辺に集めて，$ax=b$ の形に整理する。

テストに出る！ 重要ポイント

方程式と解
方程式 ➡ 式の中の文字に特別な値を代入すると成り立つ等式。
解 ➡ 方程式を成り立たせる文字の値。

等式の性質
$A=B$ ならば
❶ $A+C=B+C$　❷ $A-C=B-C$
❸ $AC=BC$　❹ $\frac{A}{C}=\frac{B}{C}$ $(C \neq 0)$

方程式の解き方
移項 ➡ 等式の一方の辺にある項を，その項の符号を変えて，他方の辺に移すこと。

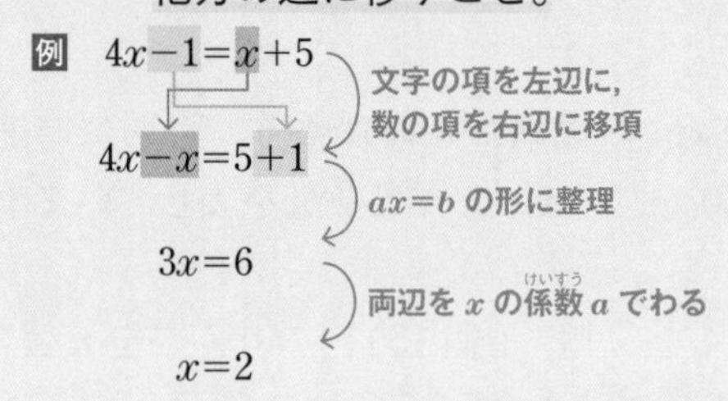

Step 1 基礎力チェック問題

解答 別冊 p.17

1 【方程式と解】
次の問いに答えなさい。

(1) 1，2，3のうち，方程式 $4x-9=x$ の解を答えなさい。

〔　　　　〕

(2) -2，-1，2のうち，方程式 $2x+6=x+5$ の解を答えなさい。

〔　　　　〕

(3) 次の方程式のうち，3が解であるものを記号で答えなさい。
ア $4x-5=8$　イ $2x+1=7$　ウ $3x-1=7$

〔　　　　〕

(4) 次の方程式のうち，-2 が解であるものを記号で答えなさい。
ア $3x+2=x+6$　イ $2x-1=x-4$　ウ $3x-1=x-5$

〔　　　　〕

得点アップアドバイス

1
確認 **方程式の解**
(1)(2) 方程式の解は，方程式を成り立たせる文字の値である。
それぞれの数を x に代入して，
(左辺)＝(右辺)
が成り立つ数が，その方程式の解である。

2 【等式の性質】

次の方程式を，等式の性質を使って解きなさい。また，それぞれどの等式の性質を使っていますか，右のア～エから選びなさい。

〈等式の性質〉

$A=B$ ならば，

ア　$A+C=B+C$

イ　$A-C=B-C$

ウ　$AC=BC$

エ　$\dfrac{A}{C}=\dfrac{B}{C}\,(C\neq 0)$

(1) □にあてはまる数を書きなさい。

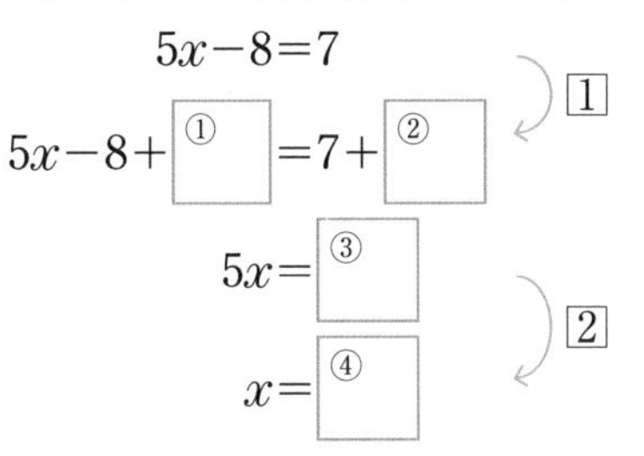

$5x-8=7$

$5x-8+$ ① $=7+$ ② 　1

$5x=$ ③

$x=$ ④ 　2

〔等式の性質1…　　，2…　　〕

(2) $x+9=10$

〔解…　　，等式の性質…　　〕

(3) $x-7=2$

〔解…　　，等式の性質…　　〕

(4) $\dfrac{x}{3}=6$

〔解…　　，等式の性質…　　〕

(5) $7x=21$

〔解…　　，等式の性質…　　〕

(6) $0.3x=3$

〔解…　　，等式の性質…　　〕

(7) $x+2.4=5$

〔解…　　，等式の性質…　　〕

(8) $-5+x=4$

〔解…　　，等式の性質…　　〕

(9) $\dfrac{1}{8}x=-\dfrac{1}{4}$

〔解…　　，等式の性質…　　〕

3 【方程式の解き方】

次の方程式を解きなさい。(1)は□にあてはまる数や式を書きなさい。

(1)

$x+3=-4x+8$

①文字の項を左辺に，数の項を右辺に移項する　→　x ア $=8$ イ

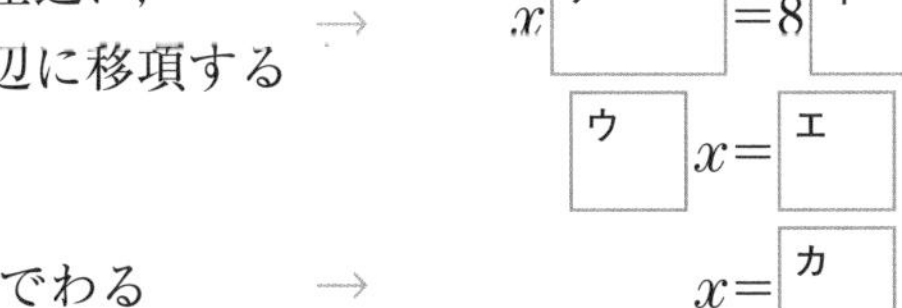

ウ $x=$ エ

②両辺を オ でわる　→　$x=$ カ

(2) $3-2x=9$

〔　　　〕

(3) $8-7x=-3x+4$

〔　　　〕

得点アップアドバイス

2

確認　**等式の性質の利用**

方程式を解く基本は，等式の性質を利用して，方程式を $x=$～の形に変形すること。

(1)　等式の性質を2回使って，$x=$～にしている。

係数や数が小数や分数でも，整数と同じように等式の性質が使えるね。

3

テストで注意　**数の項・文字の項の移項**

移項するときは，必ず項の符号を変えるようにする。

(3)　文字の項を左辺に，数の項を右辺に移項して，$ax=b$ の形にする。そのあと両辺を a でわり，x の値を求める。

Step 2 実力完成問題

解答 別冊 p.17

1 【方程式と解】

次の問いに答えなさい。

(1) 0，1，2，3のうち，方程式 $3x-10=5-2x$ の解を答えなさい。

〔　　　　〕

(2) 次の方程式のうち，下の①，②にあてはまるものをすべて選び，記号で答えなさい。

ア $x-3=-8$　イ $\frac{1}{5}x=1$　ウ $2x+5=x$　エ $2(1-x)=x-7$

オ $\frac{1}{3}x+1=x-1$

① 解が -5 であるもの　〔　　　　〕

② 解が3であるもの　〔　　　　〕

2 【等式の性質】

次の方程式を，等式の性質を使って解きなさい。
また，右の等式の性質①～④のどれを使ったかも答えなさい。

(1) $x+5.4=-0.6$

〔解…　　　，等式の性質…　　〕

(2) $-\frac{1}{8}x=-3$

〔解…　　　，等式の性質…　　〕

等式の性質

$A=B$ ならば

① $A+C=B+C$

② $A-C=B-C$

③ $AC=BC$

④ $\frac{A}{C}=\frac{B}{C}$　$(C \neq 0)$

3 【方程式の解き方（$ax+b=c$，$ax=bx+c$ の形）】

次の方程式を解きなさい。

✓よくでる (1) $2x+3=15$　〔　　　　〕

(2) $-3x+3=18$　〔　　　　〕

ミス注意 (3) $11=6x-7$　〔　　　　〕

(4) $3-2x=15$　〔　　　　〕

(5) $3x=4x-9$　〔　　　　〕

(6) $4x=2x-16$　〔　　　　〕

(7) $8x=3+2x$　〔　　　　〕

(8) $-8x=21-x$　〔　　　　〕

4 【方程式の解き方（$ax+b=cx$，$ax+b=cx+d$ の形）】

次の方程式を解きなさい。

(1) $4x+14=6x$ 〔　　〕

(2) $7x-10=2x$ 〔　　〕

(3) $2x+6=5x$ 〔　　〕

(4) $8-5x=-3x$ 〔　　〕

(5) $9x+5=6x+17$ 〔　　〕

(6) $2x-17=13-3x$ 〔　　〕

(7) $8-x=2+5x$ 〔　　〕

(8) $-3-x=4x+7$ 〔　　〕

(9) $10x-9=11x-2$ 〔　　〕

(10) $-9x+3=-x+3$ 〔　　〕

(11) $1-8x=4x-3$ 〔　　〕

(12) $3x+18=x+38$ 〔　　〕

入試レベル問題に挑戦

【方程式の解き方】

次の方程式を解きなさい。

(1) $3x+2=x+10$ 〔　　〕

(2) $2x-9=5x$ 〔　　〕

(3) $8x-4=4x+12$ 〔　　〕

(4) $7-7a=2a-11$ 〔　　〕

ヒント

方程式を解く手順は，①文字の項（こう）を左辺に，数の項を右辺に移項➡② $ax=b$ の形に整理➡③文字の係数で両辺をわる。

2 いろいろな方程式

リンク ニューコース参考書 中1数学 p.122 ~ 127

攻略のコツ 複雑な方程式は，かっこをはずしたり，分母をはらったりしてから解く。

テストに出る！ 重要ポイント

- **かっこのある方程式** 分配法則(ぶんぱいほうそく)を利用してかっこをはずす。
  例 $3(x+2)=x-2$
  $3x+6=x-2$
- **係数(けいすう)に小数がある方程式** 両辺に 10，100，…をかけて，係数を整数にする。
  例 $0.2x+1.6=2$
  $(0.2x+1.6)\times10=2\times10$ 両辺に10をかける
  $2x+16=20$
- **係数に分数がある方程式** 両辺に分母の最小公倍数をかけて，分母をはらう。
  例 $\frac{1}{2}x+\frac{2}{3}=2x$
  $\left(\frac{1}{2}x+\frac{2}{3}\right)\times6=2x\times6$ ←2と3の最小公倍数
  $3x+4=12x$
- **比例式の性質** $a:b=c:d$ ならば，$ad=bc$
  例 $12:x=3:5$
  $12\times5=x\times3$
  $3x=60,\ x=20$

Step 1 基礎力チェック問題

解答 別冊 p.18

1 【かっこのある方程式の解き方】

次の方程式を解きなさい。□には，あてはまる数や式を書きなさい。

(1) $2(x+3)=16$

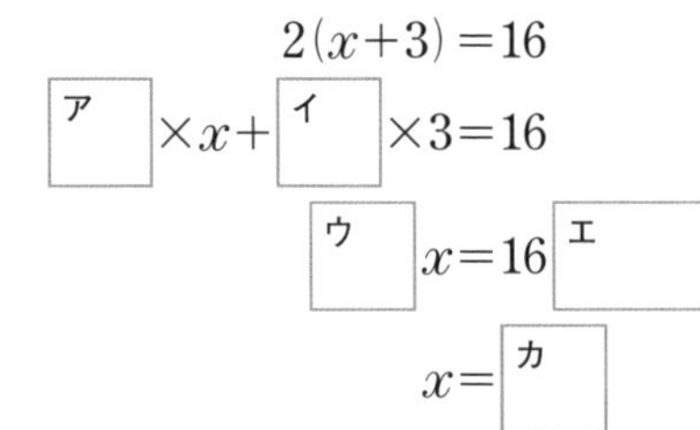

①かっこをはずす → ア $\times x+$ イ $\times3=16$

②移項(いこう)する → ウ $x=16$ エ

③両辺を オ でわる → $x=$ カ

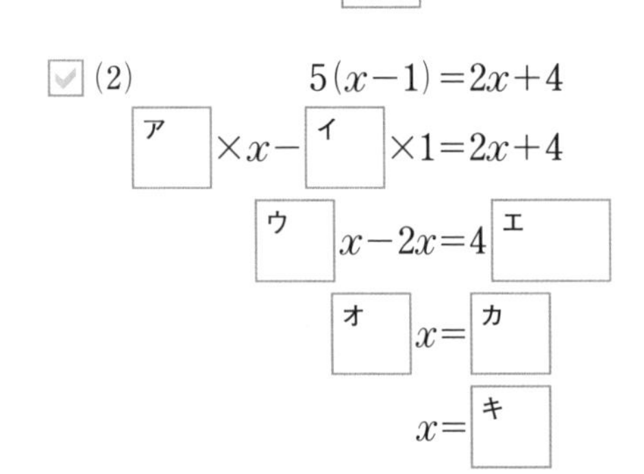

(2) $5(x-1)=2x+4$

ア $\times x-$ イ $\times1=2x+4$

ウ $x-2x=4$ エ

オ $x=$ カ

$x=$ キ

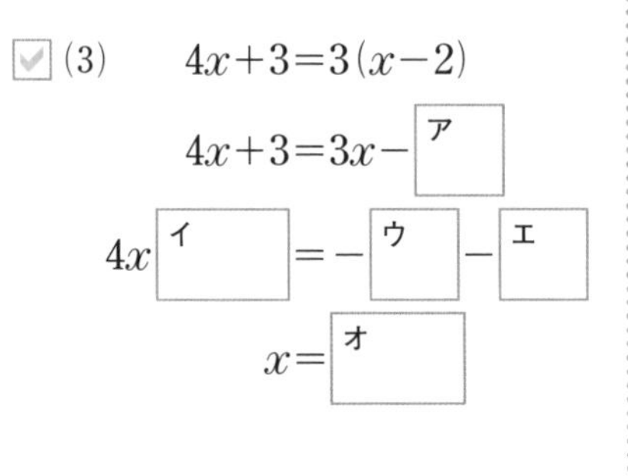

(3) $4x+3=3(x-2)$

$4x+3=3x-$ ア

$4x$ イ $=-$ ウ $-$ エ

$x=$ オ

得点アップアドバイス

1 確認 分配法則

$a(b+c)=ab+ac$

$a(b-c)=ab-ac$

を利用して，かっこのない式に直す。

2 【係数に小数がある方程式の解き方】

次の方程式を解きなさい。□には，あてはまる数を書きなさい。

$$0.4x-0.8=0.7x+1$$

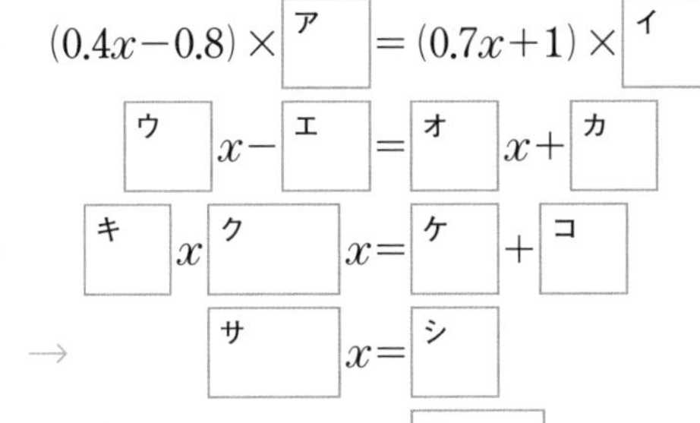

①両辺に 10 をかけて，係数を整数にする → $(0.4x-0.8)\times$ ア $=(0.7x+1)\times$ イ

ウ $x-$ エ $=$ オ $x+$ カ

②移項する → キ x ク $x=$ ケ $+$ コ

③ $ax=b$ の形にする → サ $x=$ シ

④両辺を x の係数でわる → $x=$ ス

3 【係数に分数がある方程式の解き方】

次の方程式を解きなさい。□には，あてはまる数を書きなさい。

$$\frac{1}{5}x+2=\frac{1}{3}x$$

①両辺に分母の最小公倍数 ア をかけて，分母をはらう → $\left(\frac{1}{5}x+2\right)\times$ イ $=\frac{1}{3}x\times$ ウ

エ $x+$ オ $=$ カ x

②移項する → キ x ク $x=$ ケ

③ $ax=b$ の形にする → コ $x=$ サ

④両辺を x の係数でわる → $x=$ シ

4 【係数に小数や分数がある方程式】

次の方程式を解きなさい。

(1) $0.3x-0.5=0.4x-0.8$

〔　　　　〕

(2) $\frac{1}{3}x-1=\frac{1}{4}x-2$

〔　　　　〕

5 【比例式】

次の比例式で，x の値を求めなさい。□には，あてはまる数を書きなさい。

(1) $x:8=3:4$

①比例式の性質から → $x\times$ ア $=$ イ $\times$ ウ

②両辺を x の係数でわる → $x=$ エ

(2) $5:x=3:2$

〔　　　　〕

(3) $12:4=6:x$

〔　　　　〕

得点アップアドバイス

2

テストで注意 **係数が小数の方程式**

小数点以下のけた数が最も大きいものに着目して，両辺を何倍すればよいかを考える。

小数点以下のけた数が1けたならば10を，2けたならば100をかければよい。

3

テストで注意 **分母をはらう**

分母をはらうとき，両辺に分母の最小公倍数をかけると，係数や数の項が最も小さな整数に直せる。

分母をはらうとき，整数部分にもかけるのを忘れないようにする。

4

(1) 両辺に 10 をかけて係数を整数にする。

(2) 両辺に，3 と 4 の最小公倍数の 12 をかけて分母をはらう。

5

確認 **比例式の性質**

$a:b=c:d$ ならば，$ad=bc$

を利用して，x の値を求める。

Step 2 実力完成問題

解答 別冊 p.19

1 【かっこのある方程式】

次の方程式を解きなさい。

(1) $3(2x-3)=4x+1$

〔　　　〕

ミス注意 (2) $2x-3(x-2)=-1$

〔　　　〕

(3) $5(x-3)-6(x-4)=0$

〔　　　〕

(4) $7x+3=2x-(3x+9)$

〔　　　〕

2 【係数に小数がある方程式】

次の方程式を解きなさい。

(1) $0.4x=0.1x+0.9$

〔　　　〕

✓よくでる (2) $0.8x-0.2=1.5x+4$

〔　　　〕

(3) $0.5x-0.5=0.25x+2$

〔　　　〕

(4) $0.05x-0.2=0.15-0.3x$

〔　　　〕

3 【係数に分数がある方程式】

次の方程式を解きなさい。

✓よくでる (1) $\frac{x}{3}+4=\frac{x}{5}+2$

〔　　　〕

(2) $\frac{x}{2}-\frac{2}{3}=1-\frac{3}{4}x$

〔　　　〕

ミス注意 (3) $\frac{x-1}{9}+1=\frac{x}{6}$

〔　　　〕

(4) $\frac{6x+1}{5}-\frac{x-2}{2}=4$

〔　　　〕

4 【いろいろな方程式】

次の方程式を解きなさい。

(1) $0.7x-0.3(x+1)=-1.9$

〔　　　〕

(2) $3.5x=17.6-0.3(5x-8)$

〔　　　〕

(3) $0.2(x+2)=0.5(2x+1)$

〔　　　〕

(4) $2(1.3x+1.6)=0.8x-4$

〔　　　〕

5 【比例式】

次の比例式で，x の値を求めなさい。

(1) $5:9=x:3$

〔　　　　〕

(2) $x:0.6=4:3$

〔　　　　〕

(3) $2:(x+2)=4:3$

〔　　　　〕

(4) $x:(x+3)=5:6$

〔　　　　〕

(5) $4:x=\frac{1}{2}:\frac{3}{4}$

〔　　　　〕

(6) $\frac{2}{3}:\frac{1}{2}=16:x$

〔　　　　〕

思考

6 【いろいろな方程式】

「$*$」の記号は，2 つの数 a，b について，$a*b=5a-ab+3b$ のように計算するものとします。

(1) $(-2)*4$ の値を求めなさい。

〔　　　　〕

(2) $x*7=-1$ のときの x の値を求めなさい。

〔　　　　〕

入試レベル問題に挑戦

7 【いろいろな方程式，比例式】

次の方程式や，比例式を解きなさい。

(1) $\frac{2x-1}{5}=\frac{3x-1}{3}$

〔　　　　〕

(2) $\frac{x-2}{2}-\frac{x-1}{3}=2$

〔　　　　〕

(3) $0.02(2x-3)=0.5-0.03x$

〔　　　　〕

(4) $(x+2):3=(x-2):2$

〔　　　　〕

ヒント

(1)(2) まず両辺に分母の最小公倍数をかけて分母をはらう。(2)では，右辺へのかけ忘れに注意する。

3 方程式の利用

リンク ニューコース参考書 中1数学 p.128 ~ 135

攻略のコツ 問題文から等しい関係を読み取り，わからない数量をxとして方程式をつくる。

テストに出る！ 重要ポイント

●方程式の応用問題の解き方

方程式をつくる
❶ xで表す数量を決める。
❷ 等しい数量関係を見つける。
❸ 方程式に表す。
↓
方程式を解く
↓
解を検討する

解が問題にあてはまるか調べる。→「ある数は整数」だから，$x=10$は問題にあてはまる。

例 ある整数に20をたした数は，もとの数の3倍に等しい。ある整数を求めなさい。
❶ ある整数をxとする。
❷ xに20をたした数とxの3倍は等しい。
❸ $x+20=3x$
$x-3x=-20$
$-2x=-20$，$x=10$

●よく使われる数量関係

- **代金＝1個の値段×個数**
- **速さ＝道のり÷時間**（道のり＝速さ×時間，時間＝道のり÷速さ）
- 十の位の数がa，一の位の数がbの2けたの自然数は，$10a+b$と表せる。

Step 1 基礎力チェック問題

解答 別冊 p.20

1 【代金に関する問題】
鉛筆(えんぴつ)を6本と200円のノートを1冊買って1000円を出したら，おつりが80円でした。次の問いに答えなさい。

(1) 鉛筆1本の値段をx円として，鉛筆6本とノート1冊の代金の合計を，xの式で表しなさい。

〔　　　　〕

(2) 支払(しはら)った代金の合計は何円か答えなさい。

〔　　　　〕

(3) (1)，(2)の関係から，方程式をつくりなさい。

〔　　　　〕

(4) (3)の方程式を解いて，鉛筆1本の値段を求めなさい。

〔　　　　〕

得点アップアドバイス

1
(2) 代金は，
(出した金額)－(おつり)
で求められる。

テストで注意 解の検討
(4) 鉛筆の値段は，小数や分数，負の数になることはない（自然数になる）。最後に，求めた解が問題に合うかどうか，必ず検討しよう。

2 【過不足・分配に関する問題】

あめを x 人の子どもに分けるのに，1 人に 6 個ずつ分けると 5 個余り，8 個ずつ分けると 1 個たりません。次の問いに答えなさい。

☑ (1) 6 個ずつ分けたとき，あめの個数を x の式で表しなさい。

〔　　　　　　　　〕

☑ (2) 8 個ずつ分けたとき，あめの個数を x の式で表しなさい。

〔　　　　　　　　〕

☑ (3) x についての方程式をつくり，子どもの人数を求めなさい。

方程式…〔　　　　　　　　〕

子どもの人数…〔　　　　　　　　〕

3 【速さに関する問題】

妹は，家を出発して分速 60 m の速さで家から 600 m 離(はな)れた駅へ向かいました。その 6 分後に，兄が同じ道を分速 240 m の速さの自転車で妹を追いかけました。次の問いに答えなさい。

☑ (1) 兄が出発してから x 分後に妹に追いつくとして，追いつくまでに兄と妹それぞれが進む道のりを，x を使って表しなさい。

兄…〔　　　　　　　　〕

妹…〔　　　　　　　　〕

☑ (2) (1)を利用して方程式をつくり，兄が出発してから何分後に妹に追いつくか求めなさい。

方程式…〔　　　　　　　　〕

答え……〔　　　　　　　　〕

4 【比例式を利用する問題】

あるケーキは，小麦粉 50 g に砂糖 20 g の割合で混ぜて作ります。小麦粉を 300 g にしたとき，次の問いに答えなさい。

☑ (1) 必要な砂糖を x g としたとき，この関係を比例式で表しなさい。

〔　　　　　　　　〕

☑ (2) (1)の比例式から，必要な砂糖の重さを求めなさい。

〔　　　　　　　　〕

5 【解から別の文字の値を求める問題】

x についての方程式 $3x-a=4x+3a$ の解が 2 であるとき，次の問いに答えなさい。

☑ (1) 方程式に $x=2$ を代入して，a についての方程式をつくりなさい。

〔　　　　　　　　〕

☑ (2) (1)の方程式を解いて，a の値を求めなさい。

〔　　　　　　　　〕

得点アップアドバイス

2

確認 **2 通りの式**

(1) あめの個数
＝配る個数＋余る個数

(2) あめの個数
＝配る個数－たりない個数

(3) (1)＝(2)から方程式をつくる。

3

確認 **道のり＝速さ×時間**

(1) 兄が x 分後に妹に追いつくとすると，妹が歩いた時間は，$x+6$（分）になる。

(2) 兄が妹に追いつくとき，兄が進んだ道のり＝妹が進んだ道のり　から方程式をつくる。

4

復習 **比例式の性質**

$a:b=c:d$ ならば，$ad=bc$

(1) ケーキを作るときの，小麦粉と砂糖の重さの比は変わらないことから，比例式をつくる。

5

(1) x に解を代入した式は，a についての方程式になる。

Step 2 実力完成問題

解答 別冊 p.21

1 【代金に関する問題】

1個120円のカレーパンと1個150円のメロンパンを，合わせて8個買いました。
代金の合計が1050円のとき，カレーパンは何個買いましたか。

〔　　　　　〕

2 【過不足に関する問題】

✓よくでる

生花店にばらの花を買いに行きました。店には2種類の値段のばらの花があり，持っている金額で，安いほうのばらは8本買えて60円余ります。また，高いほうのばらを6本買うと60円たりません。2種類のばらの値段の差は80円だそうです。安いほうのばら1本の値段と，持っている金額を求めなさい。

安いほうのばら1本の値段…〔　　　　　〕
持っている金額…〔　　　　　〕

3 【速さに関する問題】

次の問いに答えなさい。

(1) 家から学校まで，分速70 mの速さで歩くと，分速210 mの速さで自転車に乗って行くよりも18分多くかかります。家から学校まで，分速210 mの速さで自転車に乗って行くと，何分かかりますか。

〔　　　　　〕

(2) 10 km離れた所へ行くのに，はじめは時速4 kmの速さで歩き，途中(とちゅう)から時速3 kmの速さで歩いたら3時間かかりました。時速4 kmで歩いた道のりを求めなさい。

〔　　　　　〕

4 【整数に関する問題】

ミス注意

一の位の数が4である2けたの自然数があります。この自然数の十の位の数と一の位の数を入れかえてできる数は，もとの自然数より9大きくなります。もとの自然数を求めなさい。

〔　　　　　〕

5 【水そうに水を入れる問題】

AとBの2つの水そうに，毎分4Lの割合で水を入れています。午前9時ちょうどに，Aには44L，Bには4Lの水が入っています。水そうAの水の量が水そうBの水の量の3倍に等しくなるのは何時何分か，求めなさい。

〔　　　　　　　　〕

6 【比例式を利用する問題】

姉と弟が同じ金額のこづかいを持っています。姉が弟に800円を渡(わた)したところ，姉と弟の金額の比は2：3になりました。姉と弟がはじめにいくら持っていたか，求めなさい。

〔　　　　　　　　〕

7 【解から別の文字の値を求める問題】

次の問いに答えなさい。

(1) xについての方程式$3x-a=\frac{1}{2}x+3a$の解が8であるとき，aの値を求めなさい。

〔　　　　　　　　〕

(2) xについての方程式$x+3(2x-a)=10+a$の解が2であるとき，aの値を求めなさい。

〔　　　　　　　　〕

思考

8 【代金に関する問題】

はるかさんは，ノートを5冊，鉛筆(えんぴつ)を4本買って合計金額が690円でした。ノート1冊の値段は鉛筆1本の値段より20円か30円高かったことを覚えています。ノートと鉛筆の値段はそれぞれいくらですか。

ノート…〔　　　　　　　　〕

鉛　筆…〔　　　　　　　　〕

入試レベル問題に挑戦

9 【比例式を利用する問題】

ある動物園では，大人1人の入園料が子ども1人の入園料より600円高い。大人1人の入園料と子ども1人の入園料の比が5:2であるとき，子ども1人の入園料を求めなさい。

〈神奈川県〉

1. 400円　　2. 600円　　3. 800円　　4. 1000円

〔　　　〕

ヒント

子ども1人の入園料をx円としたとき，大人1人の入園料との関係を比例式で表す。

定期テスト予想問題 ①

時間 50分
解答 別冊p.22

得点
/100

1 次の問いに答えなさい。

【4点×2】

(1) 0, 1, 2, 3 のうち, 方程式 $2x-5=-3x+10$ の解はどれですか。

(2) 次の方程式のうち, -3 が解であるものをすべて記号で答えなさい。

ア $3x-4=2x+1$　　イ $2x-15=7x$　　ウ $4x+1=x-8$

(1)		(2)	

2 方程式 $3x-2=4$ を次のようにして解きました。

【4点×2】

(1), (2)のように式を変形するとき, 右の等式の性質のうち, どれを使っていますか。記号で答えなさい。

$$3x-2=4$$
$$3x=4+2 \quad (1)$$
$$3x=6$$
$$x=2 \quad (2)$$

$A=B$ ならば,

ア $A+C=B+C$

イ $A-C=B-C$

ウ $AC=BC$

エ $\frac{A}{C}=\frac{B}{C}$ $(C \neq 0)$

(1)		(2)	

3 次の方程式を解きなさい。

【3点×8】

(1) $x+2=15$　　(2) $5x-3=7$

(3) $3x=5x-14$　　(4) $-7y=27+2y$

(5) $8x-3=5x+9$　　(6) $-4-x=3x+8$

(7) $7x-6=x-4$　　(8) $3a+8=8-5a$

(1)		(2)		(3)		(4)	
(5)		(6)		(7)		(8)	

4 次の方程式を解きなさい。 【3点×8】

(1) $5(2x+1)-3=-8$

(2) $4(x+2)=5(x+1)$

(3) $1.2y-1=0.7y+2$

(4) $0.1x+2=3.2+0.05x$

(5) $0.9x-0.5(x-2)=-0.6$

(6) $17.6-0.3(5x-8)=0.5x$

(7) $\frac{1}{4}x-2=\frac{1}{3}x+1$

(8) $\frac{x-1}{2}+4=\frac{x-2}{5}$

(1)		(2)		(3)		(4)	
(5)		(6)		(7)		(8)	

5 次の比例式で，x の値を求めなさい。 【4点×4】

(1) $x:4=21:12$

(2) $(x+3):15=4:5$

(3) $\frac{1}{3}:\frac{1}{4}=24:x$

(4) $6:(x-2)=18:x$

(1)		(2)		(3)		(4)	

6 次の問いに答えなさい。 【10点×2】

(1) 何人かでハイキングに行くために，参加費を集めることにしました。1人300円ずつ集めると予算より500円不足し，350円ずつ集めると600円余ります。

ハイキングの参加人数を求めなさい。

(2) 1周が5 kmのサイクリングロードがあります。兄は時速12 kmで，弟は時速8 kmで，スタート地点から同時にそれぞれ反対の方向に出発しました。

2人が最初に出会うのは，出発してから何分後か求めなさい。

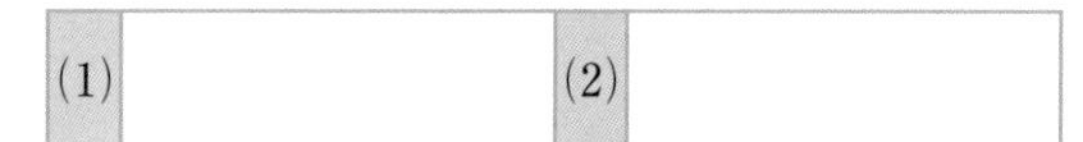

(1)		(2)	

定期テスト予想問題 ②

時間 50分
解答 別冊p.22

得点 /100

1 次の方程式を解きなさい。

【3点×12】

(1) $2x+8=12$

(2) $18-3x=-6x$

(3) $4x+1=5x-3$

(4) $-20+12x=3x-2$

(5) $a-3(2a+1)=-18$

(6) $3(3x+2)=-4(1-x)$

(7) $4(x-1)-2(3x+4)=2x$

(8) $2.5x-4=-0.5x-1$

(9) $0.2x-2=0.08x-1.04$

(10) $0.3(x-1)=0.2x$

(11) $\frac{1}{6}x-2=\frac{3}{4}x+\frac{11}{12}$

(12) $\frac{4y+2}{3}=\frac{2y-1}{4}$

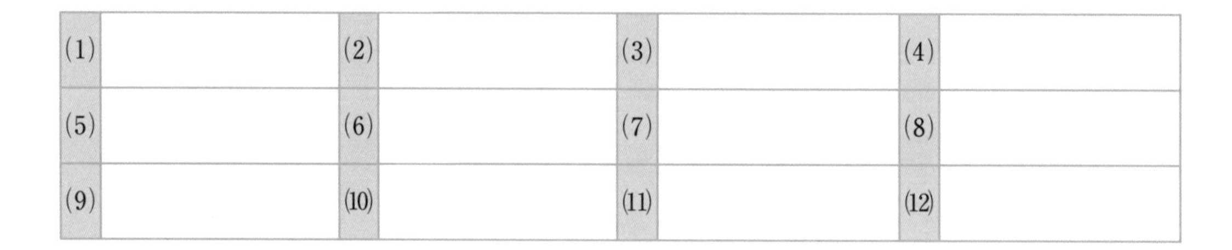

(1)		(2)		(3)		(4)	
(5)		(6)		(7)		(8)	
(9)		(10)		(11)		(12)	

2 次の比例式で，x の値を求めなさい。

【4点×4】

(1) $32:x=8:2$

(2) $(x-2):6=x:12$

(3) $1.2:3.6=x:9$

(4) $\frac{1}{2}:\frac{4}{3}=3:x$

(1)		(2)		(3)		(4)	

3 次の x についての方程式の解が〔 〕の中の値のとき，a の値を求めなさい。 【4 点×2】

(1) $6x-a=x+a$ 〔8〕

(2) $4(1-x)-7a=x$ 〔-2〕

(1)		(2)	

4 次の問いに答えなさい。 【8 点×4】

(1) 100 円玉と 500 円玉が合わせて 20 枚あり，金額の合計は 4800 円です。100 円玉と 500 円玉の枚数をそれぞれ求めなさい。

(2) 現在，A さんは 12 歳（さい），お父さんは 42 歳です。お父さんの年齢（ねんれい）が，A さんの年齢の 3 倍になるのは何年後ですか。

(3) 連続する 3 つの偶数（ぐうすう）があります。この 3 つの偶数の和が 60 になるとき，3 つの偶数を求めなさい。

(4) A，B 2 つの箱にりんごが 20 個ずつ入っています。A の箱のりんごを何個か B の箱に移したら，A の箱と B の箱のりんごの個数の比は 3 : 5 になりました。移したりんごの個数を求めなさい。

(1)	100 円玉…		500 円玉…		
(2)		(3)		(4)	

5 ゆうごさんたちは音楽コンサートを開く計画を立てています。話し合って，下のようなことが決まりました。この計画どおりだと何組の演奏ができますか。 【8 点】

・9 時から 12 時 30 分まで体育館を借りる。
・開会のあいさつと閉会のあいさつをそれぞれ 10 分とする。
・それぞれの組の演奏時間は 15 分とする（準備と片付けをふくむ）。
・演奏と演奏の間に 5 分休憩（きゅうけい）時間をとる。
・閉会後の片付けに 15 分とる。

3章／方程式　定期テスト予想問題②

1 比 例

リンク
ニューコース参考書
中1数学
p.144 ~ 158

攻略のコツ 比例を表す式は $y=ax$ で，グラフは原点を通る直線になる。

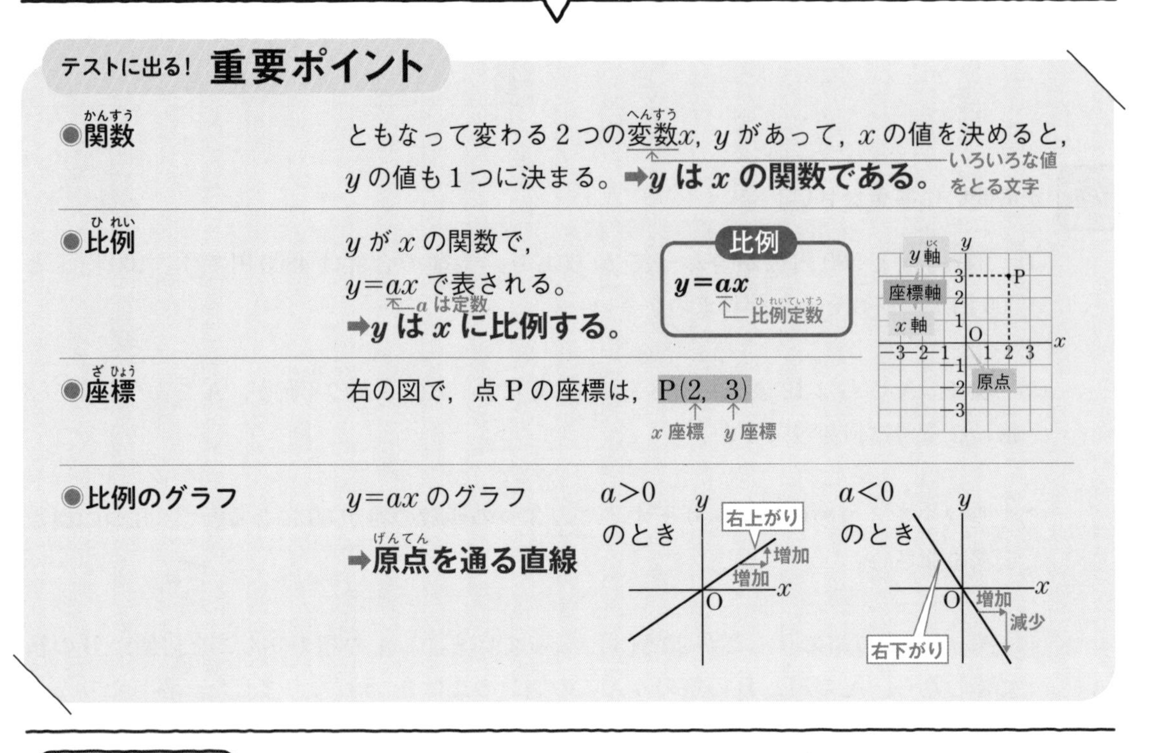

Step 1 基礎力チェック問題

解答 別冊 p.23

1 【関数の意味】

次の(1)，(2)で，y は x の関数であるといえるものには○を，いえないものには×をつけなさい。

☑ (1) 半径 x cm の円の面積を y cm^2 とする。 〔　　　〕

☑ (2) x 歳（さい）の人の体重を y kg とする。 〔　　　〕

2 【変域（へんいき）の表し方】

変数 x が，次の範囲（はんい）の値をとるとき，x の変域を不等号を使って表しなさい。

☑ (1) 10未満 〔　　　〕

☑ (2) 1以上7以下 〔　　　〕

☑ (3) −3以上8未満 〔　　　〕

☑ (4) 5より大きく9以下 〔　　　〕

☑ **3** 【比例することを示す】

□にあてはまる式やことば，数を答えなさい。

1本50円の鉛筆（えんぴつ）を x 本買ったときの代金を y 円とすると，$y=$ ア となり，y は x に イ する。また，その比例定数は ウ である。

得点アップアドバイス

1

テストで注意 **y の値が1つに決まらない場合**

x の値を決めても，y の値が1つに決まらなければ，y は x の関数であるとはいえない。

2

確認 **変域**

変数 x のとり得る値の範囲を変域という。

復習 **不等号**

・a は b 以下➡ $a \leqq b$
・a は b 以上➡ $a \geqq b$
・a は b 未満➡ $a<b$
・a は b より大きい➡ $a>b$

4 【比例の式】
次の問いに答えなさい。

(1) y は x に比例し，$x=2$ のとき $y=4$ です。y を x の式で表しなさい。
〔　　　　　〕

(2) y は x に比例し，$x=-4$ のとき $y=12$ です。$x=6$ のときの y の値を求めなさい。
〔　　　　　〕

5 【点の座標を求める】
右の図で，点 A，B，C，D，E の座標を求めなさい。

点 A〔　　　　　〕
点 B〔　　　　　〕
点 C〔　　　　　〕
点 D〔　　　　　〕
点 E〔　　　　　〕

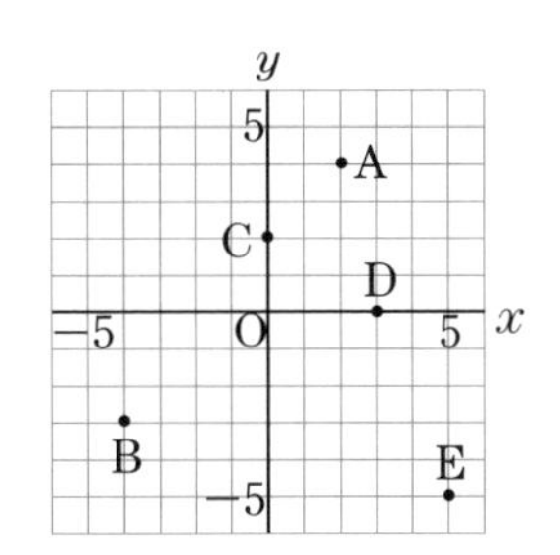

6 【点をかき入れる】
座標が次のような点を，右の図にかき入れなさい。

A(4, 2)　　B(1, 0)
C(−3, 5)　　D(−2, −4)
E(0, −3)

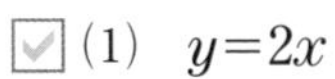

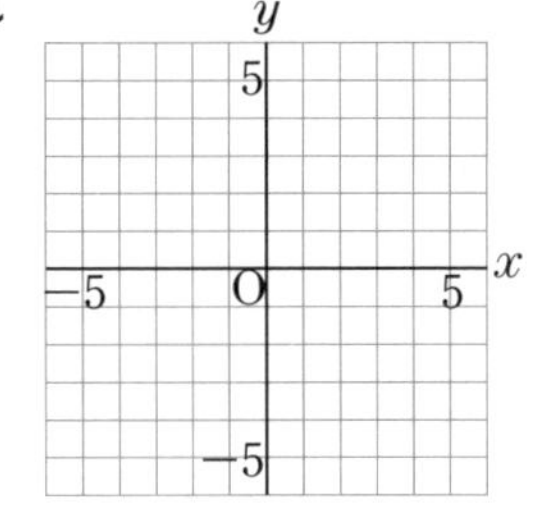

7 【比例のグラフのかき方】
次の関数のグラフを右の図にかきなさい。

(1) $y=2x$
(2) $y=-x$
(3) $y=\frac{1}{2}x$
(4) $y=-\frac{4}{3}x$

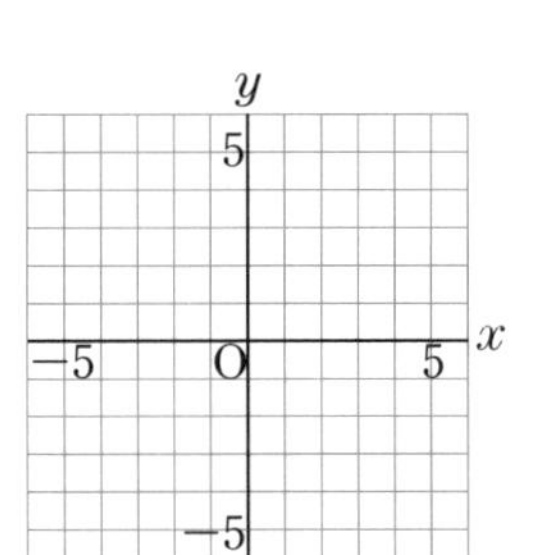

8 【比例のグラフと x，y の増減，式の求め方】
次の問いに答えなさい。

(1) 次の比例の関係について，x が 1 ずつ増加すると，y はどれだけどのように変化しますか。

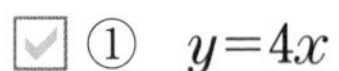

① $y=4x$　〔　　　　　〕
② $y=-3x$　〔　　　　　〕

(2) 右の①，②のグラフについて，y を x の式で表しなさい。

①〔　　　　　〕　②〔　　　　　〕

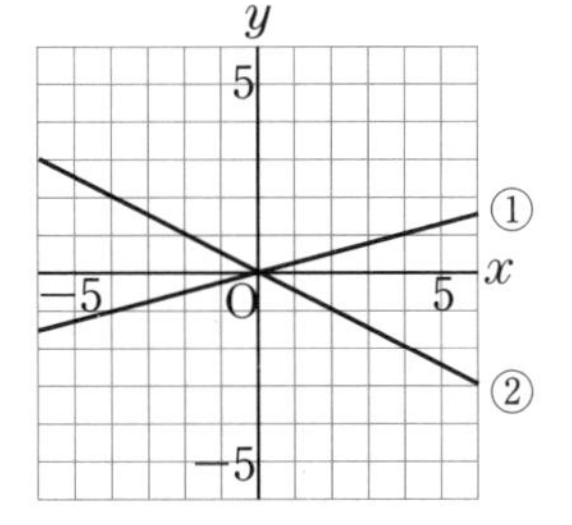

得点アップアドバイス

4
(2) まず，比例の式を求めてから，その式に x の値を代入し，y の値を求める。

x 座標が a，y 座標が b の点は，(a, b) と表すよ。

6

確認　座標 (a, b) の点

座標が (a, b) の点は，x 軸上の a の点と y 軸上の b の点から，それぞれの軸に垂直にひいた直線の交点になる。

7
確認　$y=ax$ のグラフ

グラフは原点を通る直線だから，原点のほかにもう 1 つの点を求め，原点とその点を通る直線をひく。もう 1 つの点は，x 座標も y 座標も整数になる点をとるようにする。

8
(1) $y=ax$ で，x の値が増加すると，
$a>0$ のとき➡y の値は増加する。
$a<0$ のとき➡y の値は減少する。
(2) グラフが通る点の x 座標，y 座標を $y=ax$ に代入して，a の値を求める。

Step 2 実力完成問題

解答 別冊 p.24

1 【関数の意味】

次のうち，y が x の関数であるものをすべて選んで，記号で答えなさい。

ア　1 辺が x cm の正三角形の周の長さを y cm とする。

イ　自然数 x の約数を y とする。

ウ　周の長さが x cm の長方形の面積を y cm^2 とする。

エ　30 cm の針金を x cm 切り取ったときの残りの長さを y cm とする。

〔　　　　〕

2 【比例の式】

次の問いに答えなさい。

よくでる (1)　y は x に比例し，$x=10$ のとき $y=2$ です。y を x の式で表しなさい。

〔　　　　〕

(2)　y は x に比例し，$x=-\frac{2}{3}$ のとき $y=\frac{1}{2}$ です。$x=\frac{4}{3}$ のときの y の値を求めなさい。

〔　　　　〕

3 【比例の対応する値】

ミス注意 **右の表は，y が x に比例する関係を表したものです。ア，イ，ウ，エにあてはまる数を求めなさい。**

x	-7	-4	-2	ウ	エ
y	ア	イ	8	-16	-40

ア〔　　　　〕　イ〔　　　　〕　ウ〔　　　　〕　エ〔　　　　〕

4 【比例の関係と変域】

分速 70 m で歩いたとき，x 分間に歩く道のりを y m として，次の問いに答えなさい。

(1)　y を x の式で表しなさい。

〔　　　　〕

(2)　x の変域が $10 \leqq x \leqq 30$ のときの y の変域を求めなさい。

〔　　　　〕

5 【座標】

右の図の点 A について答えなさい。

(1)　点 A の座標を求めなさい。〔　　　　〕

ミス注意 (2)　点 A について，次のような点の座標を求めなさい。

①　x 軸(じく)について対称(たいしょう)な点 B　〔　　　　〕

②　y 軸について対称な点 C　〔　　　　〕

③　原点について対称な点 D　〔　　　　〕

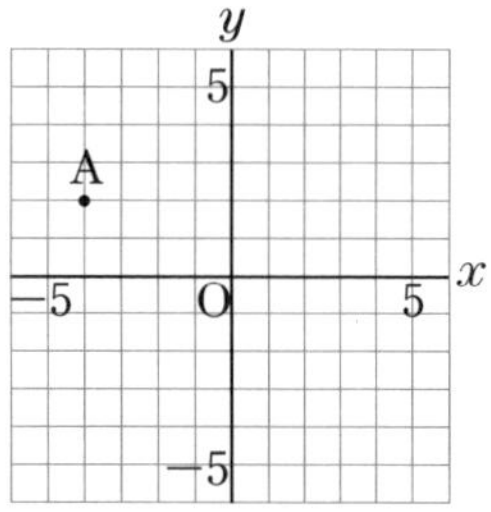

6 【座標と図形】

右の図のように，2点 **A**$(-3,\ 4)$，**B**$(-1,\ -3)$ があります。次の問いに答えなさい。

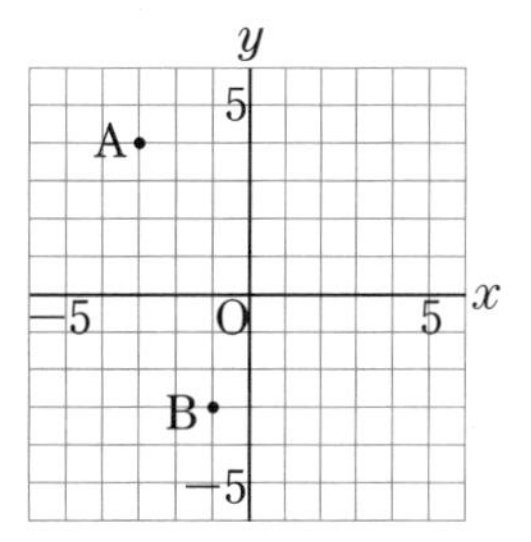

(1) 点Aについて，x 軸の正の方向へ6だけ，y 軸の負の方向へ2だけ移動した点をCとします。点Cの座標を求めなさい。

〔　　　　　　　〕

(2) 三角形ABCの面積を求めなさい。ただし，座標の1めもりを1cmとします。

〔　　　　　　　〕

7 【比例のグラフ】

次の関数のグラフを右の図にかきなさい。

(1) $y=-2x$

(2) $y=\frac{3}{4}x$

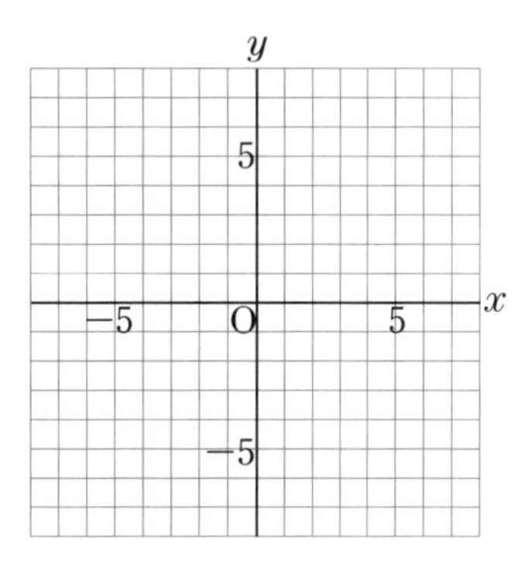

8 【比例のグラフと x，y の増減】

右のグラフについて，次の問いに答えなさい。

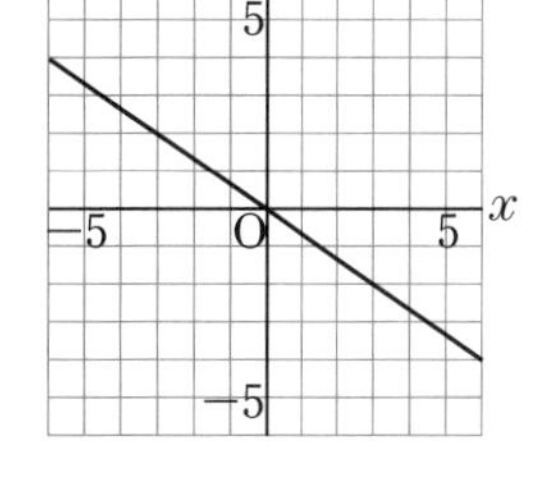

✓よくでる (1) y を x の式で表しなさい。

〔　　　　　　　〕

(2) x が3ずつ増加すると，y はどれだけどのように変化しますか。

〔　　　　　　　　　〕

入試レベル問題に挑戦

9 【比例の関係と変域】

y は x に比例し，$x=4$ のとき $y=-12$ です。また，x の変域が $-2\leqq x\leqq 3$ のとき，y の変域は $a\leqq y\leqq b$ です。このとき，a，b の値を求めなさい。

〔　　　　　　　〕

ヒント

まず，x と y の関係を表す式を求め，x の変域が $-2\leqq x\leqq 3$ のときの y の変域を求める。

反比例

リンク
ニューコース参考書
中1数学
p.159～164

攻略のコツ 反比例を表す式は $y=\frac{a}{x}$ で，グラフは双曲線になる。

テストに出る！ 重要ポイント

● **反比例**（はんぴれい）

y が x の関数で，$y=\frac{a}{x}$ で表される。

➡ **y は x に反比例する。**

このとき，積 xy の値は一定で，比例定数 a に等しい。（$xy=a$）

反比例
$y=\frac{a}{x}$ ← 比例定数 （$a \neq 0$）

● **反比例のグラフ**

$y=\frac{a}{x}$ のグラフ

➡ **双曲線**（そうきょくせん）

原点について対称（たいしょう）な2つのなめらかな曲線で，グラフは座標軸（じくく）と交わらない。

$a>0$ のとき

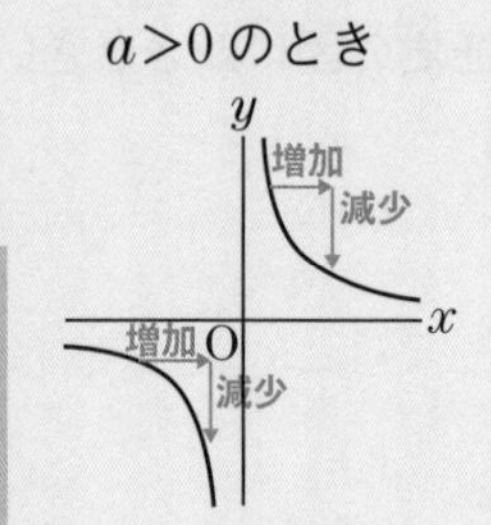

$a<0$ のとき

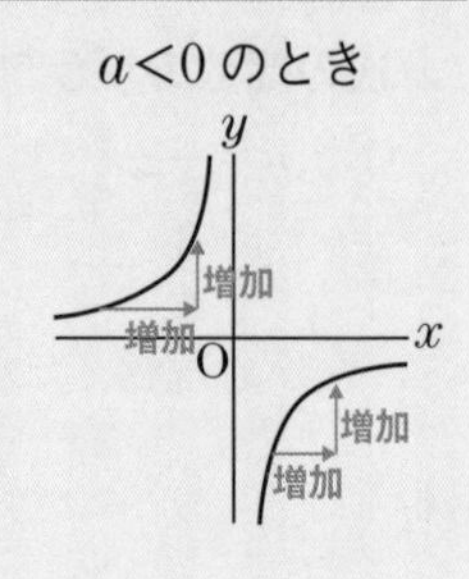

Step 1 基礎力チェック問題

解答 別冊 p.25

1 **【反比例することを示す】**

面積が 30 cm² の長方形の横の長さを x cm，縦の長さを y cm とするとき，次の問いに答えなさい。

☑ (1) y を x の式で表し，反比例することを示しなさい。

〔　　　　　　　　　　　　〕

☑ (2) 比例定数を求めなさい。

〔　　　　　〕

2 **【反比例の式】**

次の問いに答えなさい。

☑ (1) y は x に反比例し，比例定数が 20 のとき，y を x で表しなさい。

〔　　　　　〕

☑ (2) y は x に反比例し，$x=4$ のとき $y=2$ です。y を x の式で表しなさい。

〔　　　　　〕

☑ (3) y は x に反比例し，$x=3$ のとき $y=-6$ です。このとき，比例定数を求めなさい。

〔　　　　　〕

☑ (4) y は x に反比例し，$x=2$ のとき $y=-3$ です。$x=3$ のときの y の値を求めなさい。

〔　　　　　〕

得点アップアドバイス

2

(2)(3) $y=\frac{a}{x}$ とおき，x，y の値を代入して，a の値を求める。

テストで注意 **－の符号の位置**

比例定数 a が負の数になったとき，－は分数の前に書くこと。

例 $a=-2$ のとき，反比例の式は，$y=\frac{-2}{x}$ と書かず，$y=-\frac{2}{x}$ と書く。

3 【反比例の性質】

$y=-\frac{16}{x}$ について，次の問いに答えなさい。

(1) x の値に対応する y の値を求めて，下の表を完成させなさい。

x	−16	−8	−4	−2	−1	1	2	4	8	16
y										

(2) x の値が 8 倍になると，y の値はどのように変わりますか。

〔　　　　　　　　〕

4 【反比例のグラフのかき方】

次の反比例の関係について，表の空らんをうめ，そのグラフを下の図にかきなさい。

(1) $y=\frac{10}{x}$

x	−10	−5	−2	−1	1	2	5	10
y								

(2) $y=-\frac{8}{x}$

x	−8	−4	−2	−1	1	2	4	8
y								

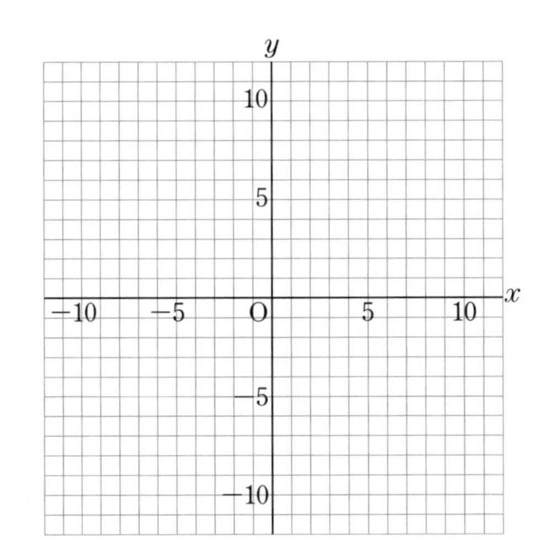

5 【反比例のグラフの式の求め方】

右のグラフは反比例のグラフです。次の問いに答えなさい。

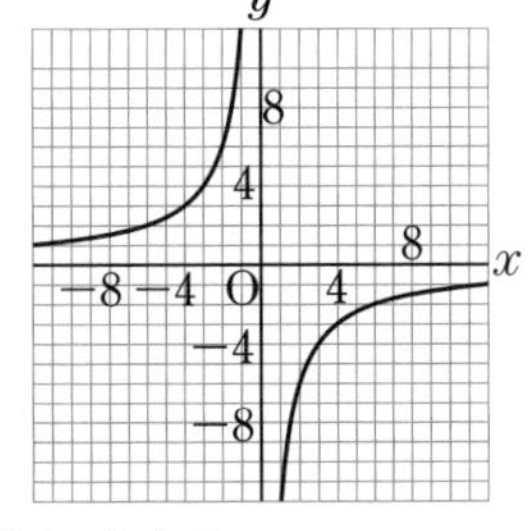

(1) 右のグラフになる式をア〜ウから選び，記号で答えなさい。

ア $y=\frac{12}{x}$　　イ $y=\frac{x}{12}$　　ウ $y=-\frac{12}{x}$

〔　　　〕

(2) x の値が増加すると，y の値はどのように変化しますか。

〔　　　　　　　　〕

得点アップアドバイス

3

確認 **反比例の性質**

① x の値が 2 倍，3 倍，4 倍，…になると，y の値は $\frac{1}{2}$ 倍，$\frac{1}{3}$ 倍，$\frac{1}{4}$ 倍，…になる。

② 積 xy の値は一定で，比例定数 a に等しい。

4

確認 **$y=\frac{a}{x}$ のグラフのかき方**

① 対応する x，y の値を求める。

② x，y の値の組を座標とする点をかき入れる。

③ ②の点をなめらかな曲線で結ぶ。

点を直線で結んではいけないよ。グラフは座標軸と交わらないようにかくんだ。

5

(1) グラフが通る点の座標を読み取り，その点の x 座標，y 座標を $y=\frac{a}{x}$ に代入して，a の値を求める。

(2) $y=\frac{a}{x}$ で，x の値が増加すると，
$a>0$ のとき➡y の値は減少する。
$a<0$ のとき➡y の値は増加する。

Step 2 実力完成問題

解答 別冊 p.26

1 【比例・反比例の式の見分け方】

ア〜エの式で表される関数について，次の問いに答えなさい。

ア $y=\frac{x}{3}$　　イ $y=x-1$　　ウ $xy=-2$　　エ $y=2(x+1)$

ミス注意 (1) y が x に比例するものを選んで，記号で答えなさい。また，そのときの比例定数を求めなさい。

記号…〔　　　〕　比例定数…〔　　　〕

(2) y が x に反比例するものを選んで，記号で答えなさい。また，そのときの比例定数を求めなさい。

記号…〔　　　〕　比例定数…〔　　　〕

2 【反比例の式】

次の問いに答えなさい。

✓よくでる (1) y は x に反比例し，$x=7$ のとき $y=-8$ です。y を x の式で表しなさい。

〔　　　〕

(2) y は x に反比例し，$x=-4$ のとき $y=6$ です。$x=12$ のときの y の値を求めなさい。

〔　　　〕

(3) y は x に反比例し，$x=\frac{4}{5}$ のとき $y=-\frac{5}{2}$ です。y を x の式で表しなさい。

〔　　　〕

3 【反比例の対応する値】

右の表は，y が x に反比例する関係を表したものです。ア，イ，ウ，エにあてはまる数を求めなさい。

x	-4	イ	2	ウ	9
y	ア	24	-36	-12	エ

ア〔　　　〕　イ〔　　　〕　ウ〔　　　〕　エ〔　　　〕

4 【反比例の関係と変域】

面積が 18 cm^2 の三角形の底辺を x cm，高さを y cm とします。次の問いに答えなさい。

(1) y を x の式で表しなさい。　〔　　　〕

(2) $x=9$ のときの y の値を求めなさい。　〔　　　〕

(3) $x=\frac{3}{8}$ のときの y の値を求めなさい。　〔　　　〕

(4) x の変域が $2 \leqq x \leqq 12$ のとき，y の変域を求めなさい。　〔　　　〕

5 【反比例のグラフ】

次の問いに答えなさい。

(1) 右のアのグラフは，反比例のグラフです。

① 比例定数を求めなさい。

〔　　　　　　〕

✓よくでる ② y を x の式で表しなさい。

〔　　　　　　〕

③ $x=2$ のときの y の値を求めなさい。

〔　　　　　　〕

(2) y は x に反比例し，$x=12$ のとき $y=\frac{4}{3}$ です。

① y を x の式で表しなさい。

〔　　　　　　〕

✓よくでる ② ①の関数のグラフを右のイの図にかきなさい。

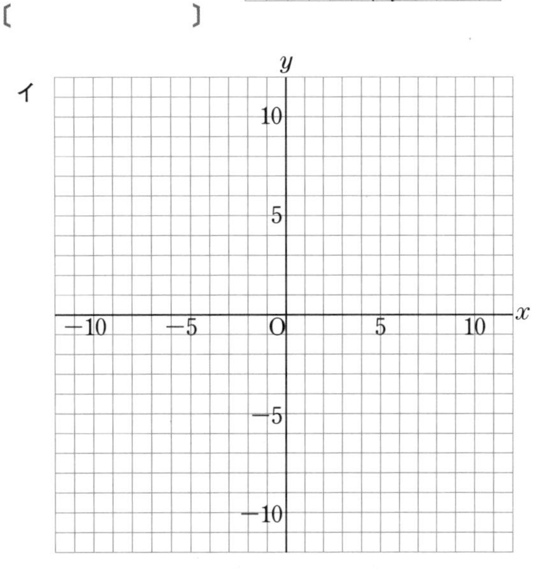

6 【反比例のグラフと変域】

$y=\frac{48}{x}$ **のグラフについて，次の問いに答えなさい。**

(1) 点 (□, 16) がグラフ上にあるとき，□にあてはまる数を求めなさい。

〔　　　　　　〕

(2) x の変域が $-24 \leqq x \leqq -4$ のとき，y の変域を求めなさい。

〔　　　　　　〕

入試レベル問題に挑戦

7 【反比例の式と変域】

y は x に反比例し，$x=4$ のとき，$y=9$ です。次の問いに答えなさい。

(1) x の値を 4 倍すると，y の値は何倍になりますか。

〔　　　　　　〕

(2) x の変域が $2 \leqq x \leqq 6$ のとき，y の変域は $a \leqq y \leqq b$ です。
このとき，a，b の値を求めなさい。

〔　　　　　　〕

ヒント

(2) まず反比例の式を求めてから，x の変域が $2 \leqq x \leqq 6$ のときの y の変域を求める。

3 比例と反比例の利用

リンク ニューコース参考書 中1数学 p.165 ~ 171

攻略のコツ 比例や反比例の応用問題では，まず，y を x の式で表すことを考える。

テストに出る！ 重要ポイント

●比例や反比例の応用問題の解き方

❶ 2つの量の関係が**比例**か**反比例**かを見分ける。
- 比例の関係の例➡紙の枚数と重さの関係
- 反比例の関係の例➡てんびんがつりあったときの，おもりの重さと支点からの距離（きょり）の関係

❷ 比例なら $\boldsymbol{y=ax}$，反比例なら $\boldsymbol{y=\frac{a}{x}}$ の式に，対応する x，y の値を代入して a の値を求め，y を x の式で表す。

❸ ❷の式に x または y の値を代入して，y または x の値を求める。

●グラフの利用

❶ **比例のグラフを利用した問題**➡x 軸（じく）に時間，y 軸に道のりをとった**速さの関係のグラフ**がよく出題される。

❷ **比例と反比例のグラフ**➡$y=ax$ と $y=\frac{b}{x}$ のグラフが交わった点Pの座標の値は，この2つの式のどちらも成り立たせる。

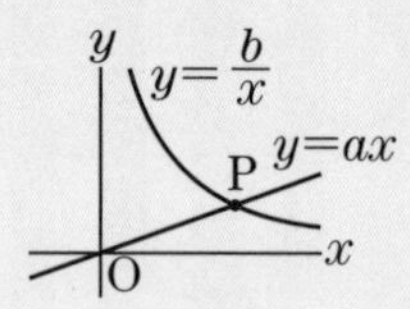

Step 1 基礎力チェック問題

解答 別冊 p.27

1 【比例の利用】
コピー用紙100枚分の重さをはかったら，320gでした。次の問いに答えなさい。

(1) コピー用紙 x 枚の重さを y g として，y を x の式で表しなさい。

〔　　　　　　〕

(2) 同じコピー用紙2500枚分の重さは何gですか。

〔　　　　　　〕

2 【比例の利用】
束になった針金全体の重さをはかったら，156gありました。これと同じ針金5mの重さをはかったら，30gありました。次の問いに答えなさい。

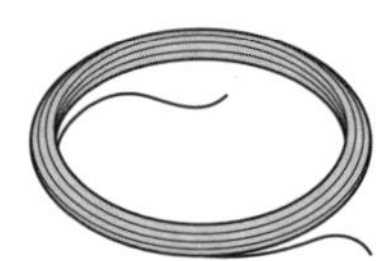

(1) 針金 x g の長さを y m として，y を x の式で表しなさい。

〔　　　　　　〕

(2) 束になった針金全体の長さを求めなさい。

〔　　　　　　〕

得点アップアドバイス

1 (1) コピー用紙の重さは枚数に比例することを利用して，$y=ax$ の式に表す。

3 【反比例の利用】

毎分 4 L ずつ水を入れると 35 分でいっぱいになる水そうがあります。次の問いに答えなさい。

☑ (1) 毎分 x L ずつ水を入れたとき，水そうがいっぱいになるまでに y 分かかるとして，y を x の式で表しなさい。〔　　　　〕

☑ (2) 毎分 5 L ずつ水を入れると，いっぱいになるまでに何分かかりますか。〔　　　　〕

4 【反比例の利用】

てんびんの左右におもりをつるして，右の図のようにつりあわせます。次の問いに答えなさい。

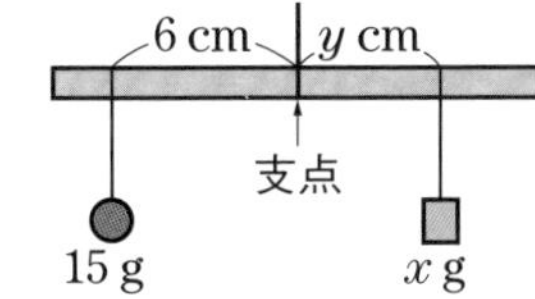

☑ (1) 右側につるしたおもりの重さを x g，支点からの距離を y cm として，y を x の式で表しなさい。〔　　　　〕

☑ (2) 右側に 20 g のおもりをつるし，てんびんがつりあうようにするには，支点から何 cm のところにつるしたらよいかを求めなさい。〔　　　　〕

5 【比例のグラフの利用】

A 地点を出発して，1200 m 離(はな)れた B 地点まで一定の速さで歩きます。右のグラフは，A 地点を出発してから x 分後の A 地点からの道のりを y m として，x と y の関係を表したものです。次の問いに答えなさい。

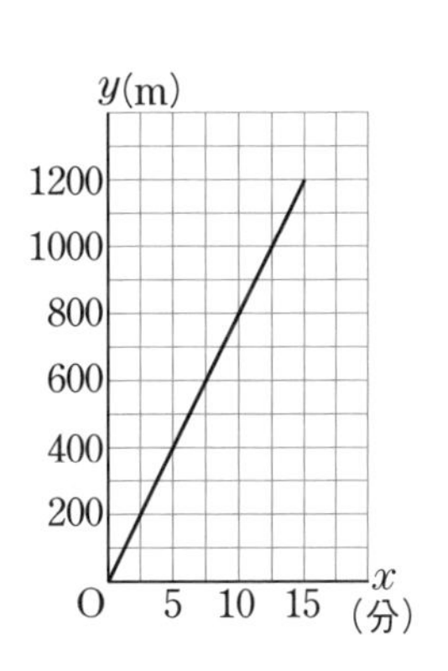

☑ (1) y を x の式で表しなさい。〔　　　　〕

☑ (2) x の変域を求めなさい。〔　　　　〕

☑ (3) A 地点から 720 m 進んだのは，出発してから何分後ですか。〔　　　　〕

6 【比例と反比例のグラフ】

右の図で，①は $y=\frac{2}{3}x$，②は $y=\frac{a}{x}$ のグラフです。グラフ①と②が交わる点を A とし，点 A の x 座標が 3 のとき，次の問いに答えなさい。

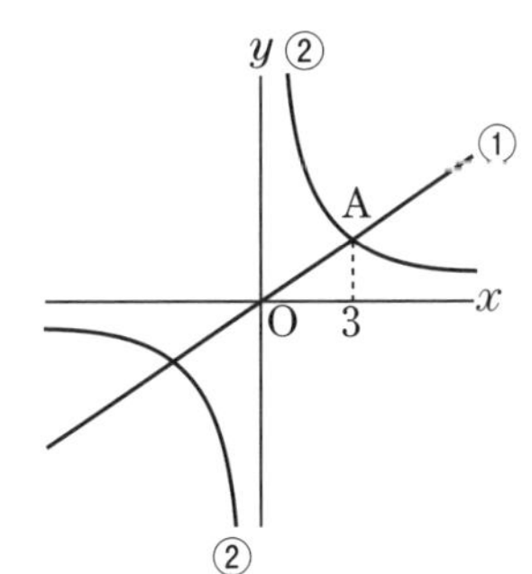

☑ (1) 点 A の座標を求めなさい。〔　　　　〕

☑ (2) a の値を求めなさい。〔　　　　〕

得点アップアドバイス

3

(1) 満水のときの水の量は一定なので，毎分 x L ずつ y 分入れたときの，x と y の積 **xy の値は一定**になる。

4

確認 **てんびんのつりあい**

てんびんがつりあっているとき，(おもりの重さ)×(支点からの距離)の積は，左右で等しくなっている。

(1) x と y の積 xy の値は，15 と 6 の積に等しくなっている。

5

確認 **道のり=速さ×時間**

速さが一定なら，道のりは時間に比例する。このときの比例定数は，速さになる。

(1) グラフが通る点の x 座標，y 座標を読み取り，歩く速さ（比例定数）を求める。

(2) A 地点から B 地点までの道のりは 1200 m だから，y の変域は，$0 \leqq y \leqq 1200$ になる。

6

(1) 点 A は，$y=\frac{2}{3}x$ 上の点で，x 座標が 3 であることから，点 A の y 座標を求めることができる。

(2) 点 A は，$y=\frac{a}{x}$ 上の点でもあることから，$y=\frac{a}{x}$ に点 A の x 座標，y 座標の値を代入して，a の値を求める。

Step 2　実力完成問題

解答 別冊 p.28

1 【比例の利用】

1 日に 3 分遅れる時計があります。ある日の正午に正しい時刻に合わせました。次の問いに答えなさい。

(1) x 時間に y 分遅れるとして，y を x の式で表しなさい。

〔　　　　　　〕

(2) 翌日の午前 4 時には，時計は何時何分をさしていますか。

〔　　　　　　〕

2 【反比例の利用】

歯車 A と B がかみ合っています。歯車 A の歯数は 24 で，毎分 350 回転しています。次の問いに答えなさい。

(1) 歯車 B の歯数が x で，毎分 y 回転するとして，y を x の式で表しなさい。

〔　　　　　　〕

✓よくでる (2) 歯車 B の歯数が 60 のとき，歯車 B は毎分何回転しますか。

〔　　　　　　〕

3 【比例のグラフの利用】

兄と弟が同時に家を出発して，公園までの 600 m の道のりを歩きます。2 人が家を出発してから x 分後の家からの道のりを y m とします。右のグラフは，兄について，x と y の関係を表したものです。次の問いに答えなさい。

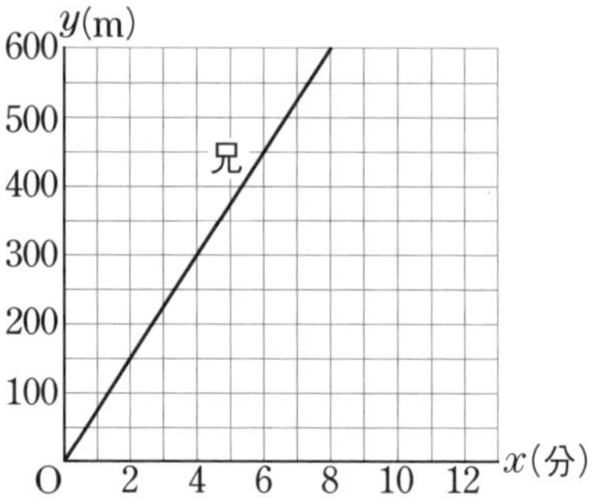

✓よくでる (1) 兄について，y を x の式で表しなさい。

〔　　　　　　〕

(2) 兄は，出発してから 3 分後に，家から何 m 離れた地点にいますか。

〔　　　　　　〕

(3) 弟は，分速 60 m で歩きます。弟について，x と y の関係を上の図にかきなさい。

(4) 弟は，家を出てから何分後に公園に着きますか。

〔　　　　　　〕

(5) 2 人が出発してから 5 分後に，2 人は何 m 離れていますか。

〔　　　　　　〕

ミス注意 (6) 兄が公園に着いたとき，弟は公園の手前何 m の地点にいますか。

〔　　　　　　〕

4 【比例と反比例のグラフ】

右の図で，①は比例のグラフ，②は $y=\dfrac{60}{x}$ のグラフです。

グラフ①と②の交点を A とし，点 A の y 座標が 10 のとき，①のグラフについて，y を x の式で表しなさい。

〔　　　　　　〕

5 【比例の利用】

次の問いに答えなさい。

(1) 厚さや材質が均一な木の板を切り取って，右の図ア，イのような形をつくりました。イは，縦 5 cm，横 15 cm の長方形で，重さは 45 g です。
アの重さが 63 g のとき，アの面積を求めなさい。

ア

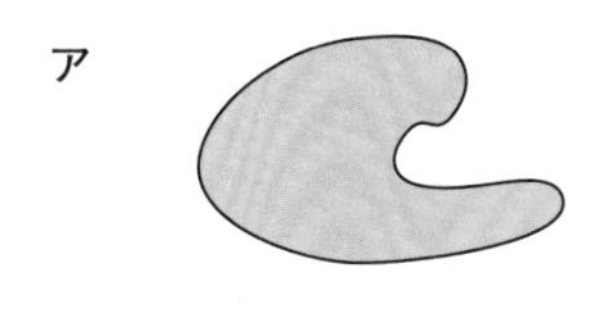

イ

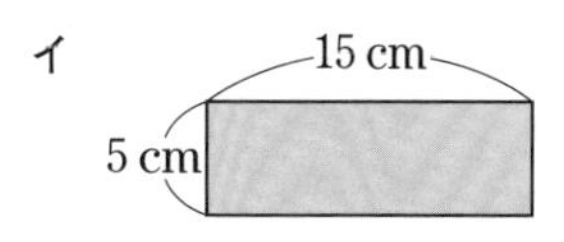

(2) 同じ大きさのくぎが入った箱 A，B があります。箱の重さはどちらも 400 g です。A の重さは 1600 g でくぎの数を数えると，200 本入っていました。B の重さをはかると 2350 g でした。B の箱にはくぎは何本入っていると考えられますか。

〔　　　　　　〕

入試レベル問題に挑戦

6 【反比例のグラフの利用】

右の図のように，反比例 $y=\dfrac{12}{x}$ のグラフ上に点 A，x 軸上に点 B(6，0)，y 軸上に点 C があります。点 A の x 座標が 4 で，△OAC の面積が△OAB の面積の 2 倍になるとき，点 C の座標を求めなさい。

〔　　　　　　〕

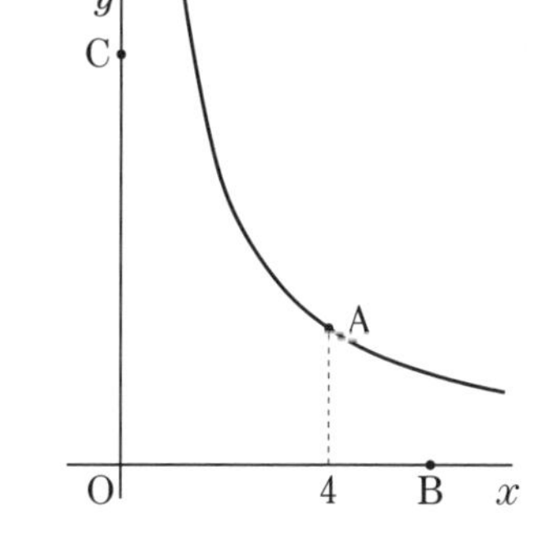

ヒント

点 C の座標を (0，p) のように文字を使って表し，2 つの三角形の面積の関係を示す。

定期テスト予想問題 ①

時間 50分
解答 別冊p.29

得点 /100

1 次のア～エについて，問いに答えなさい。

【4点×5】

ア　縦が x cm，横が 8 cm の長方形の周の長さは y cm です。
イ　底辺が x cm，高さが y cm の三角形の面積は 10 cm^2 です。
ウ　約数が x 個ある自然数は y です。
エ　水そうに毎分 3 L ずつ水を入れると，x 分間で y L 入ります。

(1) y が x の関数であるものをすべて選び，記号で答えなさい。

(2) y が x に比例するものを選び，記号で答えなさい。また，y を x の式で表しなさい。

(3) y が x に反比例するものを選び，記号で答えなさい。また，y を x の式で表しなさい。

(1)		(2)	記号…	式…	(3)	記号…	式…

2 次の問いに答えなさい。

【4点×4】

(1) y は x に比例し，$x=5$ のとき $y=-5$ です。y を x の式で表しなさい。

(2) y は x に比例し，$x=-4$ のとき $y=-3$ です。$x=2$ のときの y の値を求めなさい。

(3) y は x に反比例し，$x=-8$ のとき $y=4$ です。y を x の式で表しなさい。

(4) y は x に反比例し，$x=9$ のとき $y=2$ です。$x=-3$ のときの y の値を求めなさい。

(1)		(2)		(3)		(4)	

3 右の図について，次の問いに答えなさい。

【3点×6】

(1) 点 A，B，C の座標を求めなさい。

(2) 座標が次のような点を，右の図にかき入れなさい。
P$(-5,\ 0)$　　Q$(4,\ -2)$

(3) 点 A と x 軸(じく)について対称(たいしょう)な点 D の座標を求めなさい。

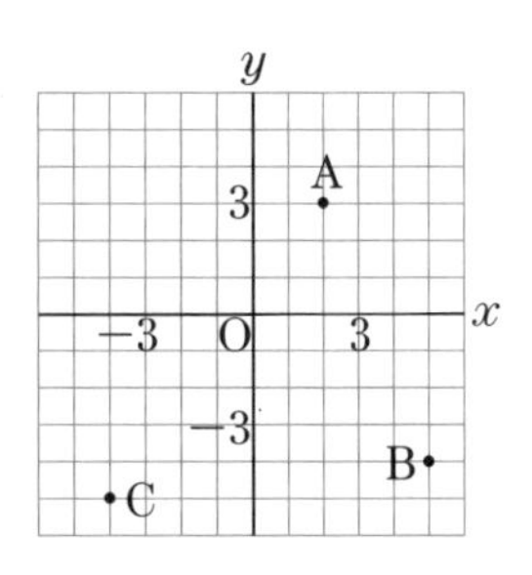

(1)	A	B	C	(3)	

4 右の(1)〜(4)は，比例と反比例のグラフです。それぞれについて，y を x の式で表しなさい。【4点×4】

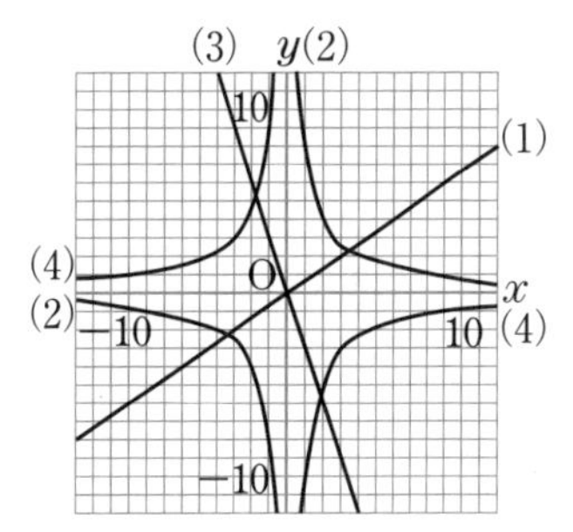

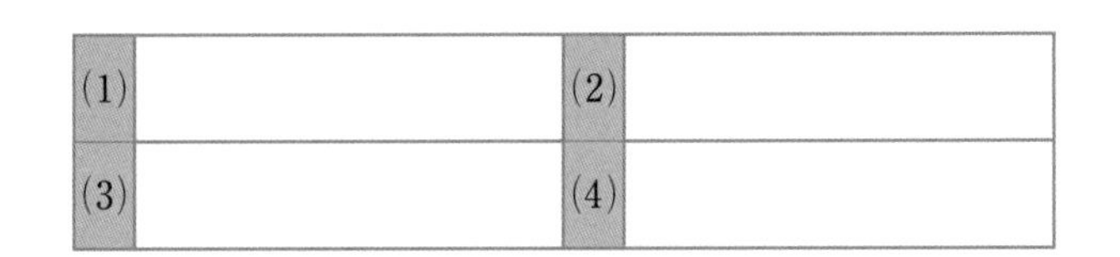

(1)		(2)	
(3)		(4)	

5 次の関数のグラフを右の図にかきなさい。【4点×2】

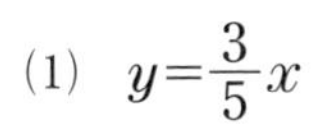

(1) $y=\dfrac{3}{5}x$

(2) $y=-\dfrac{24}{x}$

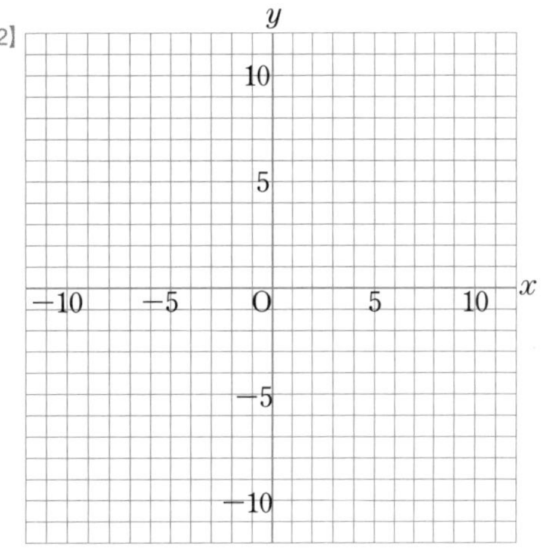

6 比例の関係 $y=-6x$ について，次の問いに答えなさい。【3点×2】

(1) x が1ずつ増加すると，y はどれだけどのように変化しますか。

(2) x の変域が $-3\leqq x\leqq 9$ のとき，y の変域を求めなさい。

(1)		(2)	

7 姉と弟が家を同時に出発し，家から700 m 離(はな)れた駅まで行きます。右のグラフは，2人が出発してから x 分後の家からの道のりを y m として，x と y の関係を表したものです。次の問いに答えなさい。【4点×4】

(1) 姉と弟のそれぞれについて，y を x の式で表しなさい。

(2) 姉が駅に着いたとき，弟は駅の手前何 m の地点にいますか。

(3) 2人が140 m 離れるのは，家を出発してから何分後ですか。

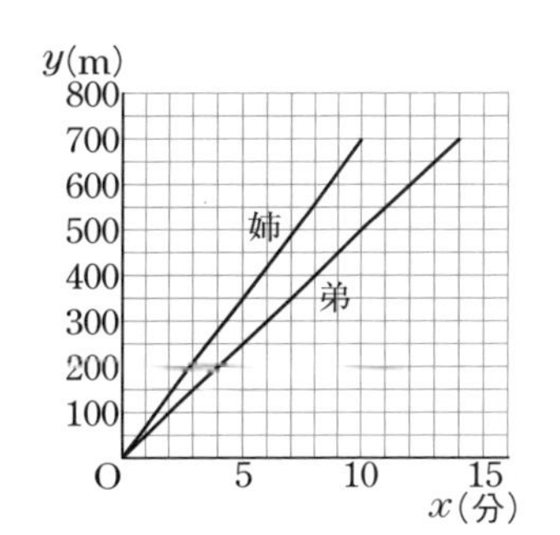

(1)	姉…	弟…	(2)		(3)	

定期テスト予想問題 ②

時間 50分
解答 別冊p.30

得点 /100

1 次の問いに答えなさい。

【4点×2】

(1) y は x に比例し，$x=3$ のとき $y=-4$ です。$x=9$ のときの y の値を求めなさい。

(2) y は x に反比例し，$x=5$ のとき $y=3$ です。$x=-12$ のときの y の値を求めなさい。

(1)		(2)	

2 深さ 50 cm の円柱の形をした空（から）の容器に水を入れていきます。水面の高さが毎分 4 cm の割合で高くなっていくとき，水を入れ始めてから x 分後の水面の高さを y cm として，次の問いに答えなさい。

【5点×3】

(1) y を x の式で表しなさい。

(2) x の変域を求めなさい。

(3) 6 分後の水面の高さを求めなさい。

(1)		(2)		(3)	

3 50 km の道のりを，時速 x km の速さで進むときにかかる時間を y 時間とします。次の問いに答えなさい。

【4点×2】

(1) y を x の式で表しなさい。

(2) 時速 30 km の速さで進むとき，かかる時間は何時間何分ですか。

(1)		(2)	

4 右のグラフは比例のグラフです。次の問いに答えなさい。

【5点×3】

(1) y を x の式で表しなさい。

(2) $x=3$ のときの y の値を求めなさい。

(3) x の変域が $-2 \leqq x \leqq 4$ のとき，y の変域を求めなさい。

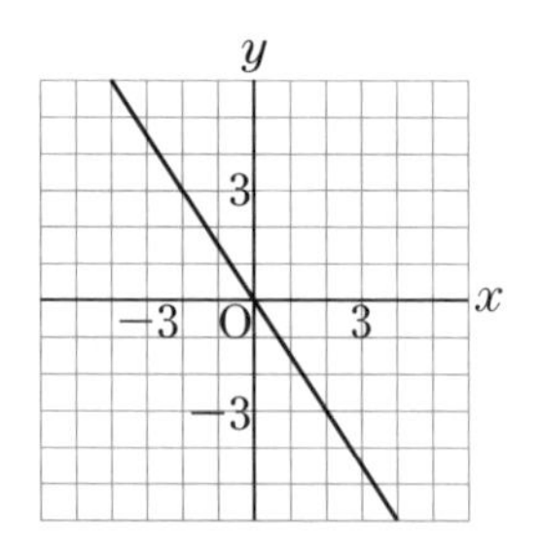

(1)		(2)		(3)	

5 右のグラフは反比例のグラフです。次の問いに答えなさい。 【6点×3】

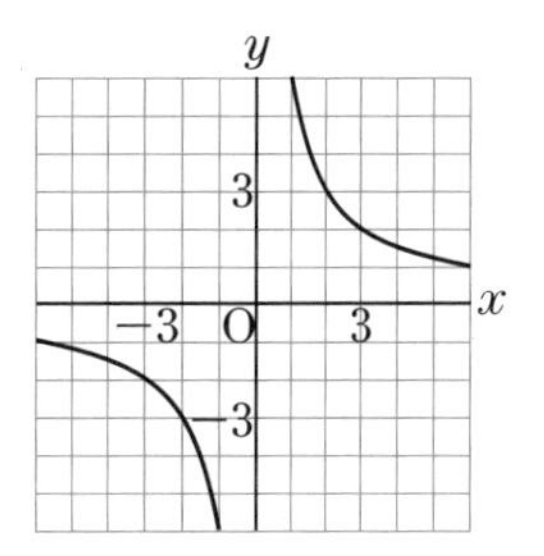

(1) y を x の式で表しなさい。

(2) x の変域が $1 \leqq x \leqq 3$ のとき，y の変域を求めなさい。

(3) このグラフ上の点で，x 座標，y 座標の値がともに整数である点は何個ありますか。

(1)		(2)		(3)	

6 次の問いに答えなさい。 【6点×2】

(1) ばねの伸(の)びる長さは，つるすおもりの重さに比例します。ばねに40 gのおもりをつるしたら，ばねが2 cm伸びました。このばねに70 gのおもりをつるすと，ばねの伸びる長さは何cmですか。

(2) 歯車Aと歯車Bがかみ合っています。歯車Aの歯数は72で，歯車Aが毎分20回転するとき，歯車Bは毎分30回転します。歯車Bの歯数を求めなさい。

(1)		(2)	

右の図の四角形ABCDは，縦8 cm，横12 cmの長方形です。点Pは，Bを出発して，毎秒4 cmの速さで辺BC上をCまで進みます。点PがBを出発してから x 秒後の三角形ABPの面積を y cm^2 とするとき，次の問いに答えなさい。 【6点×4】

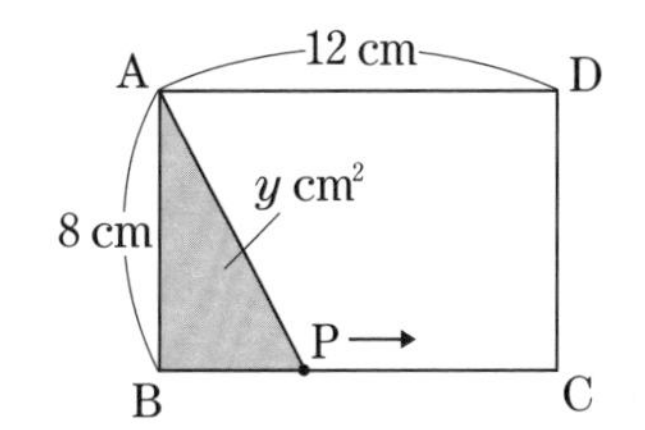

(1) y を x の式で表しなさい。

(2) x の変域を求めなさい。

(3) y の変域を求めなさい。

(4) x と y の関係を表すグラフを右の図にかきなさい。

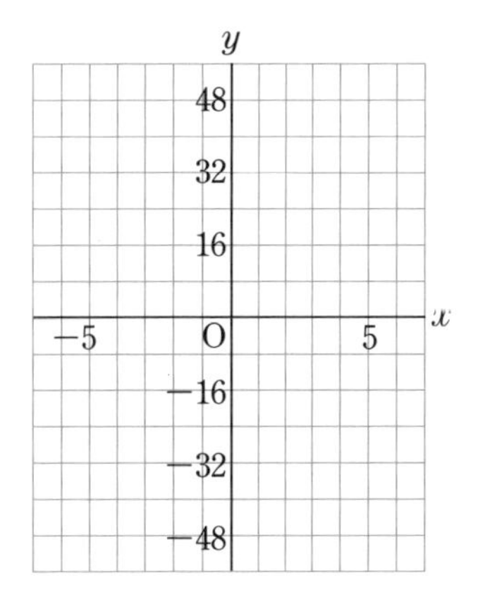

(1)		(2)		(3)	

4章／比例と反比例

定期テスト予想問題②

1 直線と角，図形の移動

リンク ニューコース参考書 中1数学 p.180 ~ 190

攻略のコツ 角の記号は「∠」，垂直の記号は「⊥」，平行の記号は「//」。

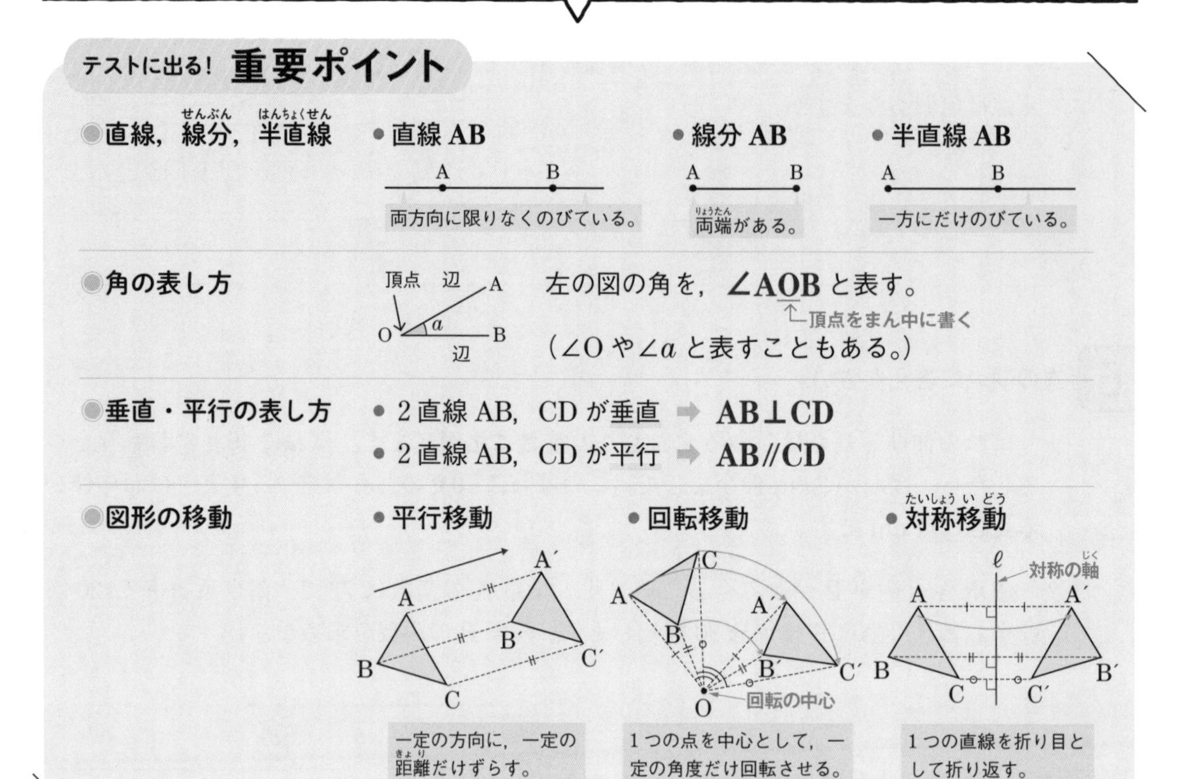

Step 1 基礎力チェック問題

解答 別冊 p.31

1 【2点を通る直線の数】

右の図のように，平面上に4点A，B，C，Dがあります。これら4点のうち，2点を通る直線について，次の問いに答えなさい。

(1) 点Aを通る直線は何本ありますか。〔　　　〕

(2) 直線は全部で何本ありますか。〔　　　〕

2 【線分の長さの関係，垂直・平行の表し方】

右の図の長方形について，(1)~(4)のことがらを，記号を使って表しなさい。

(1) 辺ADと辺BCの長さの関係 〔　　　〕

(2) 辺ABと辺BCの長さの関係 〔　　　〕

(3) 辺ABと辺ADの位置関係 〔　　　〕

(4) 辺ABと辺DCの位置関係 〔　　　〕

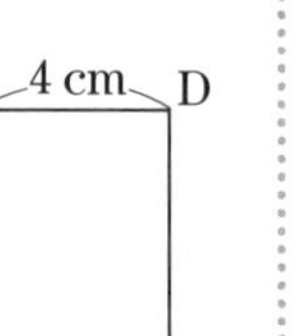

A 4 cm D

8 cm

B C

得点アップアドバイス

1 テストで注意 **2点を通る直線**

1点を通る直線は何本もあるが，2点を通る直線は1本しかない。

2 確認 **図形の記号**

- 垂直➡⊥
- 平行➡//

3 【角の表し方】

右の図のア，イの角を，記号と文字 A, B, C, D を使って表しなさい。

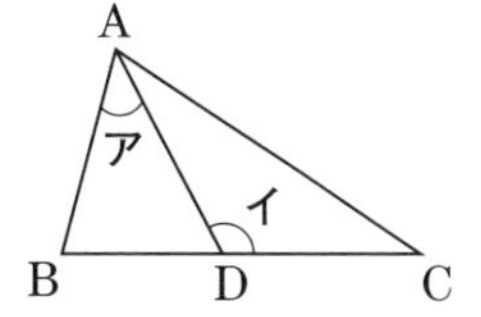

(1) アの角　〔　　　　〕　(2) イの角　〔　　　　〕

4 【点と直線，直線と直線の距離】

右の図の点 A ～ D と直線 ℓ について，次の問いに答えなさい。

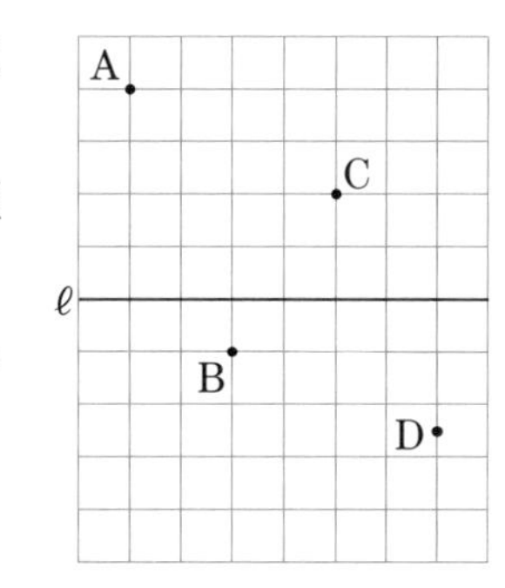

(1) 点 A ～ D のうち，直線 ℓ との距離が最も短い点はどれですか。　〔　　　　〕

(2) 直線 ℓ との距離が 3 cm の直線をかきなさい。ただし，方眼の 1 めもりを 1 cm とします。

5 【平行移動】

右の図の△ABC を，矢印 OP の方向に，OP の長さだけ平行移動させてできる△A′B′C′ をかきなさい。

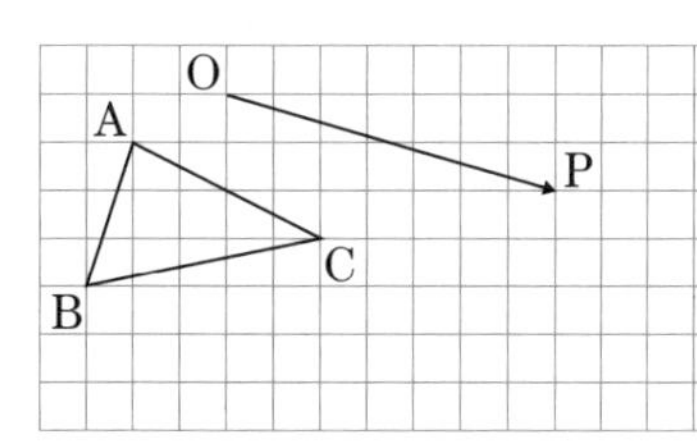

6 【回転移動】

右の図の△ABC を，点 O を中心として矢印の方向に 180° 回転移動させてできる△A′B′C′ をかきなさい。

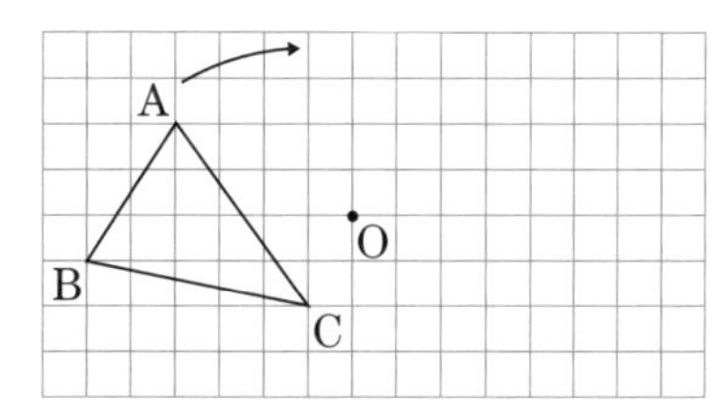

7 【対称移動】

右の図の△ABC を，直線 ℓ を対称の軸として対称移動させてできる△A′B′C′ をかきなさい。

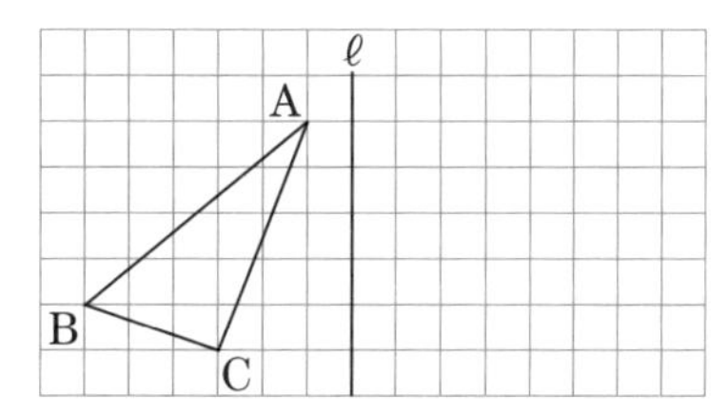

8 【移動して重なる図形】

右の図は，正六角形に対角線をひき，その交点を O としたものです。次の問いに答えなさい。

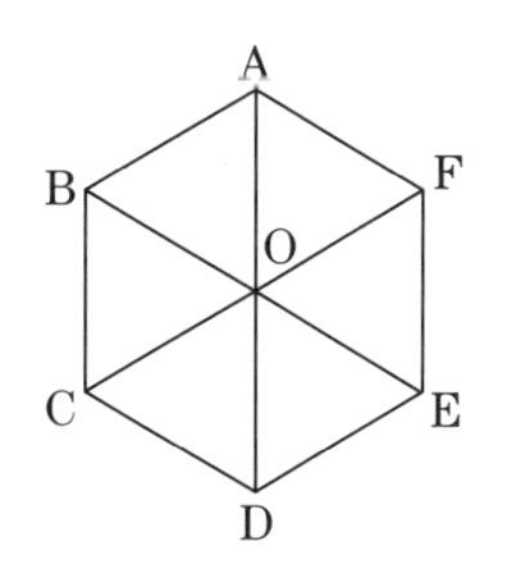

(1) △ABO を平行移動させたときに重なり合う三角形をすべて答えなさい。

〔　　　　〕

(2) △ABO を，直線 CF を対称の軸として対称移動させたときに重なり合う三角形を答えなさい。　〔　　　　〕

得点アップアドバイス

4

(1)

点と直線
の距離

(2) 直線 ℓ との距離が 3 cm の直線は，直線 ℓ の両側にある。

5

確認 **三角形を表す記号**

三角形 ABC を，記号△を使って，△ABC と表す。

確認 **平行移動**

平行移動では，対応する 2 点を結ぶ線分は平行で，長さが等しい。

6

確認 **点対称移動**（てんたいしょういどう）

回転移動の中で，特に 180° の回転移動を点対称移動という。

7

確認 **対称移動**

対称移動では，対応する 2 点を結ぶ線分は対称の軸によって，垂直に 2 等分される。

8

(1) 一定の方向にずらすと重なる三角形を選ぶ。

(2) CF を対称の軸として折り返すと重なる三角形を選ぶ。

Step 2　実力完成問題

解答 別冊 p.31

1 【線分の長さの関係】

右の図で，点 P，Q は線分 AB を 3 等分する点です。点 M は線分 QB を 2 等分する点です。次の線分の長さの関係を式で表しなさい。

A　P　Q　M　B

(1)　線分 AB と線分 AP　〔　　　〕

(2)　線分 AP と線分 QM　〔　　　〕

ミス注意 (3)　線分 QM と線分 AM　〔　　　〕

2 【点と直線】

右の図について，次の問いに答えなさい。

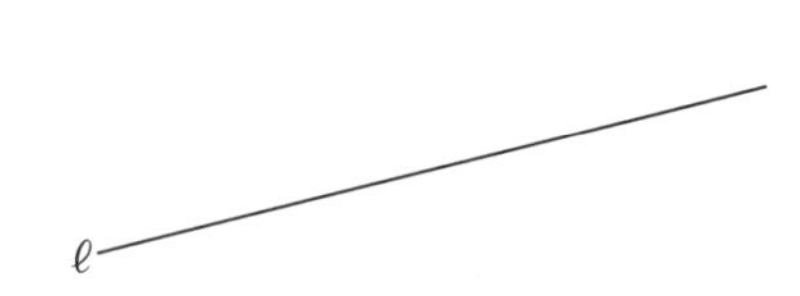

(1)　三角定規を使って，点 A から直線 ℓ に垂線をひきなさい。

(2)　点 A と直線 ℓ との距離(きょり)を測りなさい。

〔　　　〕

(3)　三角定規を使って，直線 ℓ との距離が 1.5 cm の直線をかきなさい。

3 【直線の関係や角の表し方，大きさ】

右の図のように，3 つの直線が 1 点 O で交わっています。次の問いに答えなさい。

✓よくでる

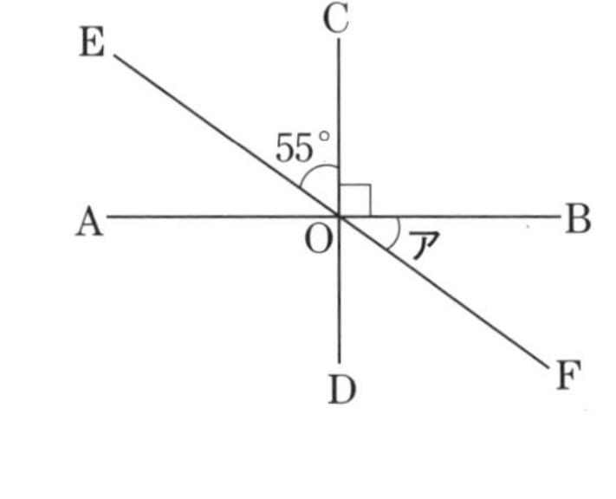

(1)　直線 AB と直線 CD の関係を，記号を使って表しなさい。　〔　　　〕

(2)　アの角を，記号を使って表しなさい。

〔　　　〕

(3)　アの角の大きさを求めなさい。

〔　　　〕

4 【角の大きさ】

右の図 1，図 2 において，$\angle AOB=90°$，$\angle COD=90°$ です。次の問いに答えなさい。

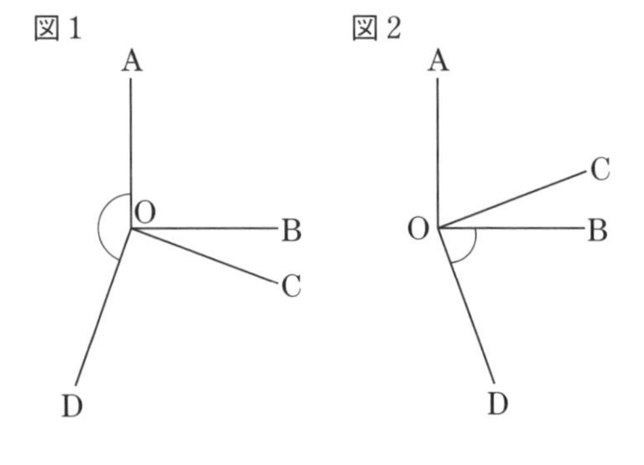

(1)　図 1 で，$\angle AOC=110°$ のとき，$\angle AOD$ の大きさを求めなさい。

〔　　　〕

(2)　図 2 で，$\angle AOC=70°$ のとき，$\angle BOD$ の大きさを求めなさい。

〔　　　〕

5 【図形の移動】

下の図の四角形 ABCD を，次の①，②，③の順で移動させた図をかきなさい。

✓よくでる ① 点 O を回転の中心として，時計の針と反対方向に 90° 回転移動させる。

② 直線 ℓ を対称(たいしょう)の軸(じく)として，対称移動させる。

③ 矢印 PQ の方向に，PQ の長さだけ平行移動させる。

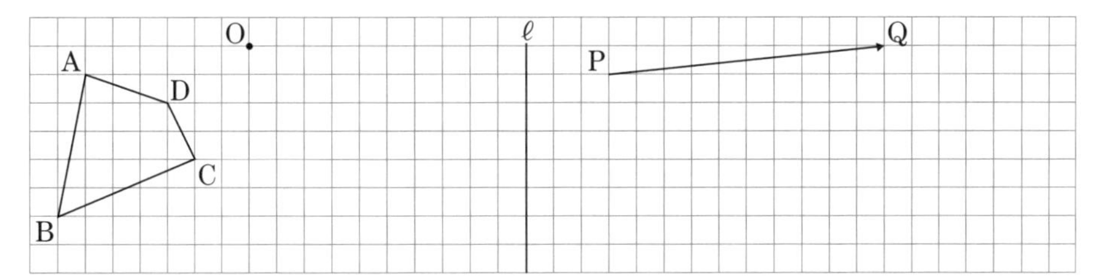

6 【移動して重なる図形】

右の図は，8 つの合同な直角二等辺三角形をしきつめたものです。次の問いに答えなさい。

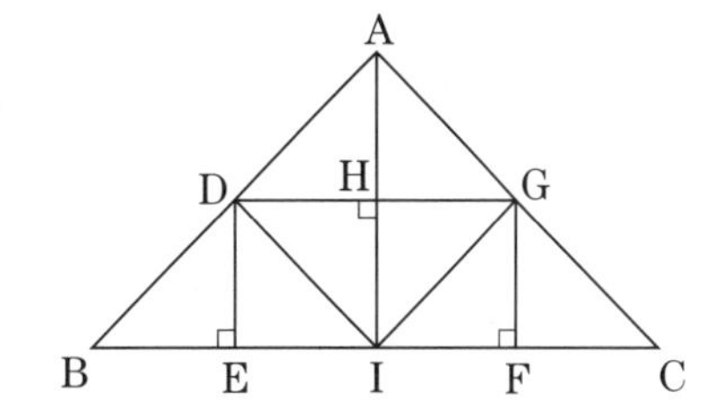

(1) △ADH を平行移動させるだけで重ね合わせることができる三角形をすべて答えなさい。

〔　　　　　　　　〕

(2) △ADH を，点 D を回転の中心として回転移動させるだけで重ね合わせることができる三角形を答えなさい。 〔　　　　　　　　〕

(3) (2)では，時計の針と同じ向きに何度回転移動させると重ね合わせることができますか。ただし，回転させる角度は 0° から 360° までとします。 〔　　　　　　　　〕

(4) △DBE を 1 回の移動で△GCF に重ね合わせるにはどうしたらよいですか。移動の方法を説明しなさい。

〔　　　　　　　　　　　　　　　　　　　　　　　　〕

思考 (5) △DBE を 2 回の移動で△GCF に重ね合わせるにはどうしたらよいですか。移動の方法を説明しなさい。

〔　　　　　　　　　　　　　　　　　　　　　　　　〕

入試レベル問題に挑戦

7 【回転移動】

右の長方形 ABCD を，図の位置からすべらないようにして，辺 BC が再び直線 ℓ 上にくるまで回転させます。このとき，点 A が動いた跡(あと)にできる線を，コンパスを使ってかきなさい。

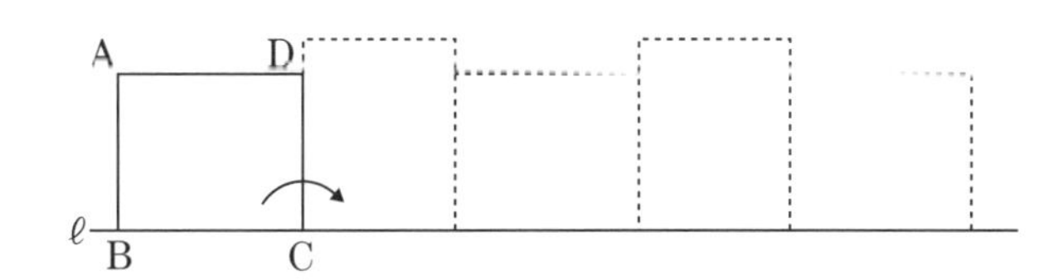

ヒント

点 A が動くときの回転の中心は，点 C，D，B の順に移っていく。点 A の位置の移り方に注意。

2 図形と作図

リンク ニューコース参考書 中1数学 p.191 ~ 200

攻略のコツ 2点A，Bからの距離が等しい点は，線分ABの垂直二等分線上にある。

テストに出る! 重要ポイント

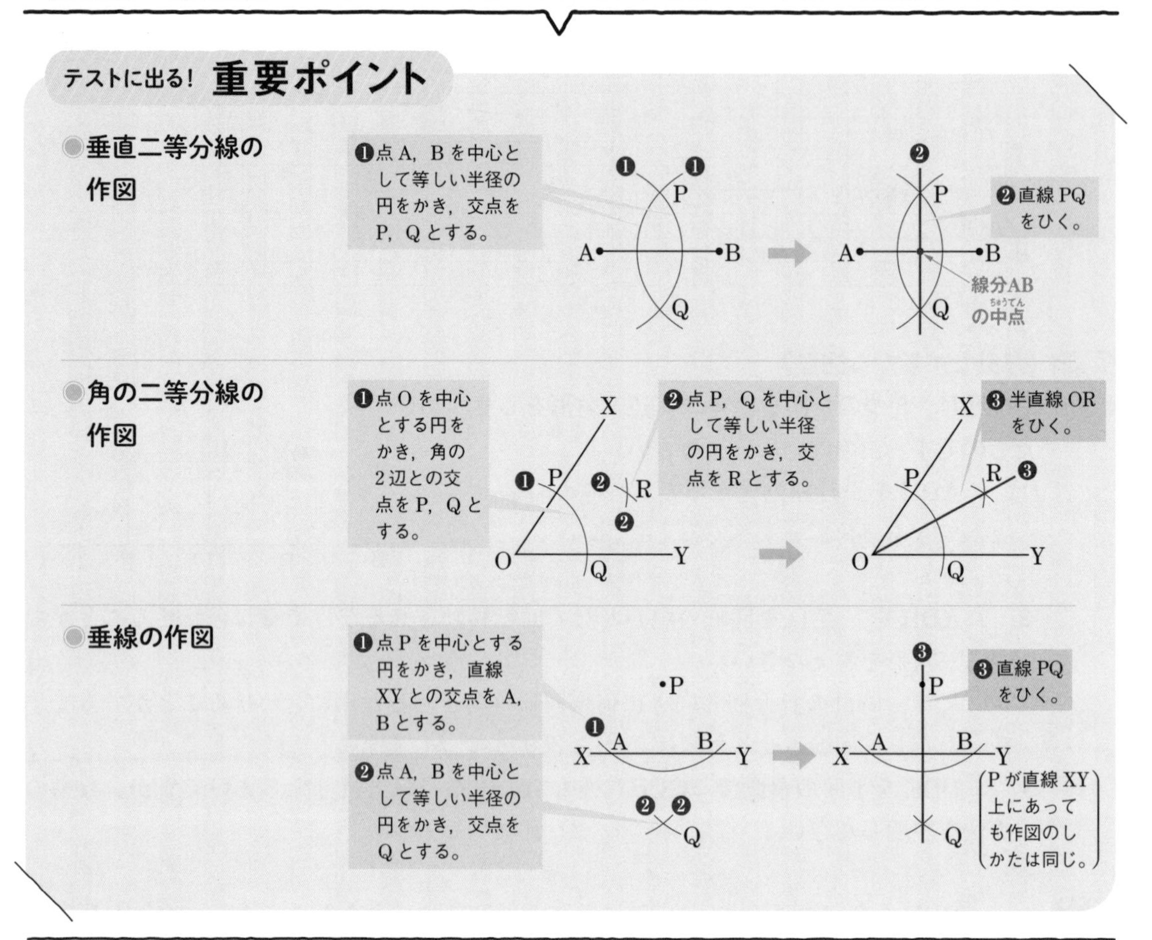

Step 1 基礎力チェック問題

解答 別冊 p.32

1 【垂直二等分線の作図】

右の図の△ABCについて，次の問いに答えなさい。

(1) 辺BCの垂直二等分線ℓを作図しなさい。

(2) 辺ABの中点Mを作図して求めなさい。

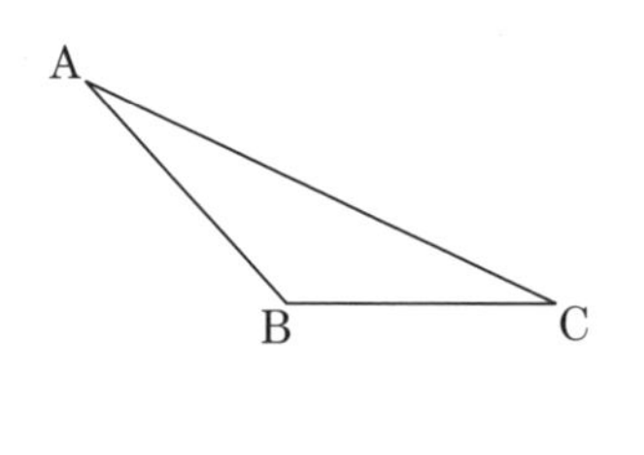

2 【角の二等分線の作図】

右の図の△ABCで，∠Bの二等分線と辺ACとの交点Pを作図して求めなさい。

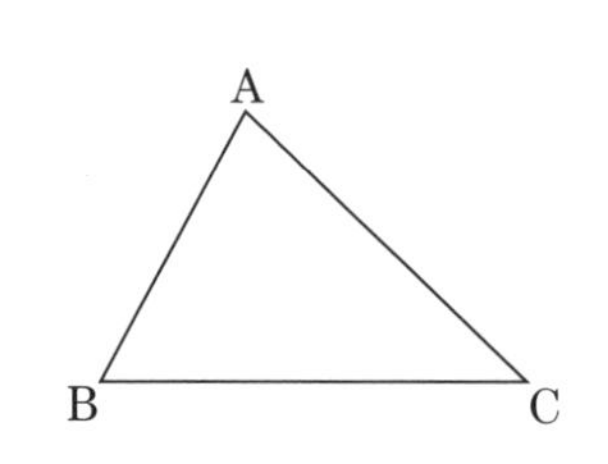

得点アップアドバイス

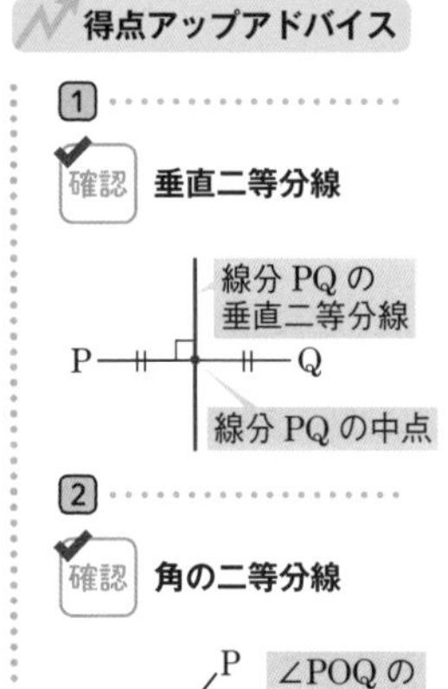

3 【垂線の作図】
次の直線を作図しなさい。

(1) 下の図で，直線 ℓ 上の点Pを通り，直線 ℓ に垂直な直線

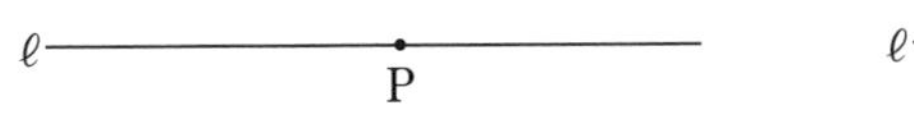

(2) 下の図で，点Pを通り，直線 ℓ に垂直な直線

P•

ℓ

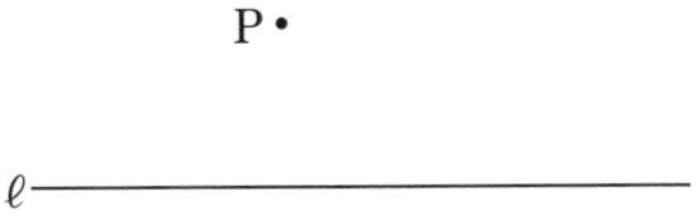

4 【三角形の高さの作図】
右の図の△ABCで，辺ACを底辺とするときの高さBHを作図しなさい。

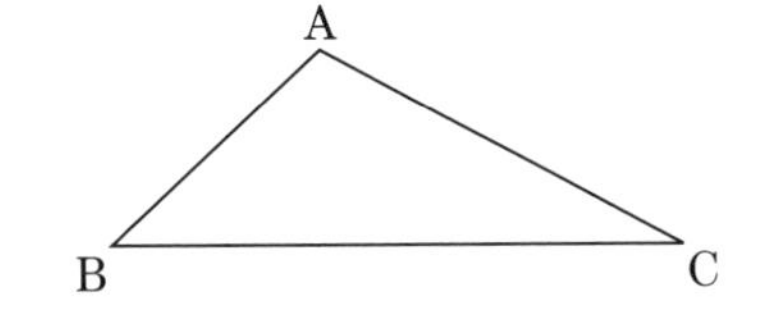

5 【特別な角の作図】
次の問いに答えなさい。

(1) 右の図で，線分OBを1辺とする正三角形のかき方を利用して，60°の∠AOBを作図しなさい。

(2) (1)でかいた60°の∠AOBを利用して，30°の∠COBを作図しなさい。

6 【距離（きょり）が等しい点】
次の□にあてはまることばを答えなさい。

(1) 図1で，∠AOBの2辺OA，OBまでの距離が等しい点は，∠AOBの□上にあります。

〔　　　　　　〕

図1

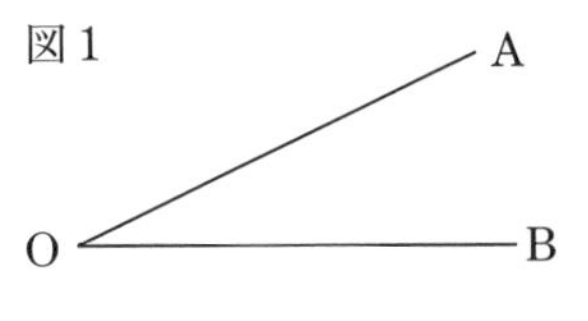

(2) 図2で，2点A，Bからの距離が等しい点は，その2点を結ぶ線分の□上にあります。

〔　　　　　　〕

図2

A•　　B•

7 【距離が等しい点の作図】
右の図のように，直線 ℓ 上にあって，2点A，Bからの距離が等しい点Pを，6の(2)の考え方を利用して，作図して求めなさい。

ℓ

得点アップアドバイス

3
(1) 垂線は，180°の角の二等分線になっていると考えると，角の二等分線のかき方を利用して作図することができる。

4
高さBHは，点Bから直線ACにひいた垂線の長さになるから，3の(2)と同じかき方で作図すればよい。

30°の角は，60°の角を2等分すると考えればいいね。

6
(2) 下の図の直線 ℓ 上にある点は，2点A，Bからの距離が等しい。

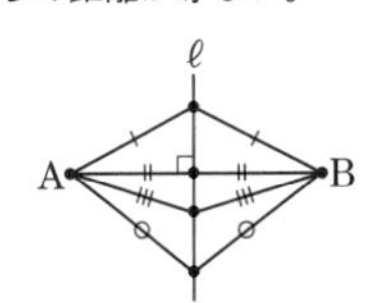

Step 2　実力完成問題

解答 別冊 p.33

1　【特別な角の作図】

右の図で，∠AOC＝90°です。これを利用して，105°の∠AOD を作図しなさい。

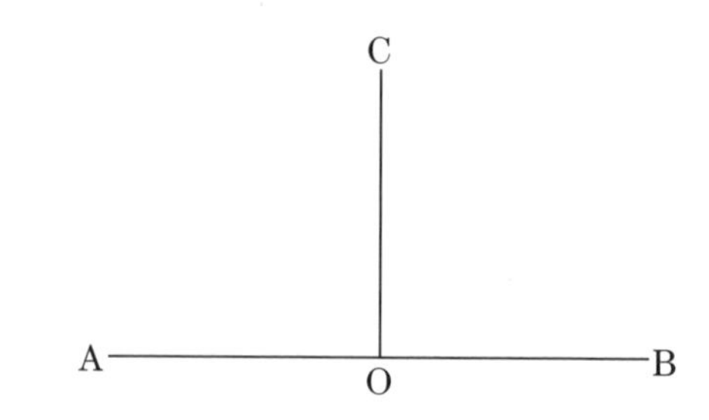

2　【正方形の作図】

右の図で，線分 AB を 1 辺とする正方形を作図しなさい。

3　【2 点からの距離（きょり）が等しい点の作図】

よくでる

右の図の△ABC で，AN＝BN となるような辺 AC 上の点 N を作図して求めなさい。

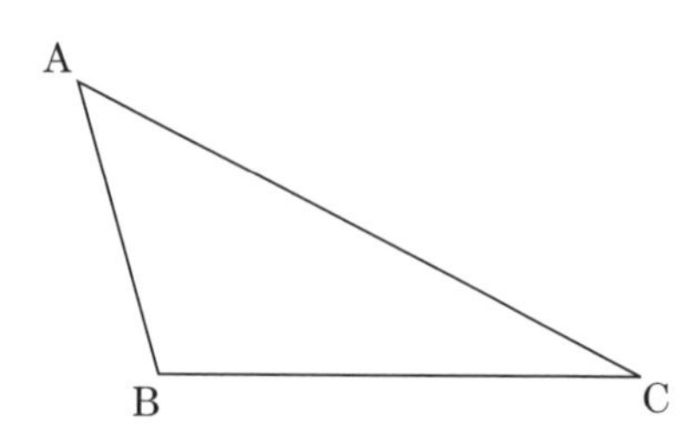

4　【2 辺までの距離が等しい点の作図】

よくでる

右の図の△ABC で，辺 BC 上にあって，辺 AB，AC までの距離が等しい点 P を作図して求めなさい。

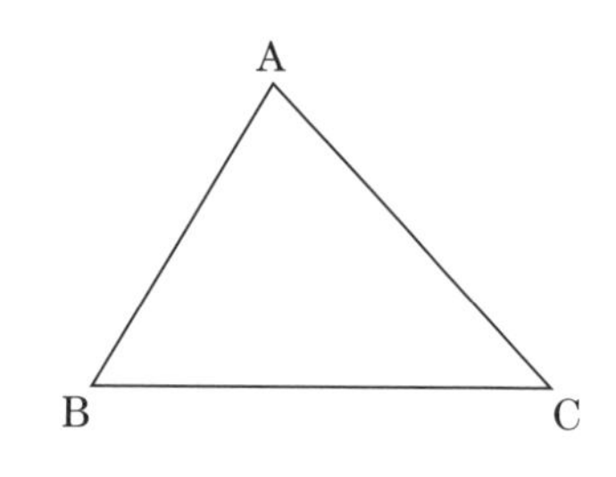

5　【折り目の線の作図】

右の図のような長方形 ABCD で，点 A が辺 DC 上の点 P に重なるように折ります。このとき，折り目となる線分 EF を作図しなさい。

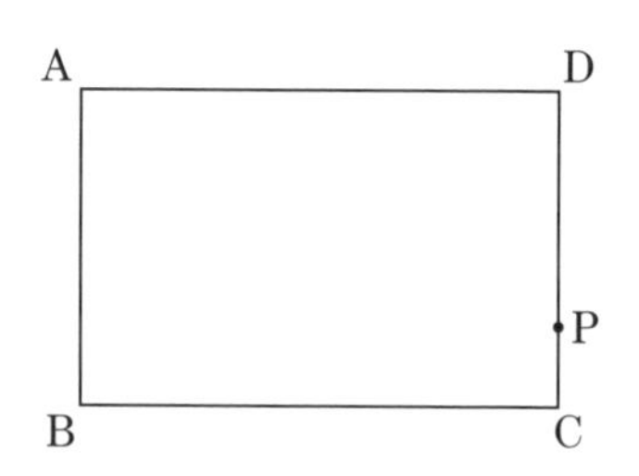

6 【対称の軸の作図】

ミス注意

右の図の△DEF は，△ABC を対称移動させてできたものです。対称の軸を作図しなさい。

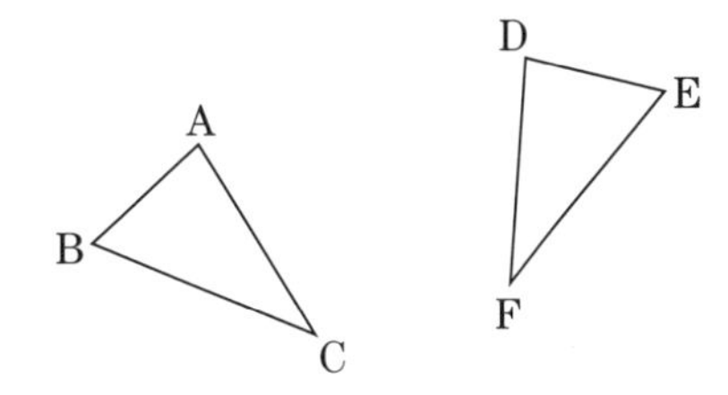

7 【回転の中心の作図】

右の図の線分 CD は，線分 AB を回転移動させてできたものです。この移動の回転の中心 O を作図して求めなさい。ただし，点 A に点 C が，点 B に点 D が対応するものとします。

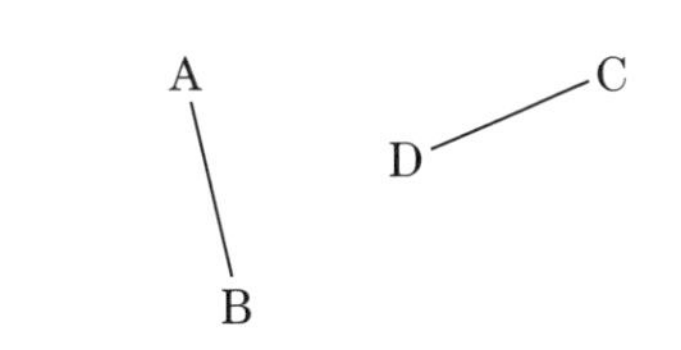

8 【最短の距離の作図】

右の図のように，直線 ℓ と 2 点 A，B があります。ℓ 上に点 P をとり，P と A，B をそれぞれ結ぶとき，AP＋PB が最短になるような点 P を作図して求めなさい。

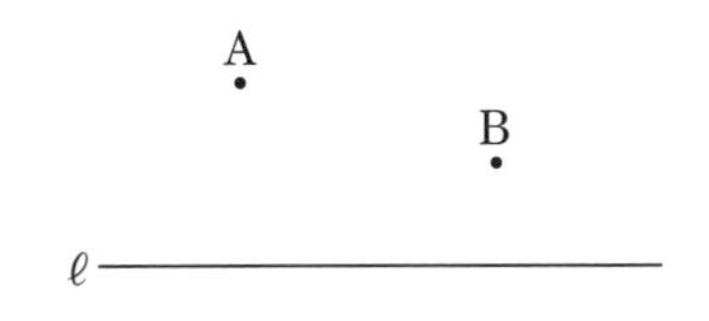

9 【3 辺までの距離が等しい点の作図】

右の図の△ABC で，3 辺 AB，BC，CA までの距離が等しい点 P を作図して求めなさい。

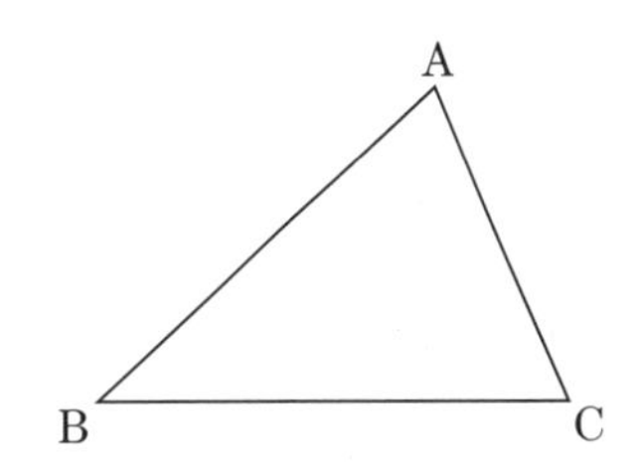

入試レベル問題に挑戦

10 【条件に合う点の作図】

右の図のように，△ABC と点 D があります。下の条件に合う点 P を作図して求めなさい。

条件

・∠ABP＝∠CBP

・△ADP は PA＝PD の二等辺三角形

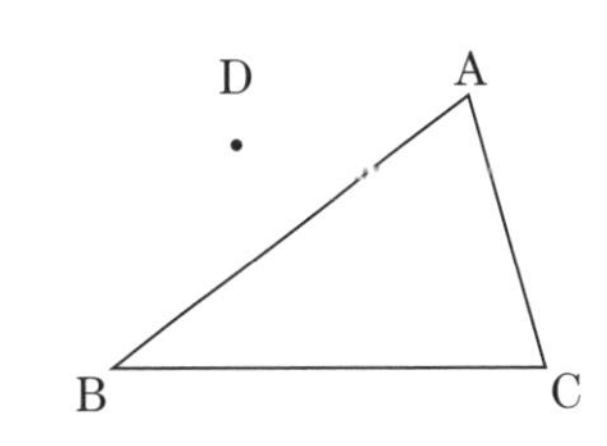

ヒント

点 P は 2 点 A，D から等しい距離にあると考えれば，垂直二等分線の作図を使うことがわかる。

5章／平面図形　2 図形と作図

3 円とおうぎ形

リンク
ニューコース参考書
中1数学
p.201 ~ 209

攻略のコツ 円周上の1点を通る接線は，垂線の作図のしかたを利用してひく。

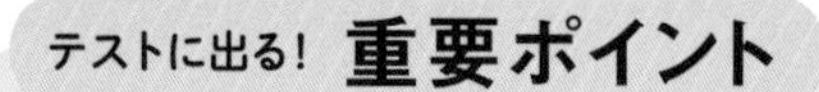

● **円**

● 弧（こ）と弦（げん）

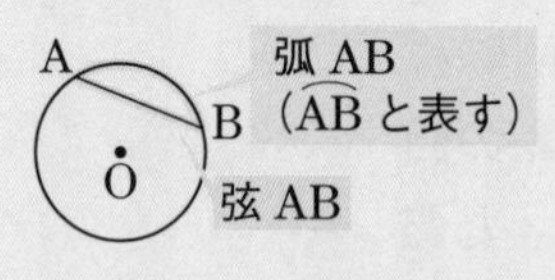

● 円の接線（せっせん）

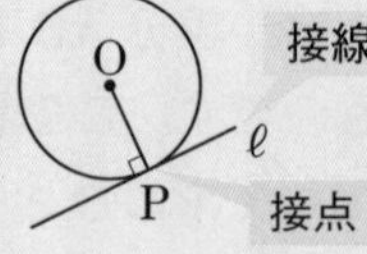

接線 ←円に接する(1点だけで交わる)直線

接点

● **おうぎ形**

● おうぎ形→円の弧の両端（りょうたん）を通る2つの半径とその弧で囲まれた図形。

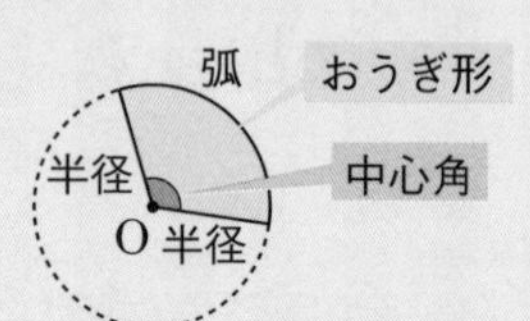

● **円周の長さと面積**

半径 r の円の周の長さを ℓ，面積を S とすると，

● $\ell=2\pi r$　● $S=\pi r^2$　（π（パイ）は円周率）

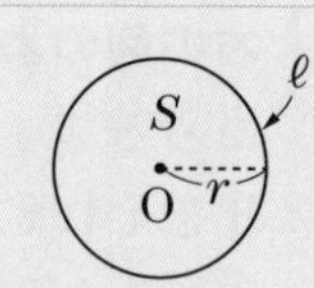

● **おうぎ形の弧の長さと面積**

半径 r, 中心角 $a°$ のおうぎ形の弧の長さを ℓ, 面積を S とすると，

● $\ell=2\pi r\times\frac{a}{360}$

● $S=\pi r^2\times\frac{a}{360}$ （または，$S=\frac{1}{2}\ell r$）

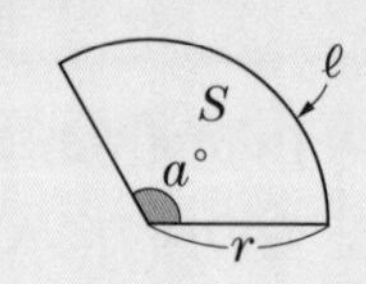

Step 1 基礎力チェック問題

解答 別冊 p.34

1 【円とおうぎ形】

円の弧と弦や，おうぎ形について，次の問いに答えなさい。

(1) 図1で，円周上の2点をA，Bとするとき，AからBまでの円周の部分アを，記号を使って表しなさい。〔　　　　〕

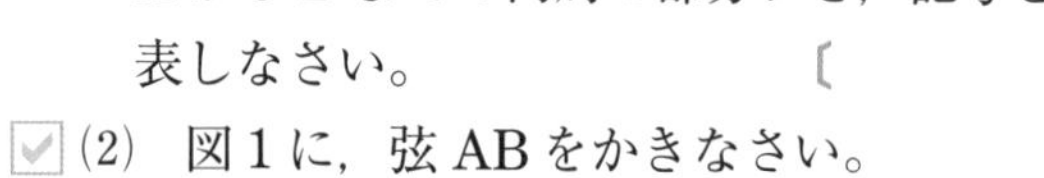

(2) 図1に，弦ABをかきなさい。

(3) 1つの円で，最も長い弦は，その円の何になりますか。〔　　　　〕

(4) 図2は，図1の2点A，Bと円の中心Oを結んだものです。色をつけた部分の図形を何といいますか。〔　　　　〕

(5) 図2で，イの角を何といいますか。〔　　　　〕

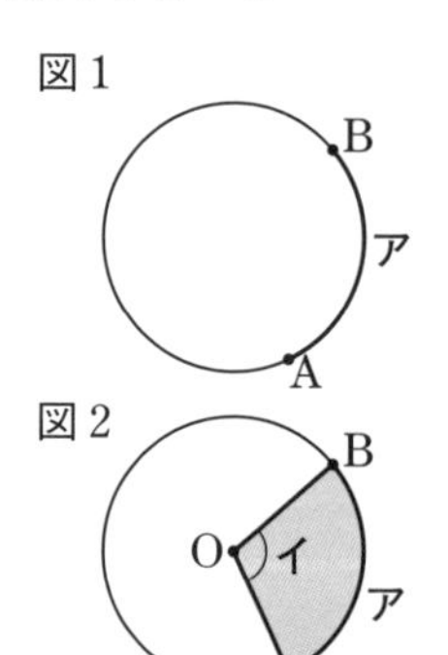

得点アップアドバイス

1

(3) 1つの円で最も長い弦は，円の中心を通る。

(4) 色をつけた部分は，おうぎを広げたような形をしている。

2 【円の接線の作図】

右の図で，点 A を通る円 O の接線を作図しなさい。

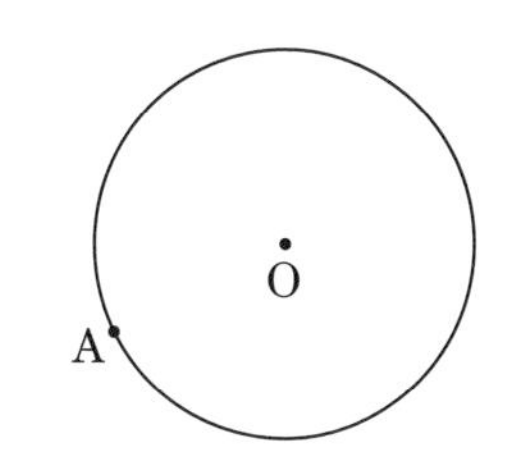

3 【おうぎ形の中心角と弧】

右の図のおうぎ形で，∠AOB＝∠BOC＝∠COD のとき，次の長さの関係を式で表しなさい。

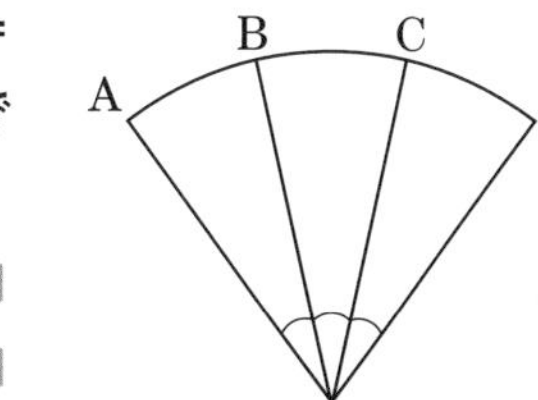

(1) $\overset{\frown}{AB}$ と $\overset{\frown}{BC}$ 〔　　　　　〕

(2) $\overset{\frown}{AD}$ と $\overset{\frown}{AB}$ 〔　　　　　〕

4 【円の周の長さと面積】

次の円の周の長さと面積を求めなさい。円周率は π とします。

(1) 半径 5 cm の円

① 周の長さ 〔　　　　　〕　② 面積 〔　　　　　〕

(2) 直径 8 cm の円

① 周の長さ 〔　　　　　〕　② 面積 〔　　　　　〕

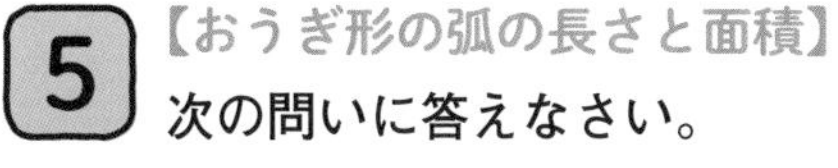

5 【おうぎ形の弧の長さと面積】

次の問いに答えなさい。

(1) 図 1 のおうぎ形の弧の長さは，同じ半径の円の周の長さの何倍ですか。

〔　　　　　〕

(2) 図 1 のおうぎ形の面積は，同じ半径の円の面積の何倍ですか。

〔　　　　　〕

(3) 図 2 のおうぎ形の弧の長さと面積を求めなさい。円周率は π とします。

① 弧の長さ

〔　　　　　〕

② 面積

〔　　　　　〕

図 1

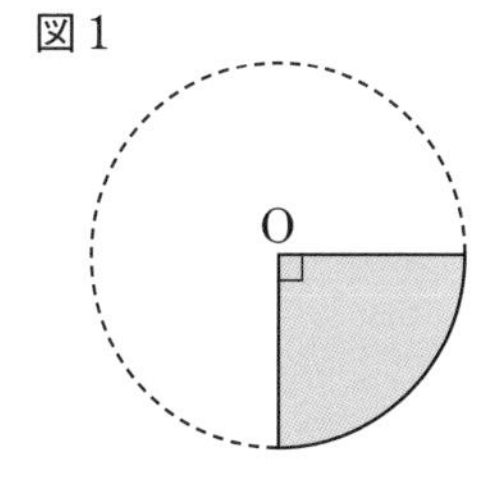

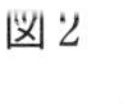

図 2

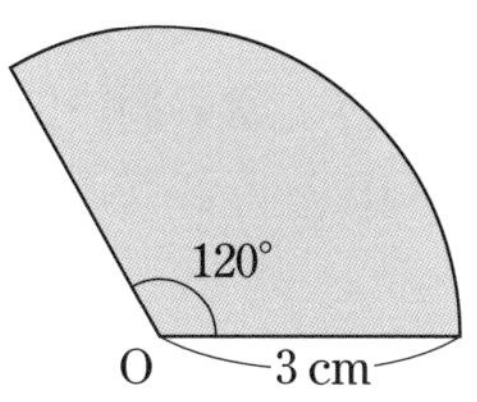

得点アップアドバイス

2
円の接線は，接点を通る半径に垂直だから，点 A を通る OA の垂線が，円 O の接線になる。

3
確認 **おうぎ形の中心角と弧の長さ**
半径の等しいおうぎ形では，中心角が等しければ，弧の長さが等しくなる。

直径は半径の 2 倍だから，
円周の長さ
＝直径×円周率
＝半径×2×円周率
だね。

5
確認 **おうぎ形の中心角と弧の長さ，面積の関係**
(1)(2) 1 つの円で，おうぎ形の弧の長さや面積は，中心角に比例する。

Step 2 実力完成問題

解答 ▶ 別冊 p.34

1 【2点を通る円の作図】

右の図で，2点A，Bを通り，中心Oが直線ℓ上にある円Oを作図しなさい。

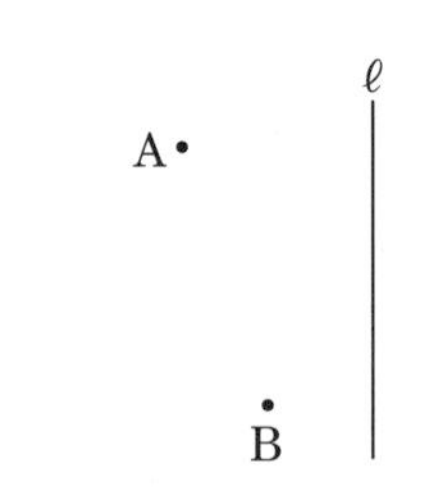

2 【円の接線と角】

右の図は，円外の点Pから円Oに2本の接線をひき，それぞれの接点をA，Bとしたものです。∠APB＝45°のとき，∠AOBの大きさを求めなさい。

〔　　　　　〕

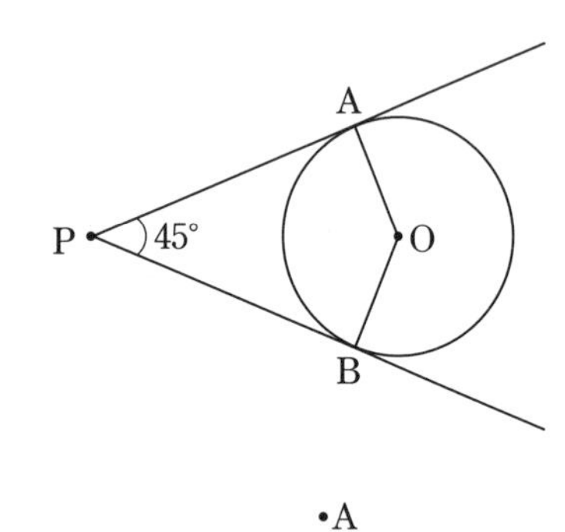

3 【円の接線と作図】

右の図で，点Aを通り，直線ℓ上の点Bでℓに接する円Oを作図しなさい。

✓よくでる

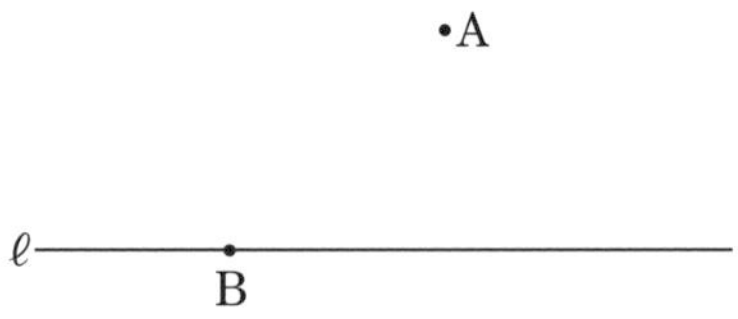

•A

ℓ

B

4 【線対称な図形の対称の軸の作図】

右のおうぎ形OABの対称の軸を作図しなさい。

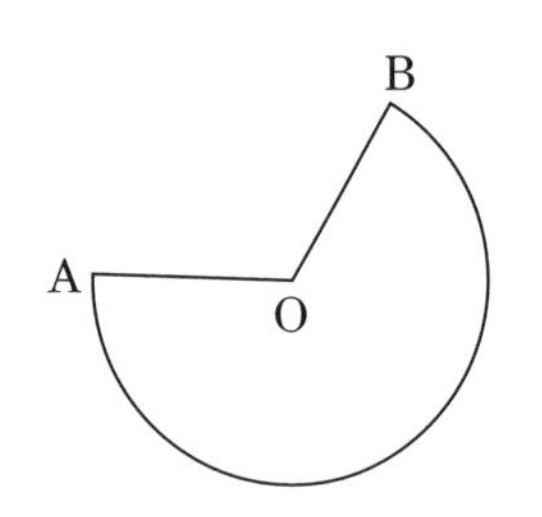

5 【おうぎ形の弧の長さと面積，中心角】

右の図のように，円Oの直径ABによって分けられる2つの弧の上に，∠AOP，∠QOBがそれぞれ45°，60°となるように点P，Qをとります。次の問いに答えなさい。

(1) $\overset{\frown}{AP}$の長さは$\overset{\frown}{QB}$の長さの何倍ですか。

〔　　　　　〕

(2) おうぎ形OAQの面積は，おうぎ形OQBの面積の何倍ですか。

〔　　　　　〕

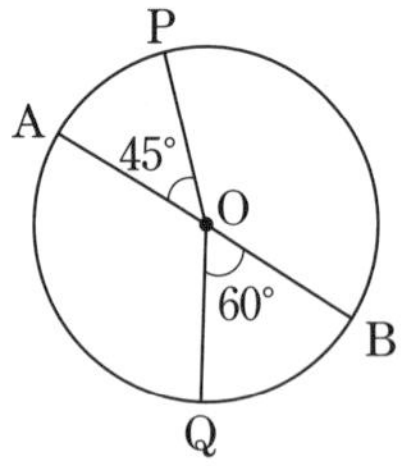

P

A

45°

O

60°

B

Q

6 【おうぎ形の弧の長さと面積，中心角】

次の問いに答えなさい。円周率は π とします。

よくでる (1) 半径 8 cm，中心角 225° のおうぎ形の弧の長さと面積を求めなさい。

① 弧の長さ

〔　　　　　〕

② 面積

〔　　　　　〕

(2) 半径 12 cm，弧の長さ 8π cm のおうぎ形の面積を求めなさい。

〔　　　　　〕

(3) 半径 4 cm，弧の長さ 3π cm のおうぎ形の中心角を求めなさい。

〔　　　　　〕

(4) 半径 5 cm，面積 10π cm^2 のおうぎ形の中心角を求めなさい。

〔　　　　　〕

7 【弧をもつ図形の周の長さ，面積】

次の問いに答えなさい。円周率は π とします。

ミス注意 (1) 図1は，2つのおうぎ形を組み合わせた図形です。色をつけた部分の周の長さを求めなさい。

図1

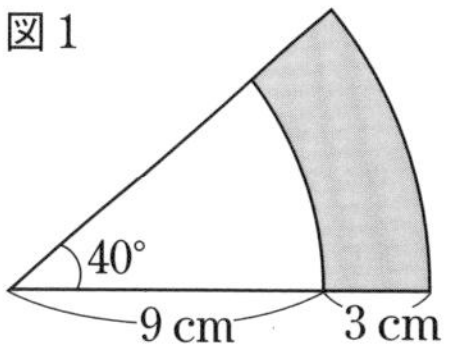

〔　　　　　〕

(2) 図2は，半径 6 cm，中心角 90° のおうぎ形と，直径 6 cm の半円を組み合わせた図形です。色をつけた部分の面積を求めなさい。

図2

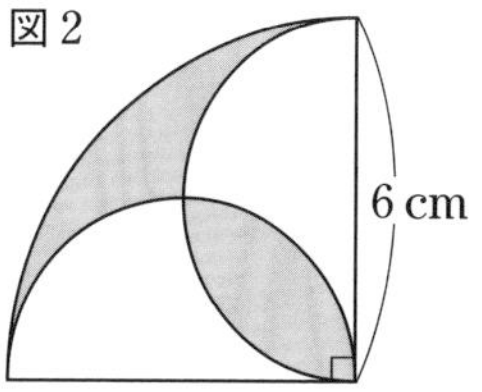

〔　　　　　〕

入試レベル問題に挑戦

8 【円周上の点の作図】

右の図のように3点 A，B，C があります。この3点を通る円周上の B をふくまない $\overset{\frown}{AC}$ 上に，AC⊥BP となる点 P を作図によって求めなさい。

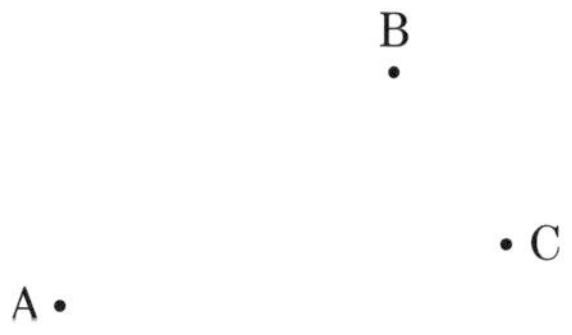

ヒント

3点 A，B，C を通る円の作図と点 B から直線 AC への垂線の作図を考える。

定期テスト予想問題 ①

得点 /100

1 **右の四角形は縦 3 cm，横 5 cm の長方形 ABCD です。対角線の交点を O とするとき，次の問いに答えなさい。**

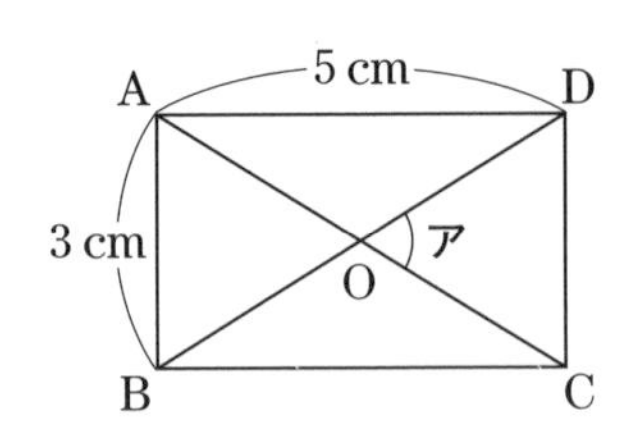

【5点×5】

(1) 次の位置関係を，それぞれ記号を使って表しなさい。

① 線分 AB と線分 BC　　② 線分 AB と線分 DC

(2) アの角を，記号と A，B，C，D，O のいずれかの文字を使って表しなさい。

(3) 次の距離（きょり）を求めなさい。

① 点 A と線分 BC の間　　② 線分 AB と線分 DC の間

(1)	①	②	(2)	
(3)	①	②		

2 **右の図の△ABC を，次のように移動させた三角形をかきなさい。**

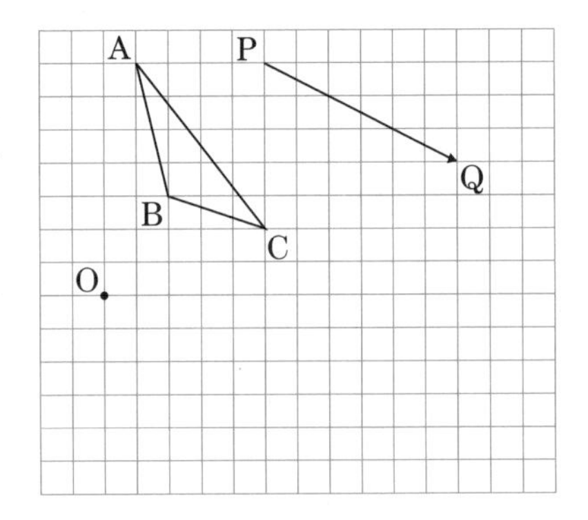

【5点×2】

(1) 矢印 PQ の方向に，PQ の長さだけ平行移動させてできる△DEF

(2) 点 O を中心として，時計の針と同じ方向に 90° 回転移動させてできる△GHI

3 **右の図形 AHGFE は，図形 ABCDE を，直線 AE を対称（たいしょう）の軸（じく）として，対称移動した図形です。次の問いに答えなさい。**

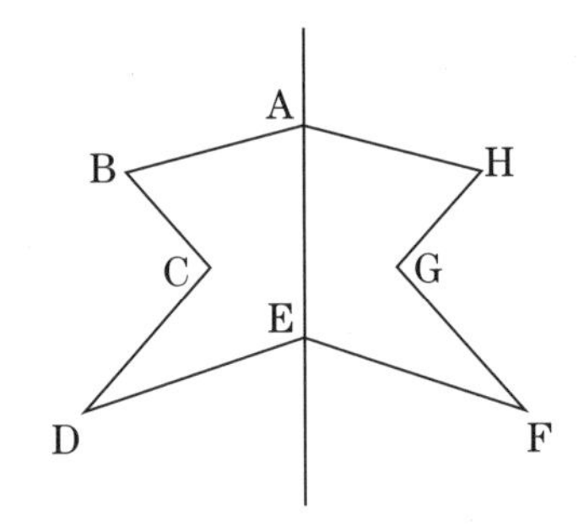

【5点×4】

(1) 次の 2 直線の位置関係を，記号を使って表しなさい。

① 直線 AE と直線 CG

② 直線 BH と直線 DF

(2) 直線 AE からの距離が，頂点 C と等しい頂点を答えなさい。

(3) ∠BAE と∠BAH の大きさの関係を式で表しなさい。

(1)	①	②	(2)		(3)	

4 次の問いに答えなさい。

【5点×5】

(1) 右の図の△ABC で，次の作図をしなさい。

① 辺 AC の垂直二等分線 ℓ

② 辺 BC を底辺とするときの高さ AH

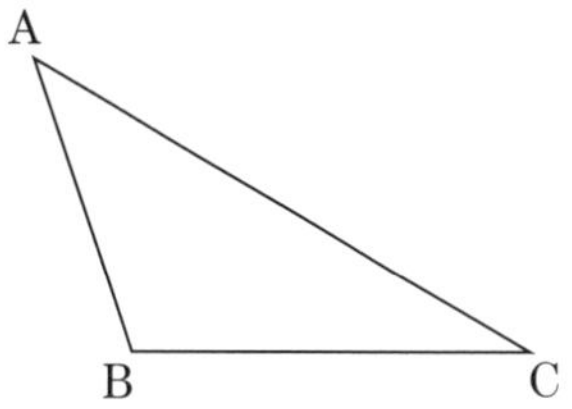

(2) 右の図で，135° の∠AOP を作図しなさい。

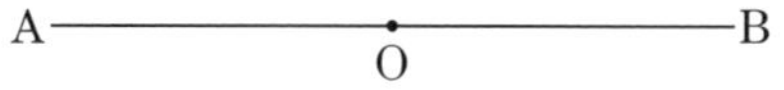

(3) 右の図で，円 O の周上の点 P を通る接線を作図しなさい。

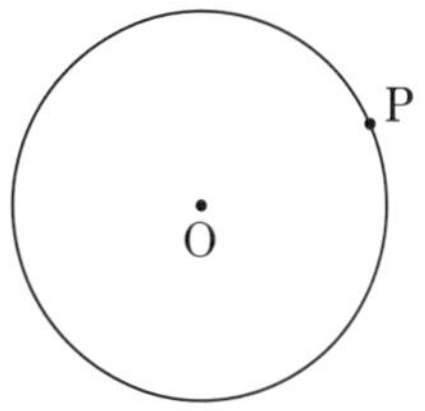

(4) 右の図のおうぎ形 OAB の対称の軸を作図しなさい。

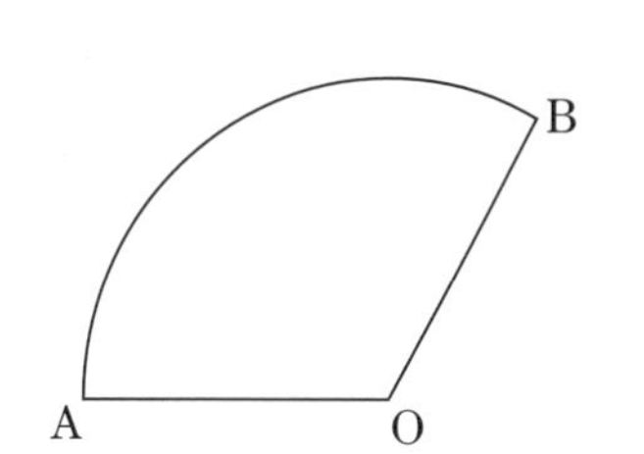

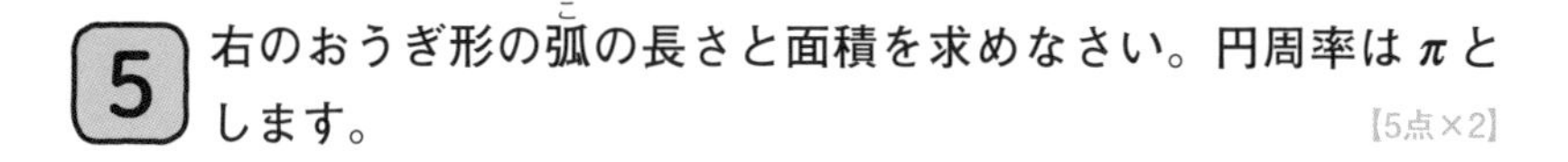

5 右のおうぎ形の弧の長さと面積を求めなさい。円周率は π とします。

【5点×2】

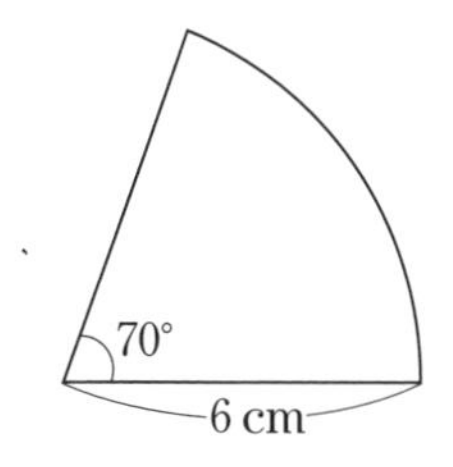

弧の長さ…	面積…

6 右の図で，四角形 ABCD は 1 辺が 5 cm の正方形です。色をつけた部分の周の長さと面積を求めなさい。円周率は π とします。

【5点×2】

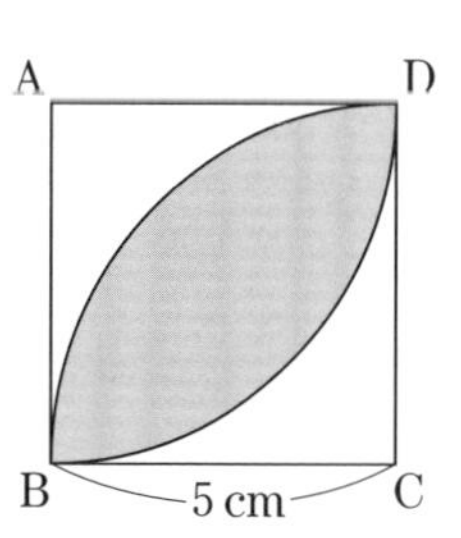

周の長さ…	面積…

定期テスト予想問題 ②

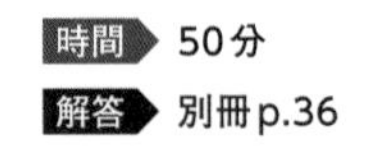

得点 /100

1 右の図で，点 P は線分 AB の中点，点 Q は線分 PB を 3 等分する点のうち，点 P に近いほうの点です。次の線分の長さの関係を式で表しなさい。

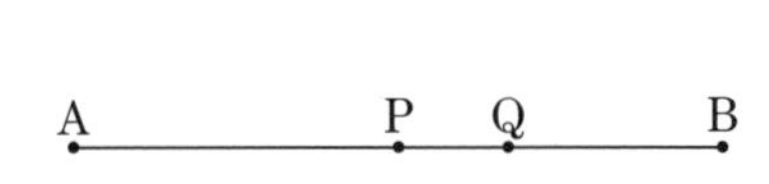

【6点×3】

(1) 線分 AP と線分 PQ　(2) 線分 PQ と線分 AB　(3) 線分 AQ と線分 QB

(1)		(2)		(3)	

2 右の図の△ABC を，直線 ℓ を対称(たいしょう)の軸(じく)として対称移動させた△DEF をかきなさい。【7点】

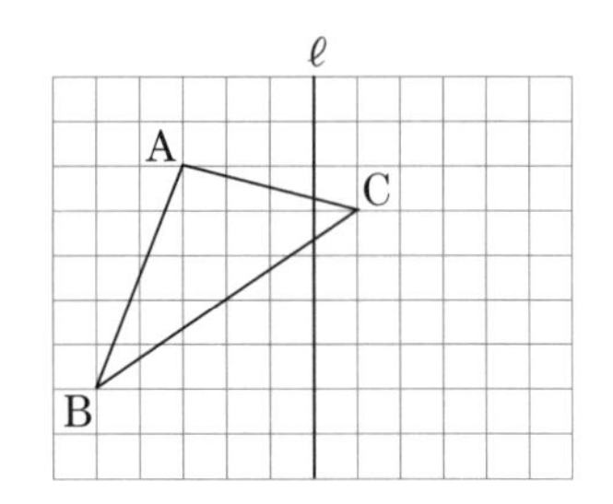

3 右の図の正方形 ABCD で，点 P，Q，R，S は各辺の中点，点 O は対角線の交点です。次の問いに答えなさい。【6点×3】

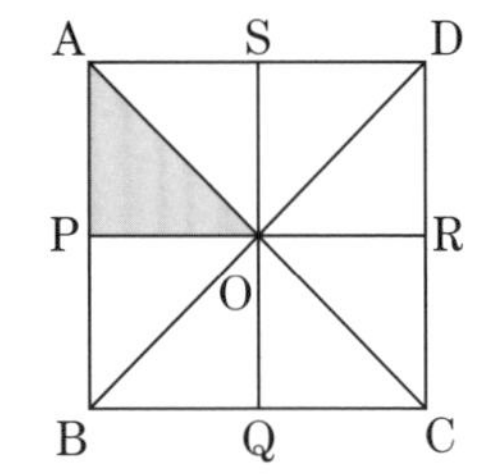

(1) △APO を平行移動させたときに重なり合う三角形を答えなさい。

(2) △APO を，点 O を中心として時計の針と同じ方向に何度回転移動させると，△BQO と重なり合いますか。ただし，回転させる角度は 0° から 360° までとします。

(3) △APO を 1 回だけ対称移動させたときに重なり合う三角形をすべて答えなさい。

(1)		(2)		(3)	

4 右の図について，次の問いに答えなさい。【6点×2】

(1) ∠AOC の二等分線 OM と∠BOC の二等分線 ON を作図しなさい。

(2) ∠MON の大きさを求めなさい。

C
A　O　B

(2)	

5 次の問いに答えなさい。 【6点×2】

(1) 右の図で，BA，BC，CD までの距離(きょり)が等しい点 Q を作図して求めなさい。

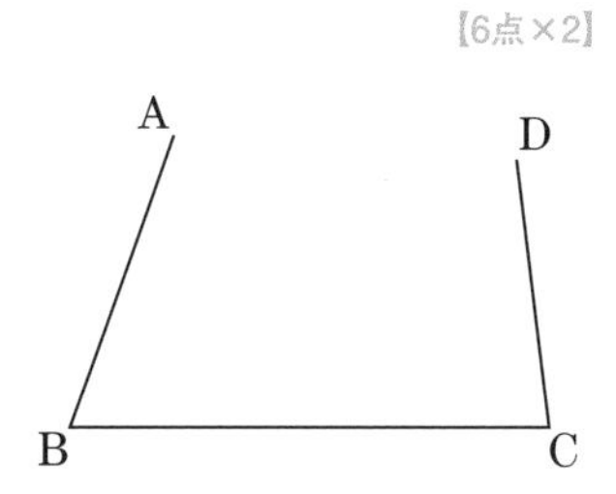

(2) 右の図の∠ABC の辺 BC に点 P で接し，辺 BA にも接する円 O を作図しなさい。

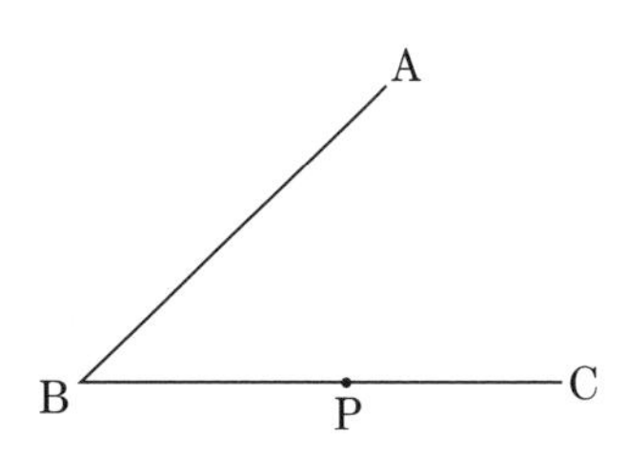

6 次の問いに答えなさい。円周率は π とします。 【6点×3】

(1) 半径 3 cm，中心角 100° のおうぎ形の弧(こ)の長さと面積を求めなさい。

(2) 半径 12 cm，弧の長さ 7π cm のおうぎ形の中心角を求めなさい。

(1)	弧の長さ…	面積…	(2)	

7 右の図は 3 つの半円を組み合わせた図形です。色をつけた部分の面積を求めなさい。円周率は π とします。 【7点】

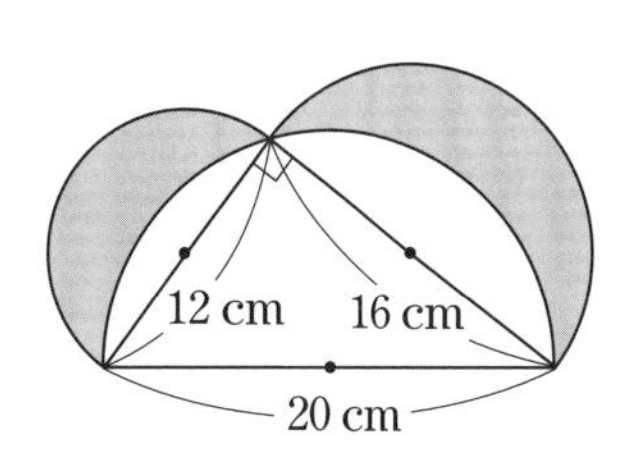

思考 8 右の地図で，駅はりくさんの家と学校から等しい距離にあり，学校から駅までの距離は 500 m です。ただし，これだけでは駅の位置は決まりません。次のア～ウの条件のうち，加えると駅の位置が 1 つに定まるものを選びなさい。 【8点】

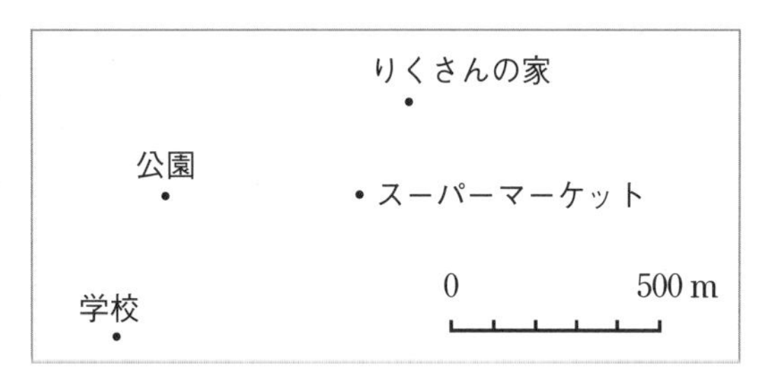

ア　公園から駅までの距離は 500 m より短い。
イ　スーパーマーケットから駅までの距離は 300 m より長い。
ウ　りくさんの家から駅までの距離はりくさんの家から公園までの距離より短い。

1 いろいろな立体

リンク
ニューコース参考書
中1数学
p.218 ~ 226

攻略のコツ　それぞれの立体の特徴やその展開図を覚えておく。

テストに出る！ 重要ポイント

●いろいろな立体

角柱　円柱　角錐（かくすい）　円錐（えんすい）

側面
底面

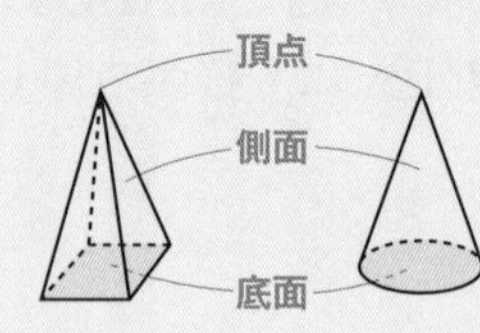

●展開図

三角柱　円柱　円錐

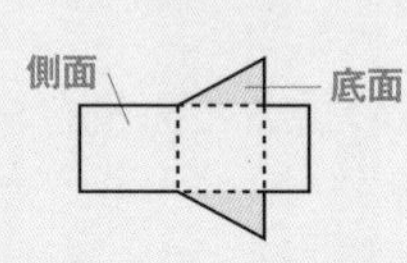

側面
底面

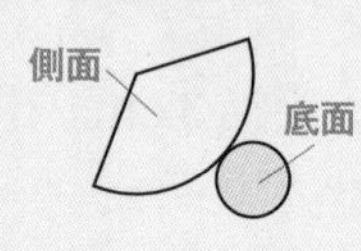

●正多面体（せいためんたい）

次の2つの性質をもち，へこみのない多面体。

❶　どの面もみな合同な正多角形である。

❷　どの頂点にも，面が同じ数だけ集まっている。

正四面体　正六面体（立方体）　正八面体　正十二面体　正二十面体

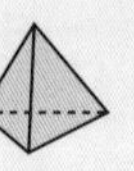

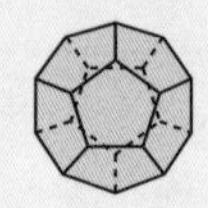

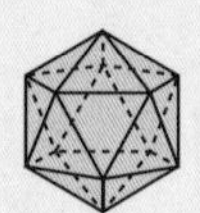

（注）　正多面体はこの5種類しかない。

Step 1 基礎力チェック問題

解答　別冊 p.37

1　【角柱や角錐の面の形と数，辺の数】
次の立体について，底面の形，側面の形，辺の数，面の数を答えなさい。

(1)　四角柱　底面の形…〔　　　　〕　側面の形…〔　　　　〕
　　　　　　辺の数……〔　　　　〕　面の数……〔　　　　〕

(2)　五角柱　底面の形…〔　　　　〕　側面の形…〔　　　　〕
　　　　　　辺の数……〔　　　　〕　面の数……〔　　　　〕

(3)　四角錐　底面の形…〔　　　　〕　側面の形…〔　　　　〕
　　　　　　辺の数……〔　　　　〕　面の数……〔　　　　〕

(4)　五角錐　底面の形…〔　　　　〕　側面の形…〔　　　　〕
　　　　　　辺の数……〔　　　　〕　面の数……〔　　　　〕

得点アップアドバイス

1　見取図をかいて調べる。

(1)

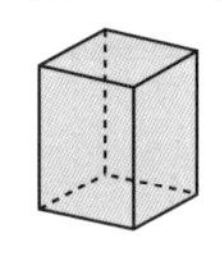

(2)

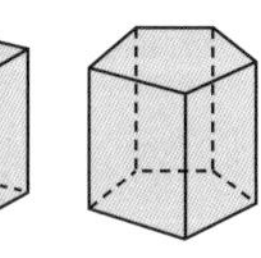

(3)　(4)

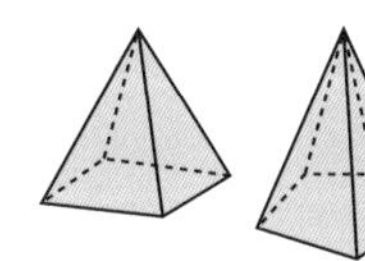

2 【立体の展開図】
次の問いに答えなさい。ただし，円周率は π とします。

(1) 右の図２は，図１の三角柱の展開図です。この展開図で，側面の長方形の縦，横の長さはそれぞれ何 cm になりますか。

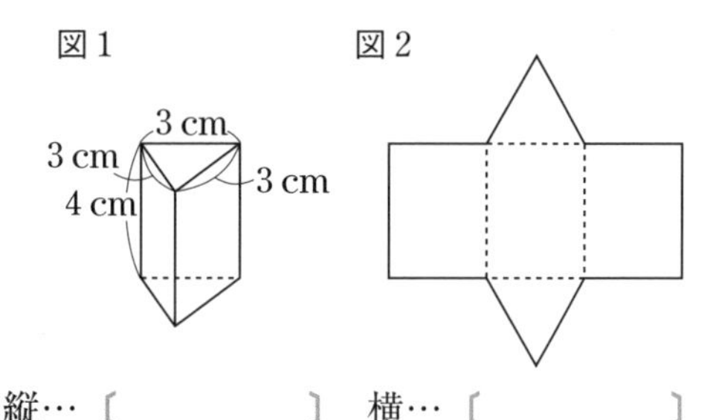

縦…〔　　　　〕　横…〔　　　　〕

(2) 右の円柱の展開図をかくとき，側面の長方形の縦，横の長さはそれぞれ何 cm にすればよいですか。

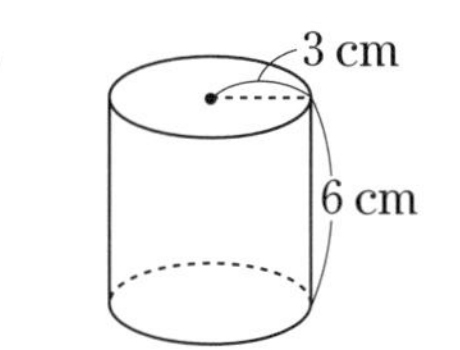

縦…〔　　　　〕　横…〔　　　　〕

(3) 右の図は正四角錐とその展開図です。図のア，イの辺の長さとウの角度を答えなさい。

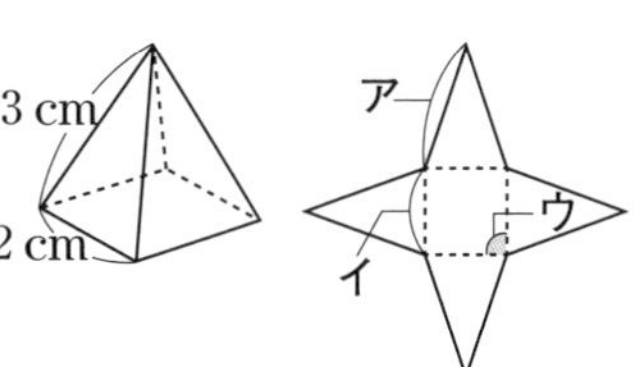

ア〔　　　　〕　イ〔　　　　〕
ウ〔　　　　〕

(4) 右の図２は，図１の円錐の展開図です。この円錐の展開図で，側面のおうぎ形の弧（こ）の長さと中心角の大きさを求めなさい。

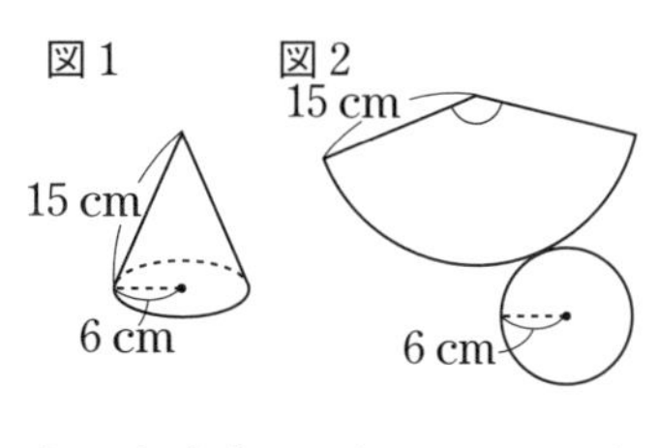

弧の長さ…〔　　　　〕　中心角…〔　　　　〕

3 【多面体，正多面体】
次の問いに答えなさい。

(1) 三角柱は何面体か，答えなさい。

〔　　　　〕

(2) 五角錐は何面体か，答えなさい。

〔　　　　〕

(3) 正六面体について，面の形，頂点の数，辺の数を答えなさい。

面の形…〔　　　　〕　頂点の数…〔　　　　〕　辺の数…〔　　　　〕

(4) 右の図は，正四面体 ABCD の展開図です。ア～ウにあたる頂点を答えなさい。

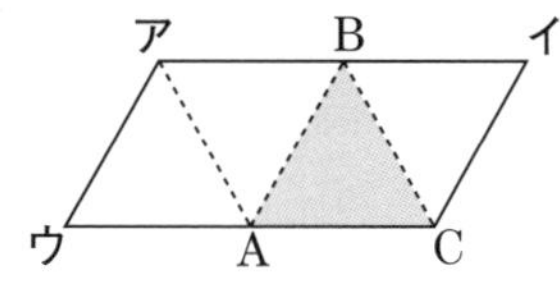

ア〔　　　　〕　イ〔　　　　〕
ウ〔　　　　〕

得点アップアドバイス

2

確認　**側面の長方形の縦，横の長さ**

(1) 展開図で，側面の長方形の縦の長さは三角柱の高さ，横の長さは底面の三角形の周の長さである。

(2) 側面の長方形の縦の長さは円柱の高さ，横の長さは底面の円の周の長さである。

側面のおうぎ形の弧の長さは底面の円の周の長さに等しいね。

3

確認　**多面体**

(1) n 角柱は，面が $(n+2)$ 個あるから，$(n+2)$ 面体。

(2) n 角錐は，面が $(n+1)$ 個あるから，$(n+1)$ 面体。

(4) 見取図は下の図。

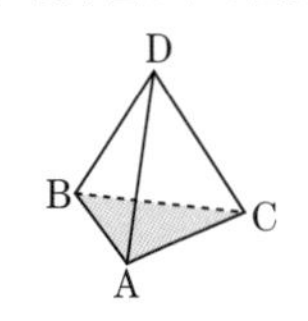

Step 2 実力完成問題

解答 別冊 p.38

1 【立体の名称(めいしょう)】

下の図で，(1)～(4)の立体の名前を書きなさい。

(1)

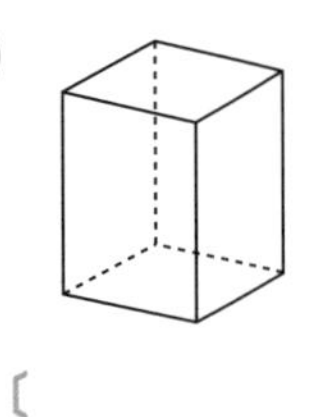

〔　　　　〕

(2)

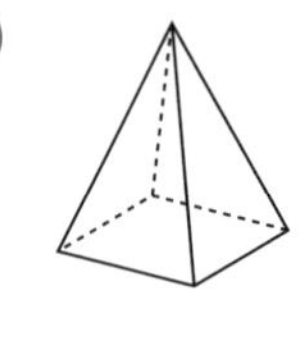

〔　　　　〕

(3)

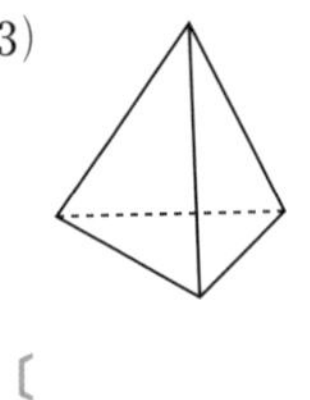

〔　　　　〕

(4)

面は合同な正三角形

〔　　　　〕

2 【展開図】

次の問いに答えなさい。

(1) 次の立体の展開図をかきなさい。

① 正四角錐(すい)

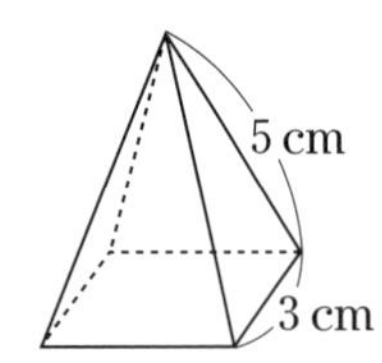

② 円錐

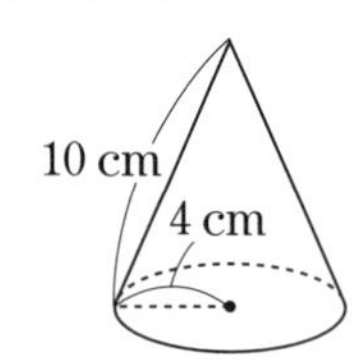

ミス注意 (2) 右の図２は，頂点をA，B，C，D，E，F，G，Hとする図１の立方体の展開図です。図２は図１の立方体の頂点E，F，G，Hだけ書き入れてあります。

図２の展開図を図１のように組み立てたとき，立方体の頂点Cにあたるところを展開図に・印をかき入れて示しなさい。

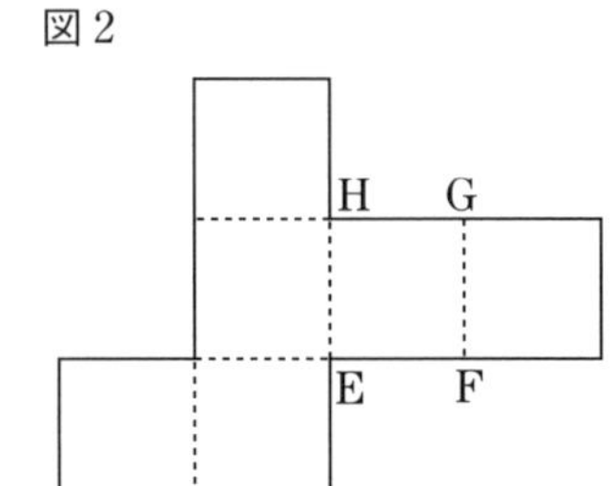

✓よくでる (3) 右の図は，ある立体の展開図です。この展開図を組み立ててできる立体について，次の問いに答えなさい。

① この立体の名前を答えなさい。

〔　　　　〕

② この立体の面の数，辺の数および頂点の数を求めなさい。

面の数…〔　　　　〕　辺の数…〔　　　　〕　頂点の数…〔　　　　〕

3 【三角柱の展開図とひもの長さ】

右の図1のような底面が直角三角形の三角柱ABC－DEFに，辺BE，CF上のどちらも通るようにして，点AからDまでひもをかけます。
ひもの長さを最も短くするには，どのようにかければよいですか。ひものようすを図2の展開図にかき入れて示しなさい。

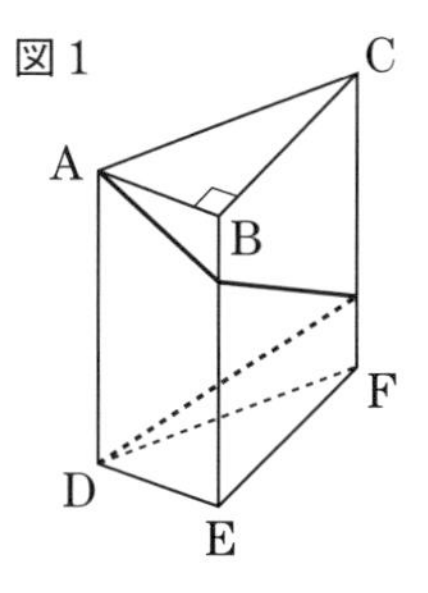

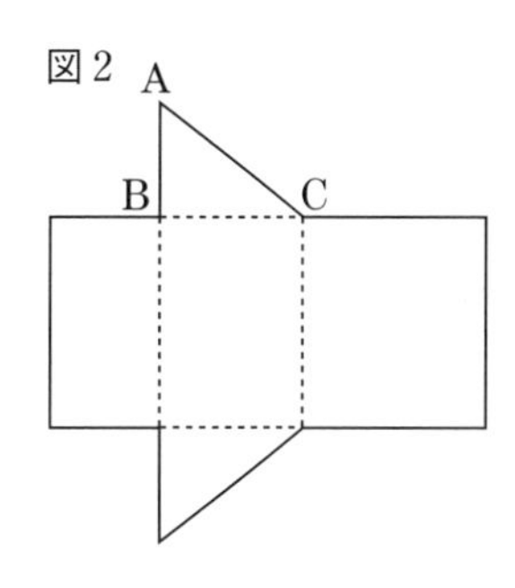

4 【円錐の展開図とひもの長さ】

右の図1のような円錐があり，線分ABは底面の直径です。
点AからBまで側面にそってひもをかけるとき，ひもの長さが最も短くなるときのひものようすを図2の展開図に，コンパスと定規を使ってかきなさい。

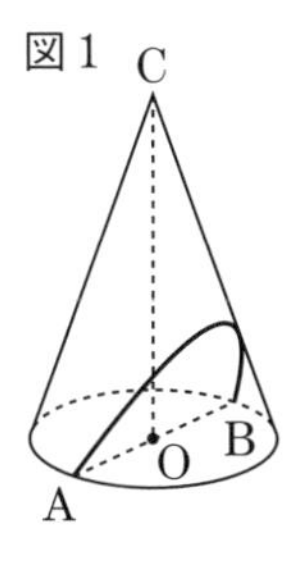

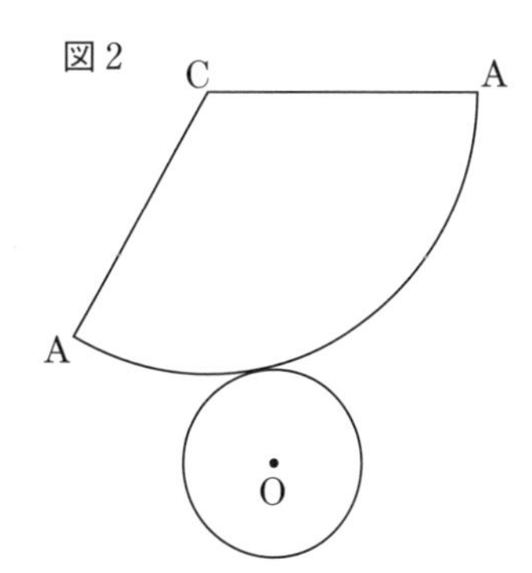

入試レベル問題に挑戦

5 【展開図】

右の図は，立方体の展開図です。この展開図を組み立ててつくられる立方体について，次の問いに答えなさい。

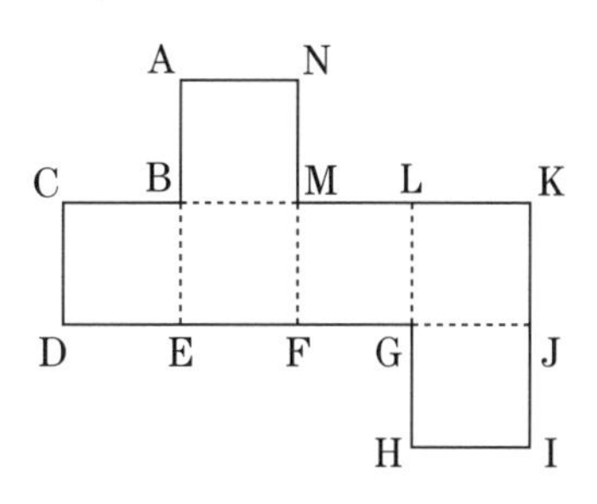

(1) 頂点Aと重なる2つの頂点を求めなさい。

(2) 辺EFと重なる辺を求めなさい。

〔　　　　〕

ヒント
展開図を組み立てたときに，どの辺とどの辺が重なるかを考えると，重なる頂点が見えてくる。

2 空間内の直線や平面

リンク
ニューコース参考書
中1数学
p.227 ~ 241

攻略のコツ 空間内の直線や平面の位置関係は，直方体をもとにしてつかむ。

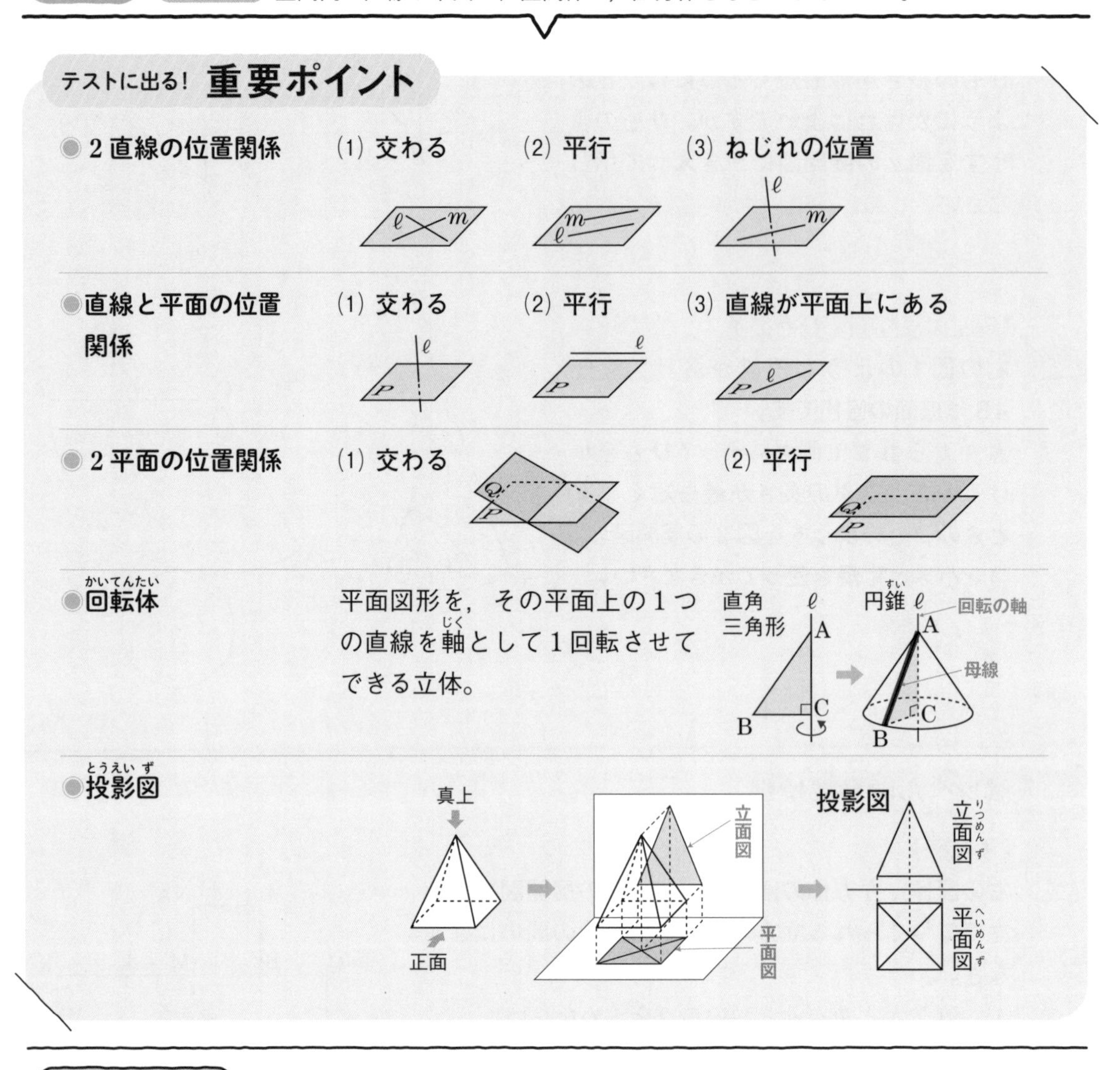

テストに出る！ 重要ポイント

- **2直線の位置関係**　(1) 交わる　(2) 平行　(3) ねじれの位置
- **直線と平面の位置関係**　(1) 交わる　(2) 平行　(3) 直線が平面上にある
- **2平面の位置関係**　(1) 交わる　(2) 平行
- **回転体**（かいてんたい）　平面図形を，その平面上の1つの直線を軸（じく）として1回転させてできる立体。
- **投影図**（とうえいず）

Step 1 基礎力チェック問題

解答 別冊 p.39

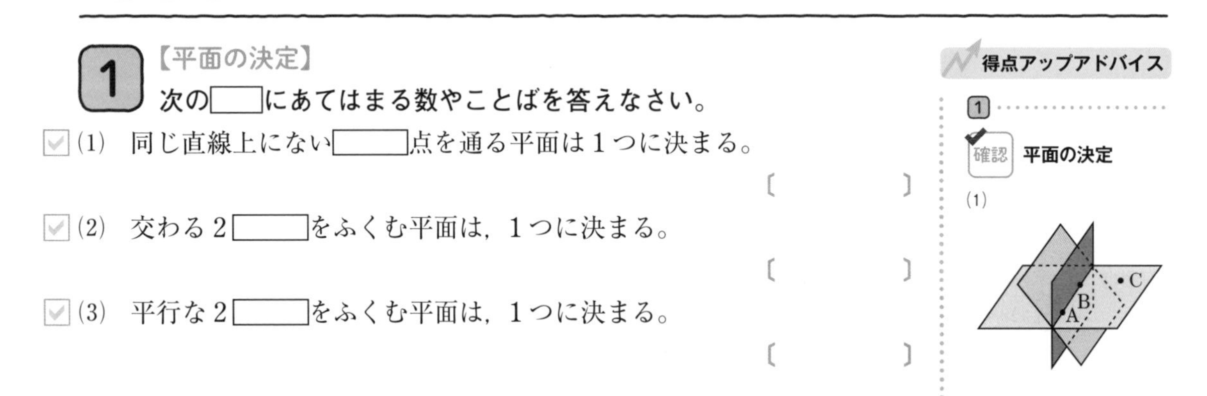

1 【平面の決定】
次の□にあてはまる数やことばを答えなさい。

(1) 同じ直線上にない□点を通る平面は1つに決まる。
〔　　　　〕

(2) 交わる2□をふくむ平面は，1つに決まる。
〔　　　　〕

(3) 平行な2□をふくむ平面は，1つに決まる。
〔　　　　〕

得点アップアドバイス

1

確認 平面の決定

(1)

2 【空間における平面と直線】
右の直方体 ABCD－EFGH について，次の問いに答えなさい。

(1) 辺 AB と平行な辺はどれですか。

〔　　　　　　　　　　　　〕

(2) 辺 BC とねじれの位置にある辺はどれですか。

〔　　　　　　　　　　　　〕

3 【直線や平面の位置関係】
右の三角柱について，答えなさい。

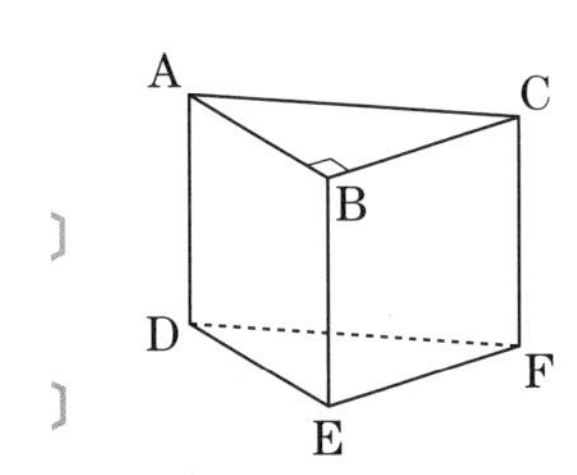

(1) 面 ABC と平行な辺を答えなさい。

〔　　　　　　　　　　　　〕

(2) 面 ADEB と垂直な面を答えなさい。

〔　　　　　　　　　　　　〕

4 【直線や平面の位置関係】
空間に直線や平面があるとき，これらの直線や平面について述べた次の(1)～(3)の文で，正しいものには○を，正しくないものには×を書きなさい。

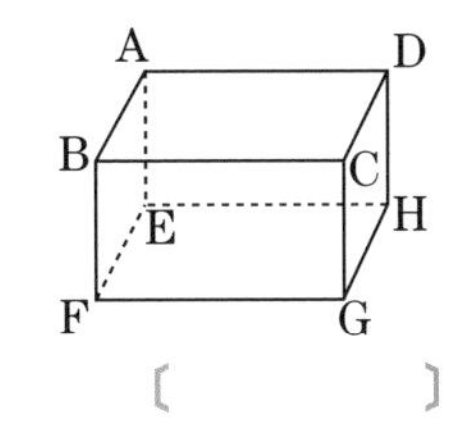

(1) 1つの平面に垂直な2つの直線は平行である。

〔　　　〕

(2) 1つの直線に垂直な2つの直線は平行である。

〔　　　〕

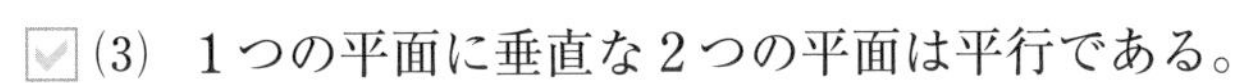

(3) 1つの平面に垂直な2つの平面は平行である。

〔　　　〕

5 【回転体】
次の(1)，(2)の図形を，直線 ℓ を軸として1回転させてできる立体の見取図をかきなさい。

(1)

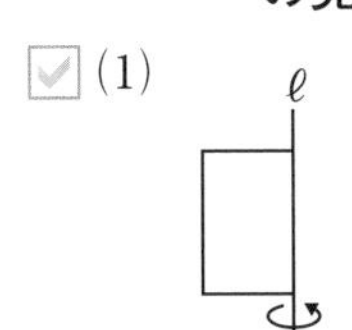

(2)

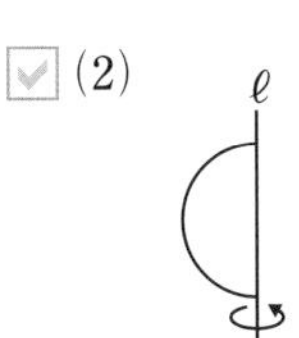

6 【投影図】
次の(1)，(2)，(3)は，ある立体の投影図です。それぞれ何という立体ですか。

(1)

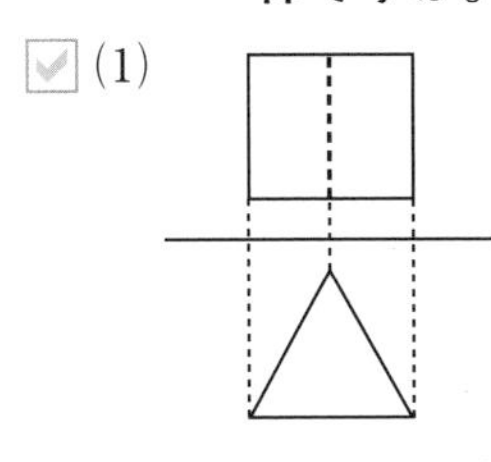

〔　　　　〕

(2)

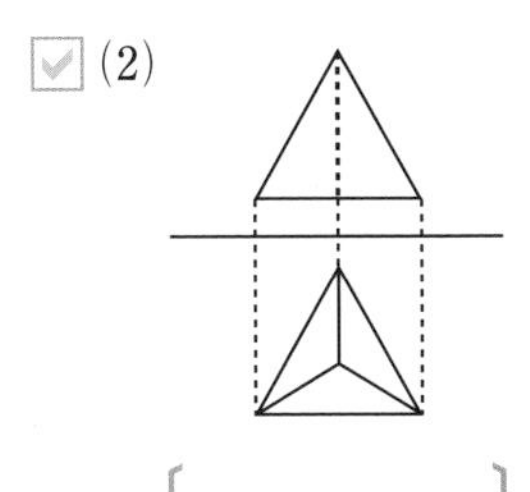

〔　　　　〕

(3)

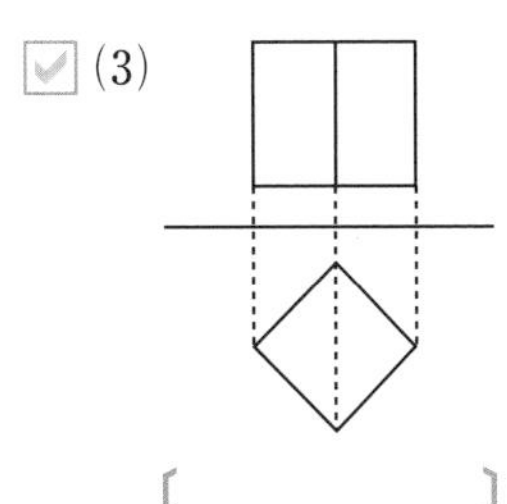

〔　　　　〕

得点アップアドバイス

2

(1) 辺 AB をふくむ面に着目する。

(2) 辺 BC と交わらず平行でもない辺。

3

2平面の垂直

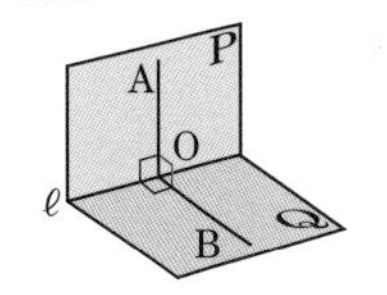

(2) 平面 P 上に，$AO \perp \ell$，平面 Q 上に，$BO \perp \ell$ となる直線 AO，BO をひいたとき，$\angle AOB = 90°$ ならば，$P \perp Q$

空間での直線や平面の位置関係を調べるときは，直方体を利用するとわかりやすいね。

6

投影図

立面図から側面の形を，平面図から底面の形を判断する。

Step 2 実力完成問題

解答 別冊 p.39

1 【直線や平面の位置関係】

ミス注意

空間にある異なる3直線を ℓ, m, n, 異なる3平面を P, Q, R とするとき，次のことがらで，正しいものには○を，正しくないものには×を書きなさい。

① $\mathrm{P}\perp\ell$, $\mathrm{Q}\perp\ell$ ならば，$\mathrm{P}/\!/\mathrm{Q}$ 〔　　　〕

② $\mathrm{P}\perp\mathrm{R}$, $\mathrm{Q}\perp\mathrm{R}$ ならば，$\mathrm{P}/\!/\mathrm{Q}$ 〔　　　〕

③ $\ell\perp\mathrm{P}$, $m\perp\mathrm{P}$ ならば，$\ell/\!/m$ 〔　　　〕

④ $\ell\perp m$, $m\perp n$ ならば，$\ell/\!/n$ 〔　　　〕

2 【平面に立てた厚紙】

右の図は，厚紙でできた長方形 ABCD を，辺 AB に平行な直線 EF で折り曲げて，平面 P 上に立てたものです。次の問いに答えなさい。

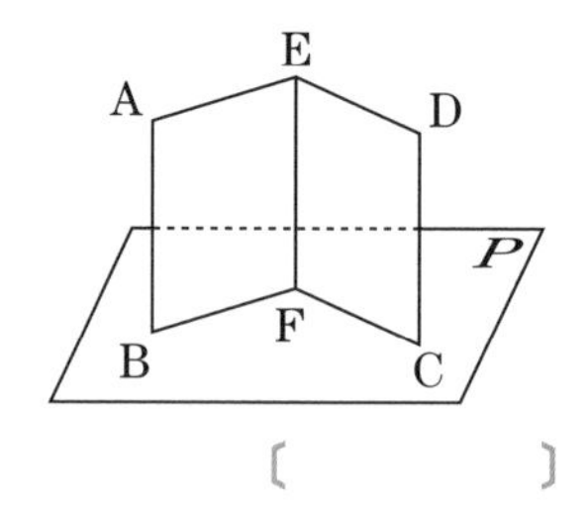

(1) 直線 EF と平面 P はどのような位置関係にありますか。 〔　　　〕

(2) 平面 ABFE と平面 P はどのような位置関係にありますか。 〔　　　〕

3 【立方体の展開図と，直線や平面の位置関係】

右の図は，立方体の展開図です。これを組み立ててできる立方体について，次の問いに図の中の記号で答えなさい。

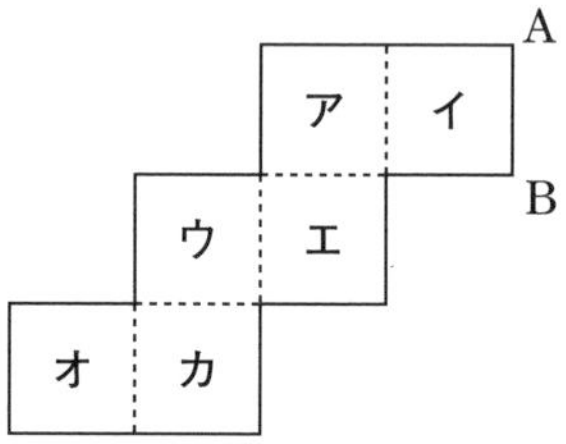

A
ア イ
B
ウ エ
オ カ

(1) 辺 AB と垂直になる面はどれですか。

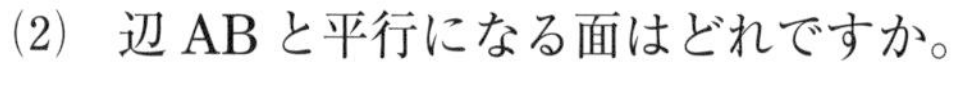

〔　　　〕

(2) 辺 AB と平行になる面はどれですか。

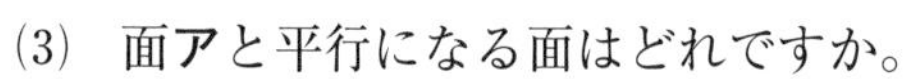

〔　　　〕

(3) 面アと平行になる面はどれですか。 〔　　　〕

(4) 面オと垂直になる面はどれですか。 〔　　　〕

4 【面を平行に動かしてできる立体】

右の図のような三角柱について，次の問いに答えなさい。

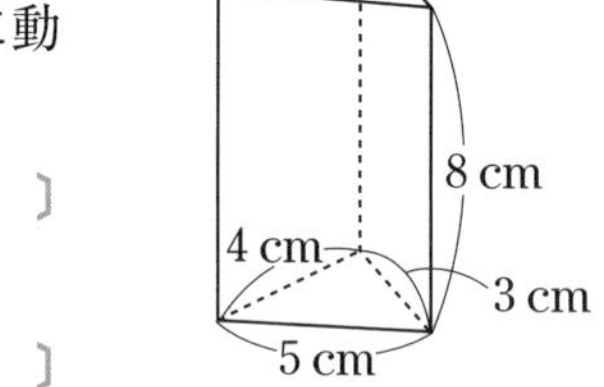

(1) この三角柱は，どんな平面図形が，その面に垂直な方向に動いてできたと考えられますか。 〔　　　〕

(2) (1)で，動いた距離（きょり）は何 cm ですか。 〔　　　〕

5 【回転体】

✓よくでる

次の(1)〜(3)の立体は，下のア〜オのどの平面図形を，直線 ℓ を軸として1回転させてできたものと考えられますか。記号で答えなさい。

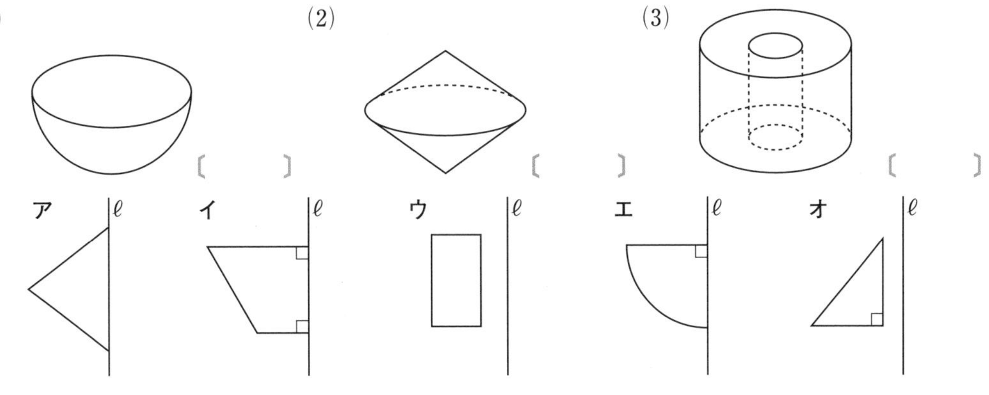

6 【投影図】

次のア〜エのうち，右の図の投影図で表される立体として，あてはまらないものはどれですか。記号で答えなさい。

ア　三角柱

イ　四角柱

ウ　五角柱

エ　円柱

〔　　　　〕

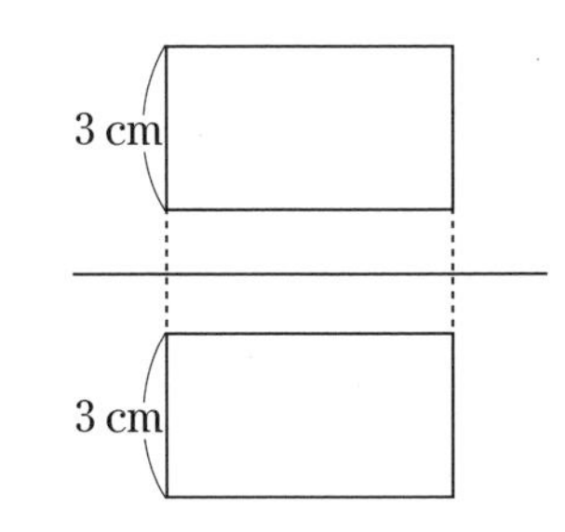

入試レベル問題に挑戦

7 【直線や平面の位置関係】

次の問いに答えなさい。

(1)　右の図のような正三角錐OABCがあります。辺ABとねじれの位置にある辺はどれですか，書きなさい。〈北海道〉

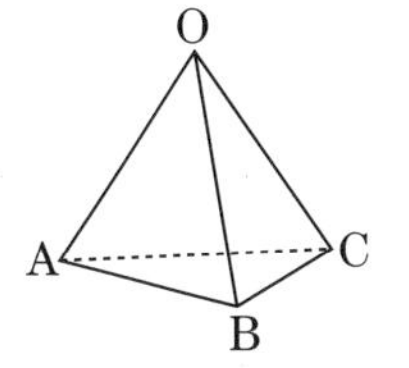

〔　　　　〕

(2)　右の直方体の辺や面の位置関係について，正しく述べているものを次のア〜エからすべて選びなさい。

ア　辺ADと面EFGHは平行である。

イ　辺EFと面CGHDは垂直である。

ウ　面ABCDに平行な面は1つだけである。

エ　辺CGとねじれの位置にある辺は4つある。

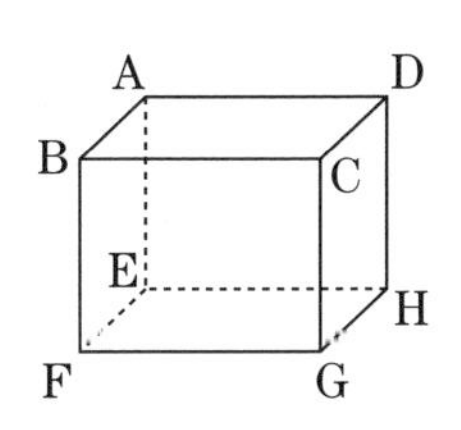

〔　　　　〕

ヒント

交わらず，平行でない2直線の位置関係がねじれの位置である。

3 立体の体積と表面積①

リンク ニューコース参考書 中1数学 p.242 ~ 244 p.246 ~ 248

攻略のコツ 表面積を求めるときは，立体の展開図をもとにして考える。

テストに出る！ 重要ポイント

- **角柱・円柱の体積**　$V=Sh$
  （底面積 S，高さ h，体積 V）

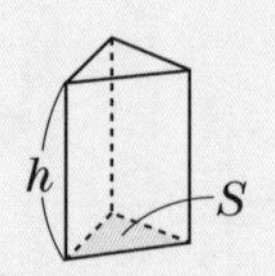

- 円柱の体積 $V=\pi r^2h$
  （底面の半径 r）

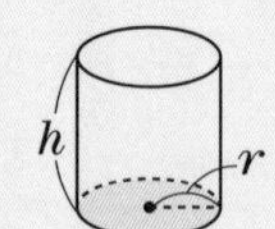

- **角錐・円錐の体積**　$V=\frac{1}{3}Sh$
  （底面積 S，高さ h，体積 V）

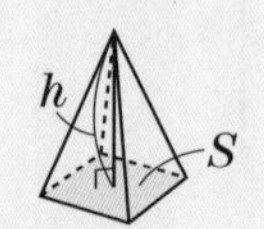

- 円錐の体積 $V=\frac{1}{3}\pi r^2h$
  （底面の半径 r）

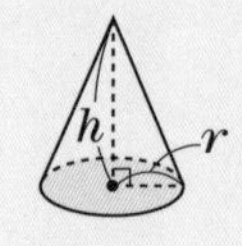

- **角柱・円柱の表面積**　表面積＝側面積＋底面積×2
  ↑底面は2つある
  - 側面積＝高さ×底面の周の長さ
    ↑展開図で側面は長方形

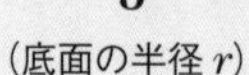

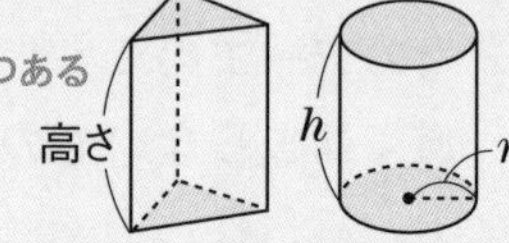

  - 円柱の表面積
    $S=2\pi rh+2\pi r^2$
    （底面の半径 r，高さ h，表面積 S）

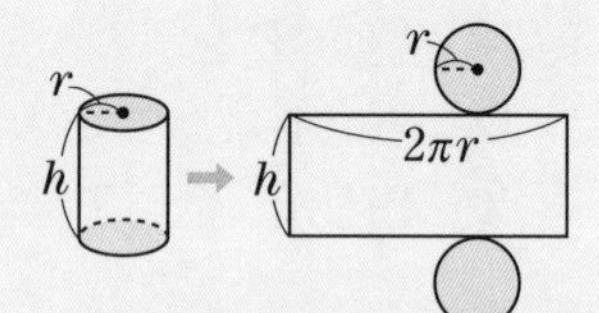

- **角錐・円錐の表面積**　表面積＝側面積＋底面積

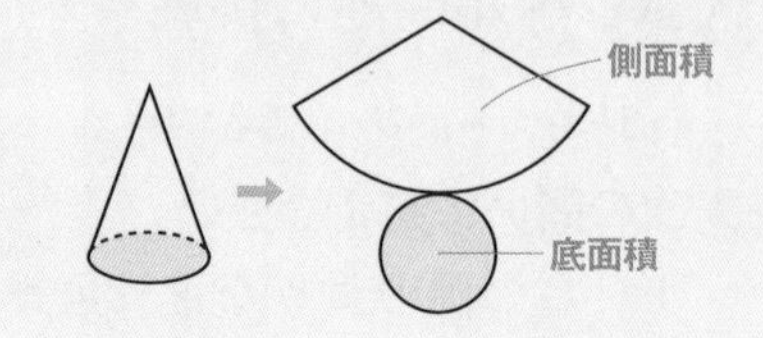

Step 1 基礎力チェック問題

解答 別冊 p.40

1 【角柱・円柱の体積】
次の体積を求めなさい。ただし，円周率は π とします。

(1) 底面が1辺5 cmの正方形で，高さが6 cmの正四角柱〔　　〕
(2) 底面の半径が4 cm，高さが10 cmの円柱〔　　〕

2 【角錐の体積】
右の図は，底面が1辺3 cmの正方形で，高さが6 cmの正四角錐です。次の問いに答えなさい。

(1) 底面積を求めなさい。〔　　〕
(2) 体積を求めなさい。〔　　〕

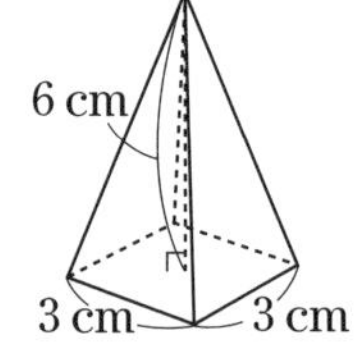

得点アップアドバイス
角柱・円柱の体積は底面積×高さ，角錐・円錐の体積は $\frac{1}{3}$×底面積×高さだよ。

3 【角柱の表面積】

右の図は，底面が縦 3 cm，横 5 cm の長方形の角柱とその展開図です。次の問いに答えなさい。

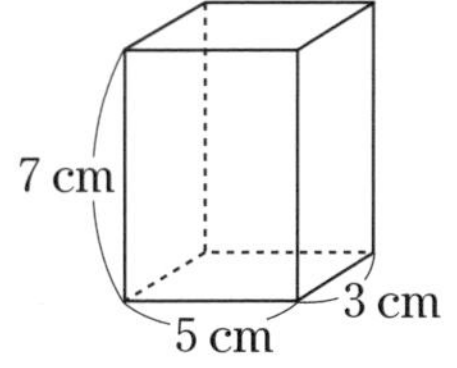

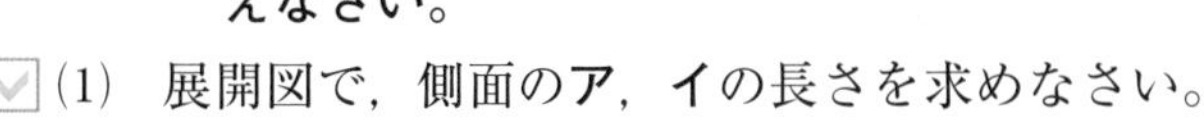

(1) 展開図で，側面のア，イの長さを求めなさい。

ア〔　　　　〕 イ〔　　　　〕

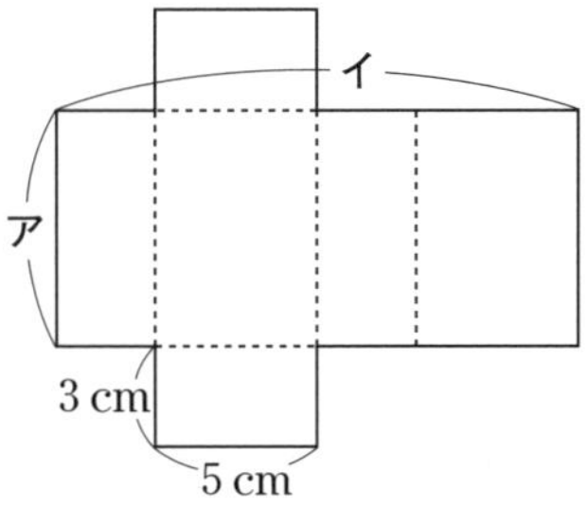

(2) 底面積を求めなさい。 〔　　　　〕

(3) 側面積を求めなさい。 〔　　　　〕

(4) 表面積を求めなさい。 〔　　　　〕

4 【円柱の表面積】

右の図は，底面の半径が 3 cm，高さが 7 cm の円柱とその展開図です。次の問いに答えなさい。ただし，円周率は π とします。

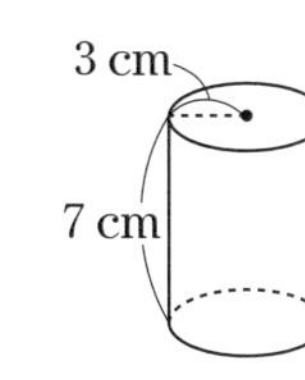

(1) 底面積を求めなさい。

〔　　　　〕

(2) 展開図のア，イの長さを求めなさい。

ア〔　　　　〕 イ〔　　　　〕

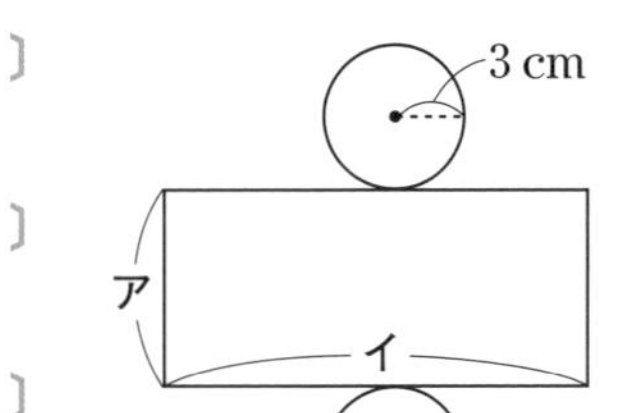

(3) 側面積を求めなさい。

〔　　　　〕

(4) 表面積を求めなさい。

〔　　　　〕

5 【円錐の表面積】

右の図は，底面の半径が 5 cm，母線の長さが 10 cm の円錐とその展開図です。次の問いに答えなさい。ただし，円周率は π とします。

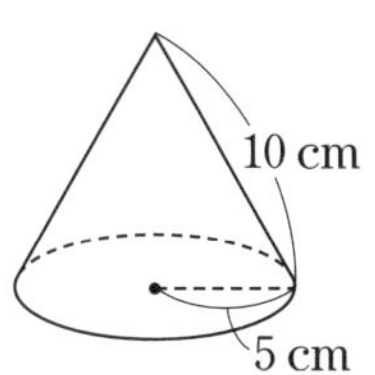

(1) 底面積を求めなさい。

〔　　　　〕

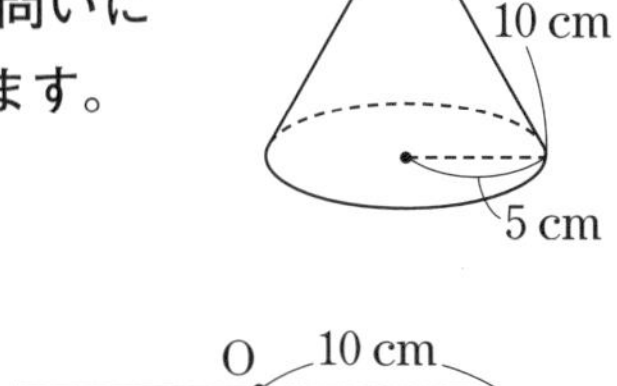

(2) 側面のおうぎ形の中心角を求めなさい。 〔　　　　〕

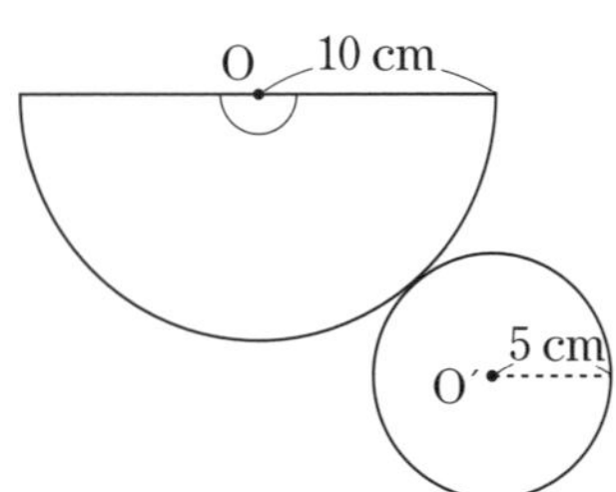

(3) 側面積を求めなさい。

〔　　　　〕

(4) 表面積を求めなさい。

〔　　　　〕

得点アップアドバイス

3

(1) イは，側面の長方形の横の長さで，底面の周の長さに等しい。

(4) 表面積＝側面積＋底面積×2

4

(2) 側面の長方形の横の長さは底面の円の周の長さに等しい。

(4) 表面積＝側面積＋底面積×2

5

(2) 側面のおうぎ形の弧（こ）の長さは，円 O′ の周の長さに等しい。

おうぎ形の弧の長さは中心角に比例するから，

中心角＝$360 \times \dfrac{\text{円 O′ の円周}}{\text{円 O の円周}}$

で求められる。

Step 2　実力完成問題

解答 別冊 p.41

1 【角柱・円柱の体積，表面積】

次の立体の体積と表面積を求めなさい。ただし，円周率は π とします。

✓よくでる (1)

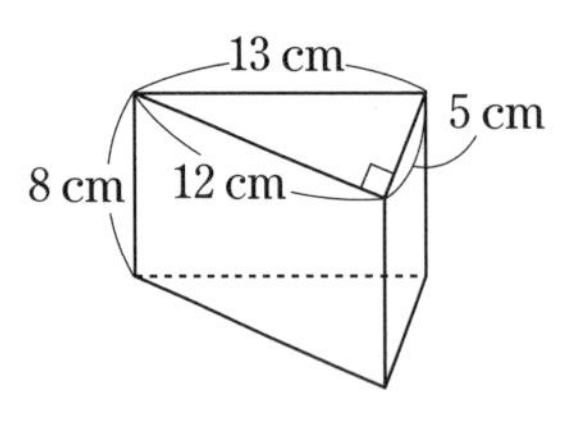

体積……〔　　　〕
表面積…〔　　　〕

(2)

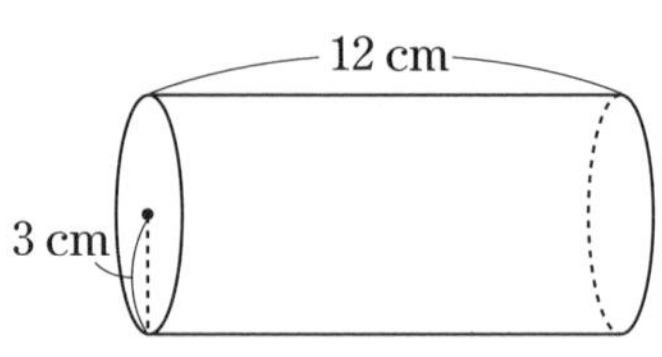

体積……〔　　　〕
表面積…〔　　　〕

ミス注意 (3)

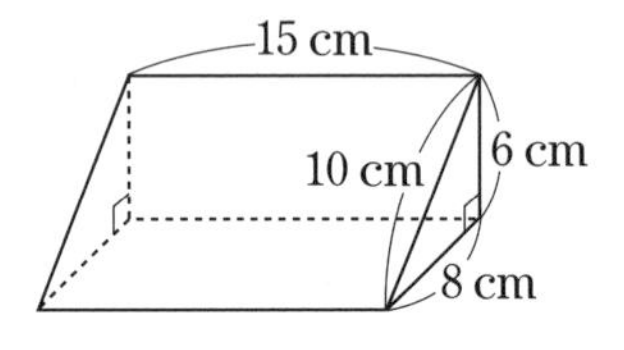

体積……〔　　　〕
表面積…〔　　　〕

(4)

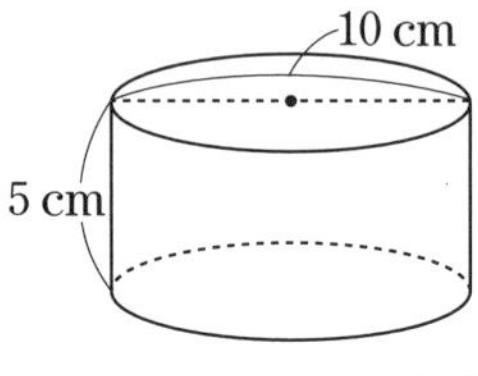

体積……〔　　　〕
表面積…〔　　　〕

2 【角錐（すい）・円錐の体積，表面積】

次の立体の体積と表面積を求めなさい。ただし，円周率は π とします。

✓よくでる (1)

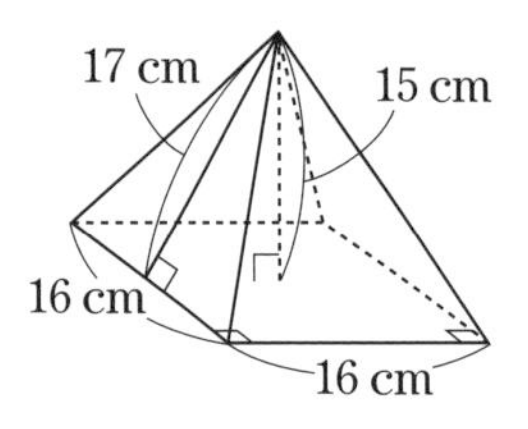

体積……〔　　　〕
表面積…〔　　　〕

(2)

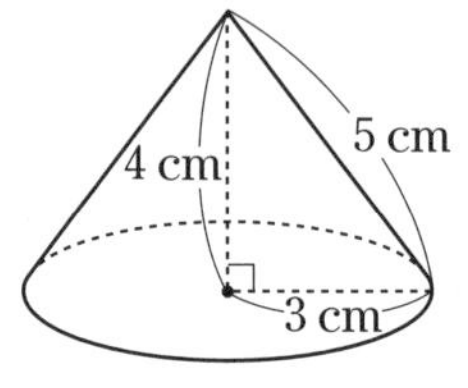

体積……〔　　　〕
表面積…〔　　　〕

3 【立体の体積】

次の立体の体積を求めなさい。ただし，円周率は π とします。

(1)

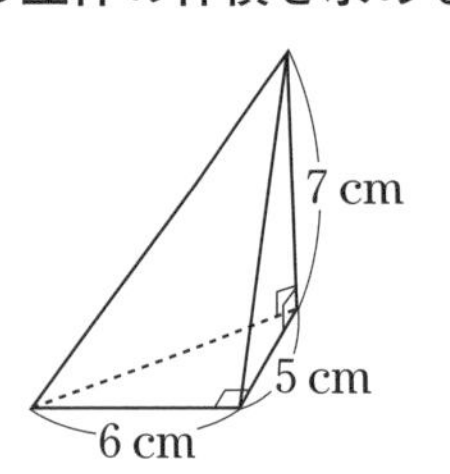

〔　　　〕

(2) 底面に平行な平面で切った立体

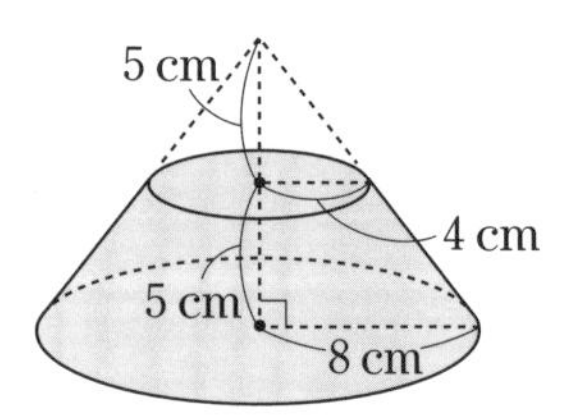

〔　　　〕

【円錐の切断と面積・体積】

右の図のように，底面の半径が 5 cm，高さが 12 cm，母線の長さが 13 cm の円錐があります。これについて，次の問いに答えなさい。ただし，円周率は π とします。

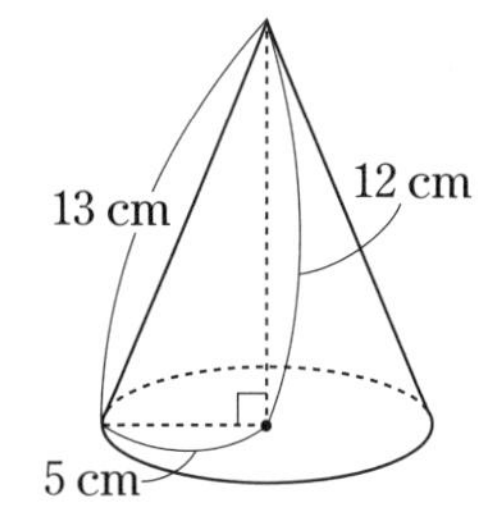

(1) この円錐を回転体とみたとき，回転の軸(じく)をふくむ平面で切ってできる切り口の面積を求めなさい。

〔　　　　〕

(2) この円錐の体積を求めなさい。

〔　　　　〕

(3) この円錐の側面積を求めなさい。

〔　　　　〕

5 【2 つの円柱の容器】

右の図のように，高さが等しい 2 つの円柱の容器があります。A, B それぞれの底面の直径の長さは，8 cm，12 cm で，高さはともに 18 cm です。次の問いに答えなさい。ただし，円周率は π とします。

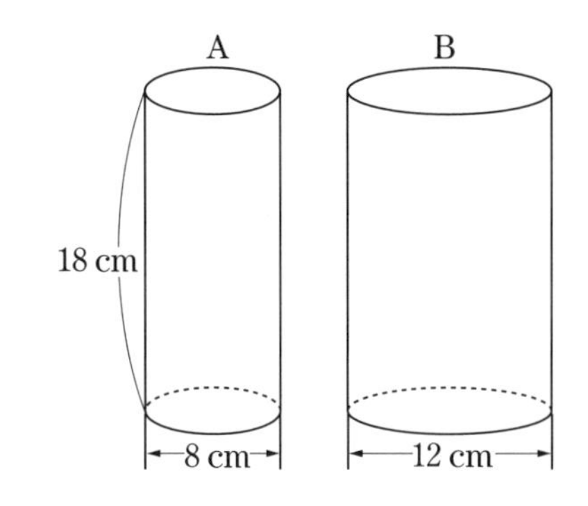

(1) A の容器に水をいっぱいになるまで入れました。入れた水の体積を求めなさい。

〔　　　　〕

(2) A に入れた水を全部 B の容器に移しかえたとき，B の水の高さは何 cm になりますか。

〔　　　　〕

入試レベル問題に挑戦

【立体の体積】

右のように，円柱とその円柱にちょうど入る大きさの円錐があります。円柱の体積が 324π cm³ のとき，円錐の体積を求めなさい。

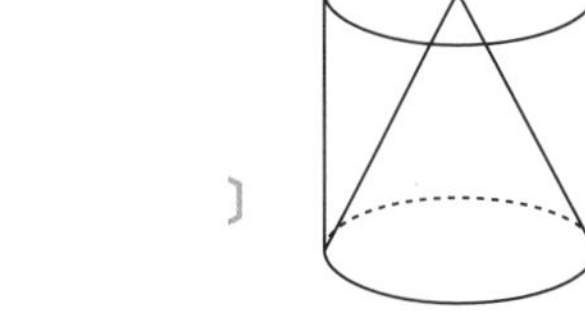

〔　　　　〕

ヒント

体積の公式を確認して，底面積と高さが等しい円柱と円錐の体積の関係を考える。

4 立体の体積と表面積②

リンク ニューコース参考書 中1数学 p.242,245, 249 ~ 253

攻略のコツ 複雑な形の立体の計量は，基本の立体の組み合わせで考える。

テストに出る! 重要ポイント

●**球の体積と表面積**

❶ 球の体積 $V=\frac{4}{3}\pi r^3$

❷ 球の表面積 $S=4\pi r^2$ （半径 r，体積 V，表面積 S）

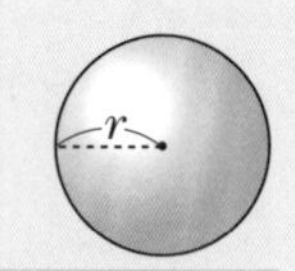

●**回転体の計量**

できる立体の見取図をかいて，底面の半径や高さなどを調べる。

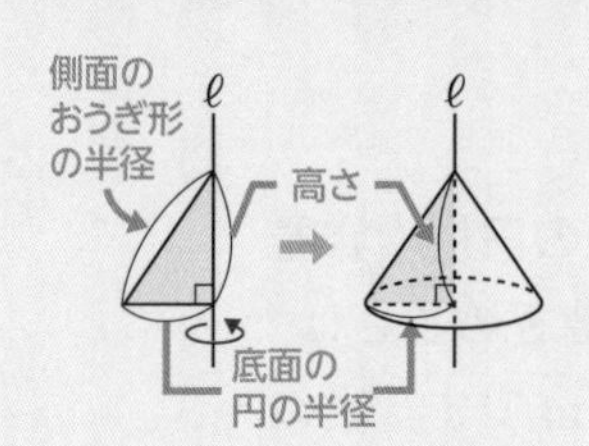

● いろいろな回転体の体積

例

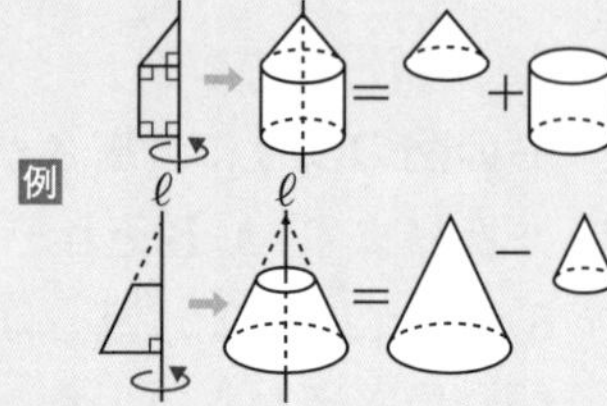

例

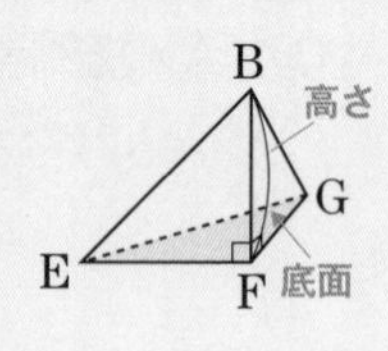

●**立体の一部の体積**

例 立方体 ABCD－EFGH で，頂点 B，E，G を通る平面で切り分けた立体
➡底面が△EFG，高さが BF の三角錐(すい)。

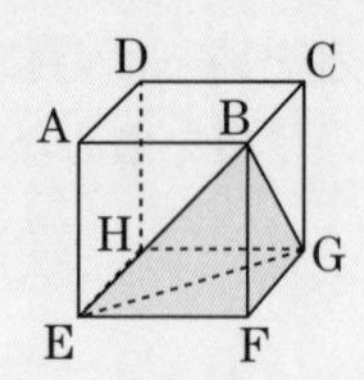

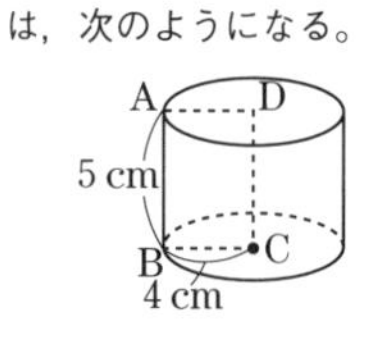

Step 1 基礎力チェック問題

解答 別冊 p.42

1 【球の体積と表面積】

次の□にあてはまる数を書きなさい。ただし，円周率は π とします。

(1) 半径 3 cm の球の体積は，$\frac{4}{3}\pi\times$ ア $^3=$ イ (cm^3)

(2) 半径 3 cm の球の表面積は，$4\pi\times$ ウ $^2=$ エ (cm^2)

2 【回転体の体積と表面積】

右の図の長方形 ABCD を辺 CD を軸(じく)として 1 回転させてできる立体について，次の問いに答えなさい。ただし，円周率は π とします。

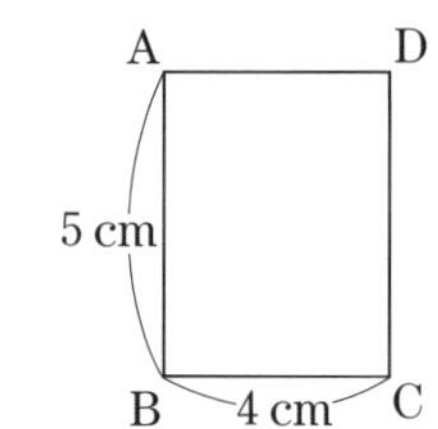

(1) 何という立体ができますか。〔　　〕

(2) この立体の体積を求めなさい。〔　　〕

(3) この立体の表面積を求めなさい。〔　　〕

得点アップアドバイス

2

(1) できる立体の見取図は，次のようになる。

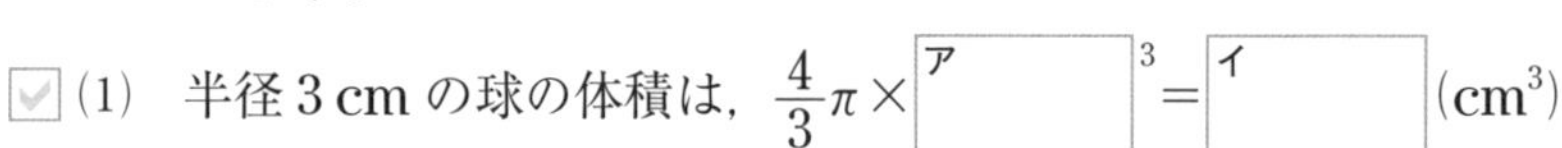

(3) 側面の長方形の横の長さは，底面の円の周の長さに等しい。

3 【回転体の体積と表面積】

右の図の直角三角形ABCを，辺ACを軸として1回転させてできる立体について，次の問いに答えなさい。ただし，円周率はπとします。

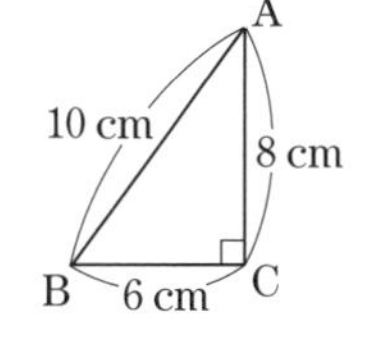

(1) 何という立体ができますか。 〔　　　〕

(2) この立体の体積を求めなさい。 〔　　　〕

(3) この立体の表面積を求めなさい。 〔　　　〕

4 【複雑な形の回転体の体積】

右の図の△ABCを，辺ACを軸として1回転させてできる立体の体積を求めます。次の□にあてはまる数を書きなさい。ただし，円周率はπとします。

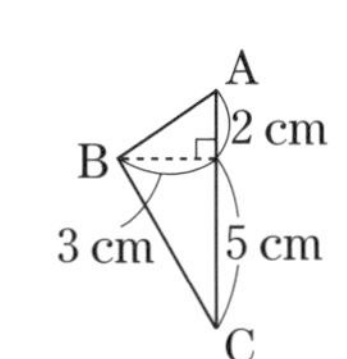

(1) できる立体は，底面の円の半径が ア[　　] cmで，高さが2 cmの円錐と，底面の円の半径が イ[　　] cmで，高さが ウ[　　] cmの円錐を組み合わせた形になる。

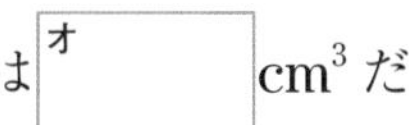

(2) 上の円錐の体積は エ[　　] cm^3，下の円錐の体積は オ[　　] cm^3 だから，求める立体の体積は，

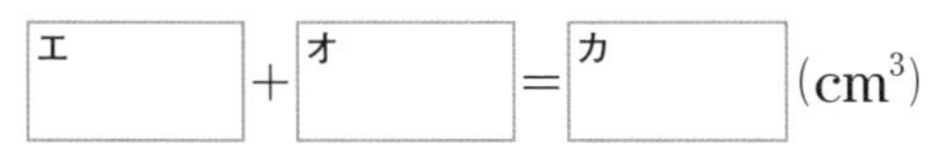

エ[　　] ＋ オ[　　] ＝ カ[　　] (cm^3)

5 【展開図と体積】

右の図は，三角柱の展開図です。この三角柱について，次の問いに答えなさい。

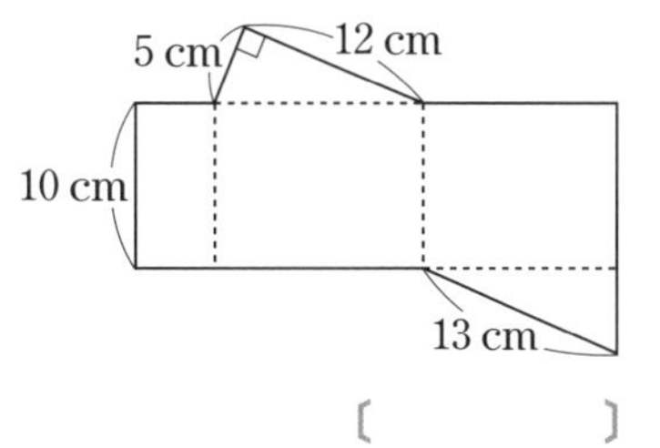

(1) 底面積を求めなさい。 〔　　　〕

(2) 高さを求めなさい。 〔　　　〕

(3) 体積を求めなさい。 〔　　　〕

6 【切り取った立体】

右の図は，1辺が6 cmの立方体を頂点B，D，Eを通る平面で切り取ったものです。これについて，次の問いに答えなさい。

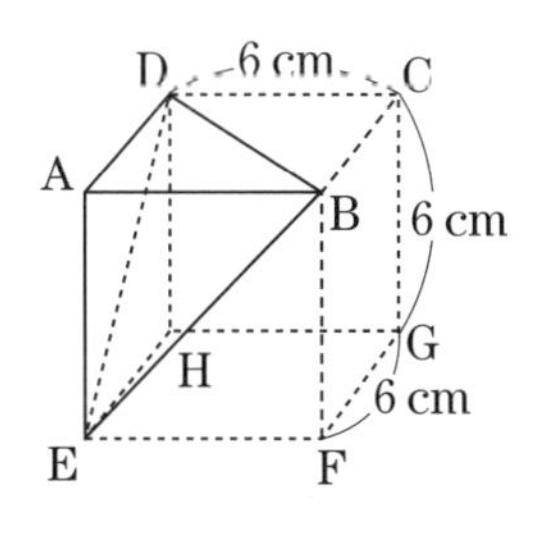

(1) 立体ABDEは何という立体ですか。 〔　　　〕

(2) 立体ABDEの底面を△ABDとしたとき，高さは何cmですか。 〔　　　〕

3

(1) できる立体の見取図は，次のようになる。

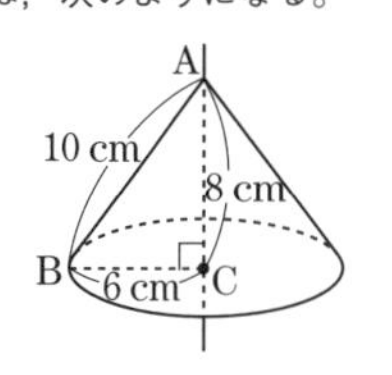

(3) 側面のおうぎ形の中心角は，

$360\times\frac{2\pi\times6}{2\pi\times10}=216$

4

(1) できる立体の見取図は，次のようになる。

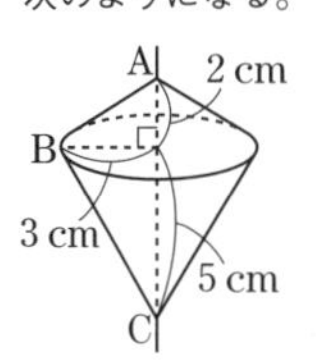

(2) 円錐の体積 V は，

$V=\frac{1}{3}\pi r^2h$

（底面の半径 r，高さ h）

底面を△ABDとしたときの高さはAEだね。

Step 2 実力完成問題

解答 別冊 p.43

1 【球の体積と表面積】

半径 6 cm の球について，次の問いに答えなさい。ただし，円周率は π とします。

よくでる (1) 体積を求めなさい。

〔　　　　〕

(2) 表面積を求めなさい。

〔　　　　〕

2 【半球の体積と表面積】

右の図のように，球を，その中心を通る平面で半分に切ってできる半球について，次の問いに答えなさい。ただし，円周率は π とします。

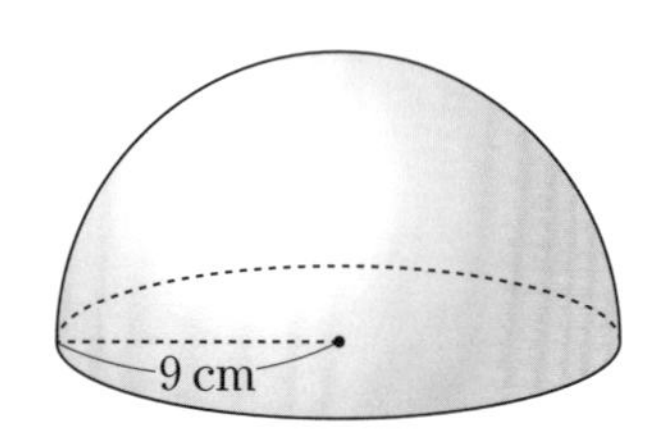

(1) 体積を求めなさい。

〔　　　　〕

ミス注意 (2) 表面積を求めなさい。

〔　　　　〕

3 【回転体の側面積と体積】

次の問いに答えなさい。ただし，円周率は π とします。

よくでる (1) 右の図のような長方形 ABCD があります。この長方形を，辺 BC を軸(じく)として，1 回転させてできる立体の体積を求めなさい。

A
D
5 cm
B
3 cm
C

〔　　　　〕

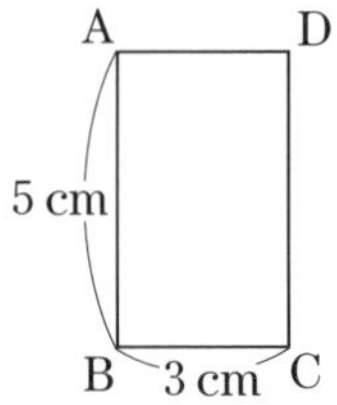

(2) 右の図のように，AD＝4 cm の長方形 ABCD があります。この長方形を，AB を軸として 1 回転させてできた立体の体積が $96\pi \text{cm}^3$ になりました。このとき，この立体の側面積を求めなさい。

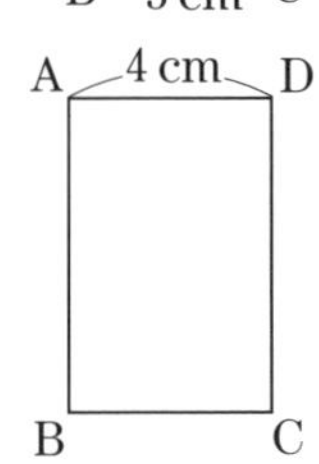

〔　　　　〕

4 【切り取られた立体の体積】

右の図は AB＝3 cm，AD＝4 cm，AE＝2 cm の直方体 ABCD－EFGH を頂点 B，D，E を通る平面で切り取ったものです。この立体の体積を求めなさい。

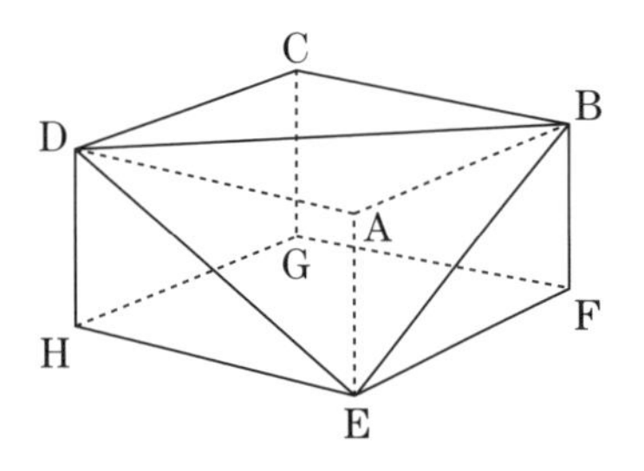

〔　　　　〕

5 【展開図と体積・表面積】

右の図は，ある多面体の展開図です。
四角形 FIHG は正方形，四角形 ANIF は長方形，
$\angle DCF=\angle CFE=\angle KLI=\angle LIJ=90°$ です。
AB＝BC＝5 cm，CF＝4 cm，FG＝GH＝2 cm，
AN∥BM のとき，次の問いに答えなさい。

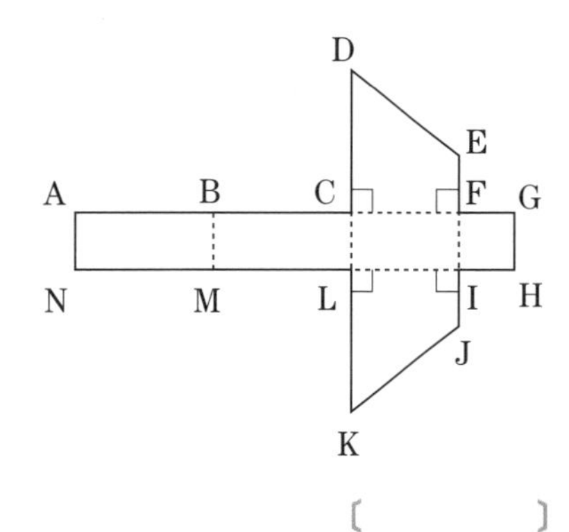

(1) この多面体の体積を求めなさい。

〔　　　　　〕

(2) この多面体の表面積を求めなさい。

〔　　　　　〕

6 【投影図と体積・表面積】

右の投影図で表される立体について，次の問いに答えなさい。

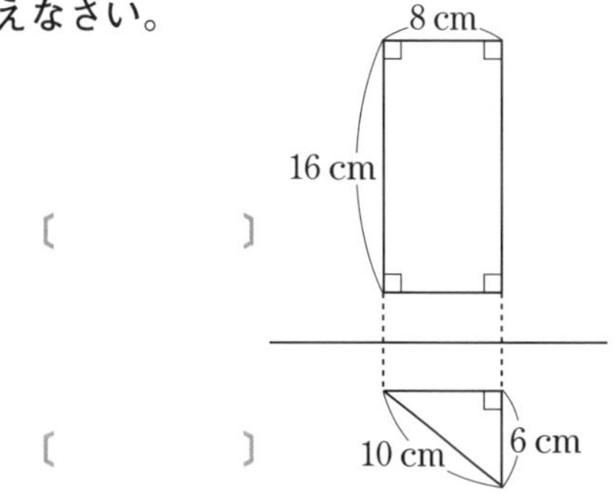

(1) この立体の体積を求めなさい。

〔　　　　　〕

(2) この立体の表面積を求めなさい。

〔　　　　　〕

入試レベル問題に挑戦

7 【立方体と球，回転体の体積】

次の問いに答えなさい。ただし，円周率は π とします。

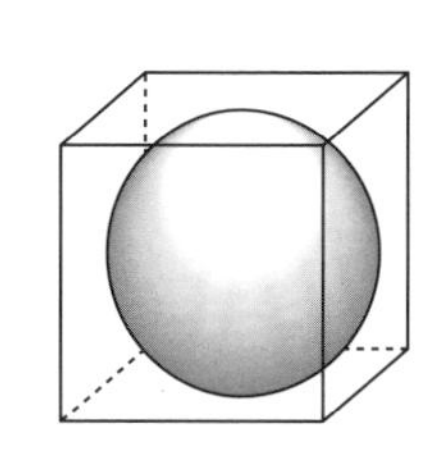

(1) 右の図のように，1 辺の長さが 12 cm の立方体のすべての面に接している球があります。この球の体積を求めなさい。

〈高知県〉

〔　　　　　〕

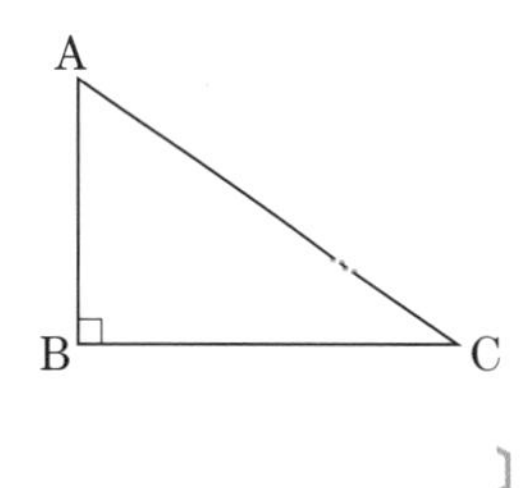

(2) 右の図の△ABC は，$\angle ABC=90°$，AB＝2 cm，BC＝3 cm の直角三角形です。この△ABC を線分 AB を軸として 1 回転させてできる円錐の体積を P cm^3，線分 BC を軸として 1 回転させてできる円錐の体積を Q cm^3 とするとき，P と Q の比を最も簡単な整数の比で求めなさい。

〔　　　　　〕

ヒント

(1) 球の半径を求める。
(2) 2 つの円錐の見取図をかいて，底面の半径と高さをおさえる。

定期テスト予想問題 ①

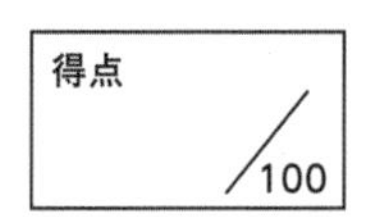

1 **右の図のような立体について，次の問いに答えなさい。** 【4点×5】

(1)　この立体は何面体ですか。

(2)　この立体は何角柱ですか。

(3)　この立体の頂点の数はいくつですか。

(4)　この立体の辺の数はいくつですか。

(5)　面 FGHIJ が正五角形で，側面がすべて合同な長方形のとき，この立体を何といいますか。

(1)		(2)		(3)	
(4)		(5)			

2 **右の図は，立方体を 3 つの頂点 B，D，E を通る平面で切り取った立体です。次の問いに答えなさい。** 【6点×3】

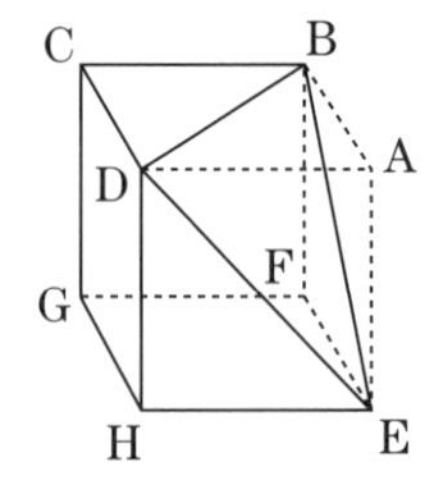

(1)　辺 BD と平行な面はどれですか。

(2)　辺 BC と平行な面はどれですか。

(3)　辺 BD とねじれの位置にある辺はどれですか。

(1)		(2)	
(3)			

3 **直方体の表面に，右の図のように，辺 BC，FG を通って，D から E までひもをかけます。ひもの長さを最も短くするには，どのようにかければよいですか。このときのひものようすを，下の展開図にかき入れなさい。** 【10点】

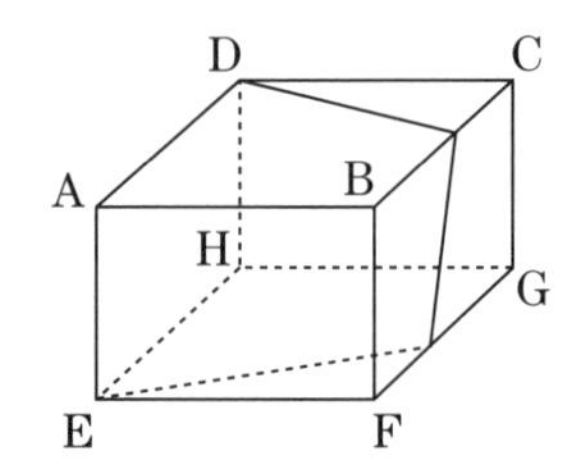

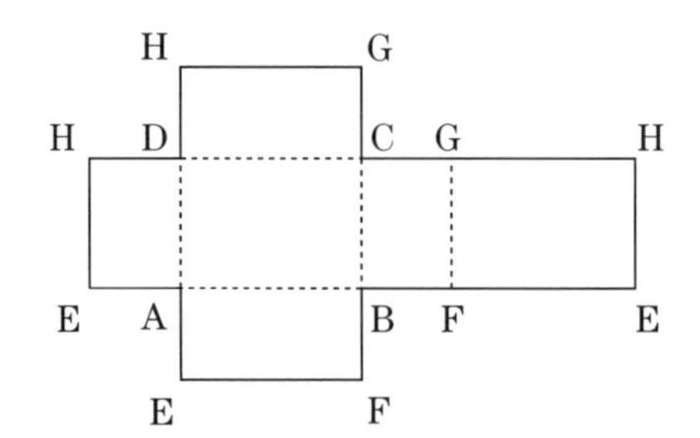

4 右の図の三角柱について，次の問いに答えなさい。 【6点×2】

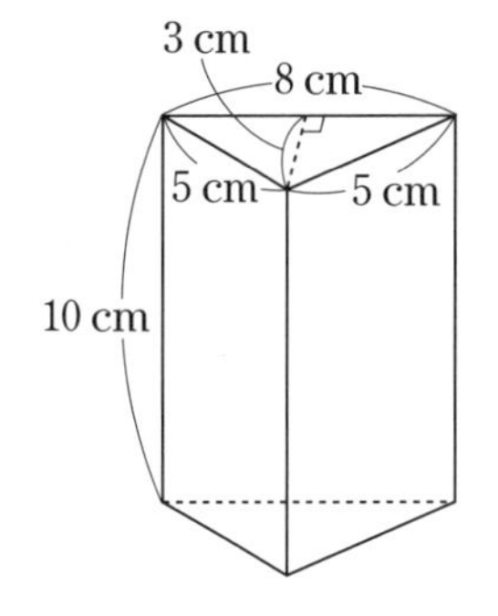

(1) 体積を求めなさい。

(2) 表面積を求めなさい。

(1)		(2)	

5 右の図のような四角形 ABCD を，辺 AB をふくむ直線 ℓ を軸(じく)として1回転させてできる立体の体積を求めなさい。ただし，円周率は π とします。 【8点】

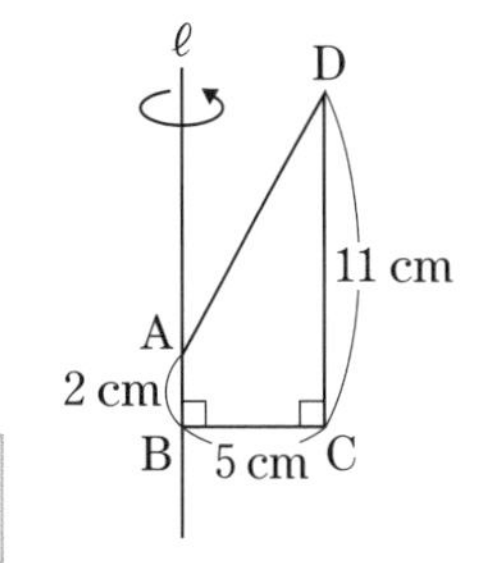

6 右の図の実線で示した立体は，半径 2 cm の球を，その中心 O を通り，たがいに垂直な 2 平面で切ってできたものです。次の問いに答えなさい。ただし，円周率は π とします。 【8点×2】

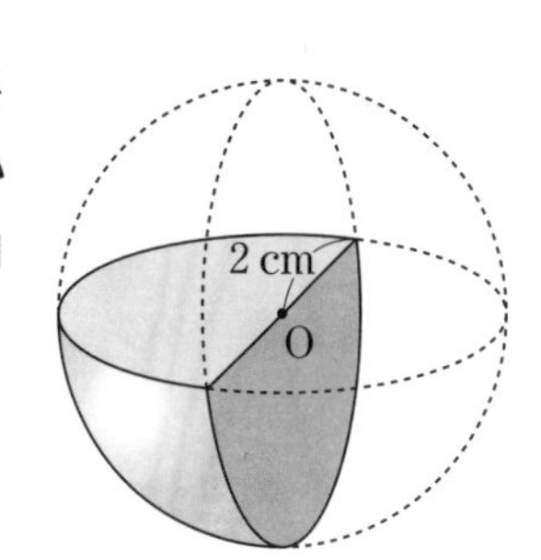

(1) この立体の体積を求めなさい。

(2) この立体の表面積を求めなさい。

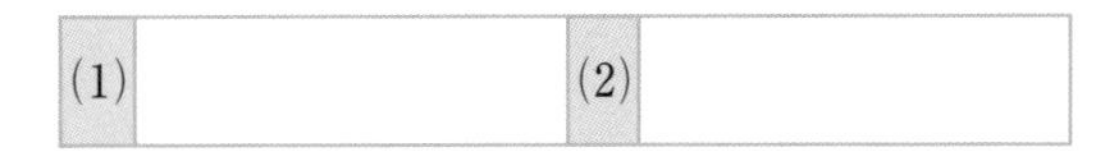

7 右の図1，図2は，底面の正方形の対角線の長さが 4 cm，高さが 9 cm の正四角柱をもとにして，四角錐(すい)をつくったようすを表しています。次の問いに答えなさい。 【8点×2】

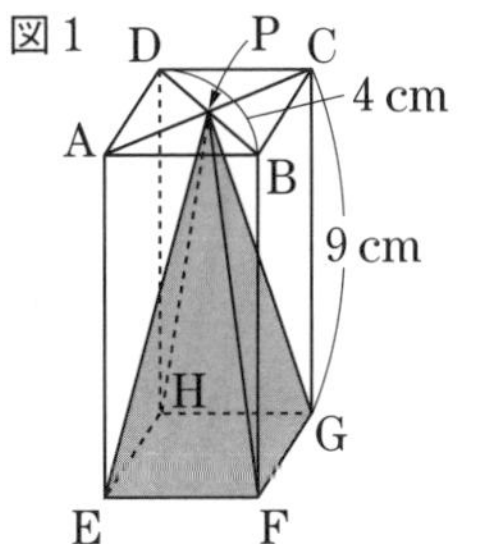

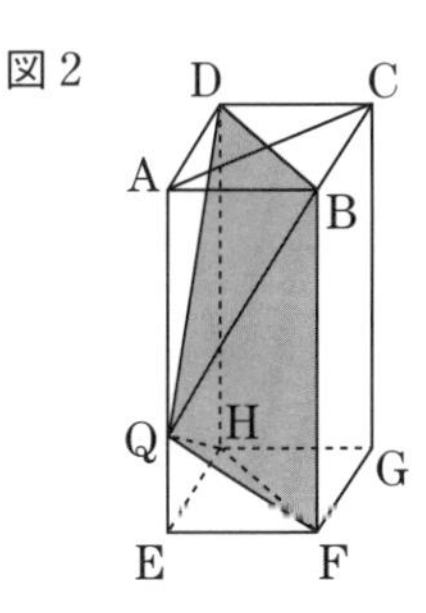

(1) 図1で，点 P を底面の対角線の交点とするとき，正四角錐 P－EFGH の体積を求めなさい。

(2) 図2で，点 Q を辺 AE 上の点とするとき，四角錐 Q－BDHF の体積を求めなさい。

(1)		(2)	

定期テスト予想問題 ②

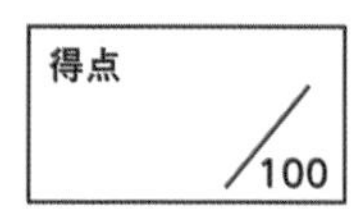

1 右の図は，立方体の展開図です。この展開図を組み立ててできる立方体について，次の問いに答えなさい。【5点×5】

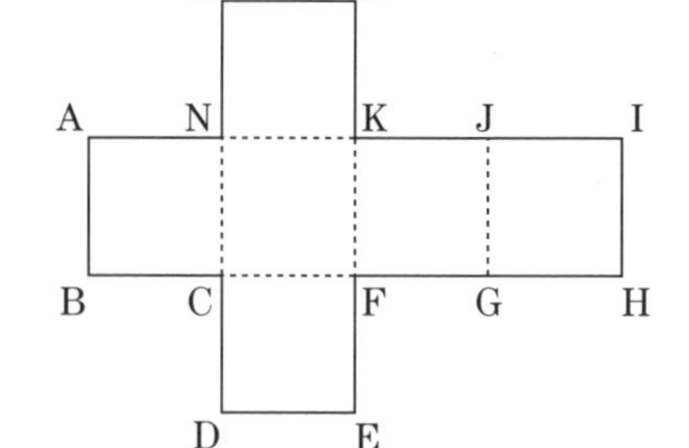

(1) 点Hと重なる点をすべて答えなさい。

(2) 辺JIと重なる辺を答えなさい。

(3) 面ABCNと平行になる面はどれですか。

(4) 辺FGと垂直になる面はどれですか。

(5) 辺ABとねじれの位置にある辺を，すべて答えなさい。

(1)		(2)		(3)	
(4)		(5)			

2 右の図の直角三角形を，直線 ℓ を軸として1回転させてできる立体について，次の問いに答えなさい。【5点×3】

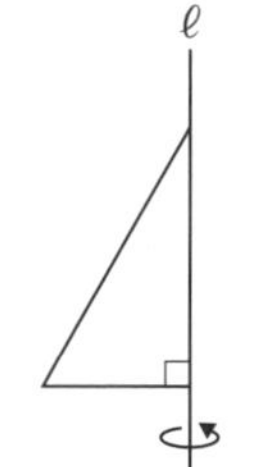

(1) 何という立体ができますか。

(2) この回転体を回転の軸に垂直な平面で切ると，切り口はどんな図形になりますか。

(3) この回転体を回転の軸をふくむ平面で切ると，切り口はどんな図形になりますか。

(1)		(2)		(3)	

3 右の図は，三角錐の投影図をかき表そうとしたものですが，一部かきたりないところがあります。必要な線をかき加えて，投影図を完成させなさい。【7点】

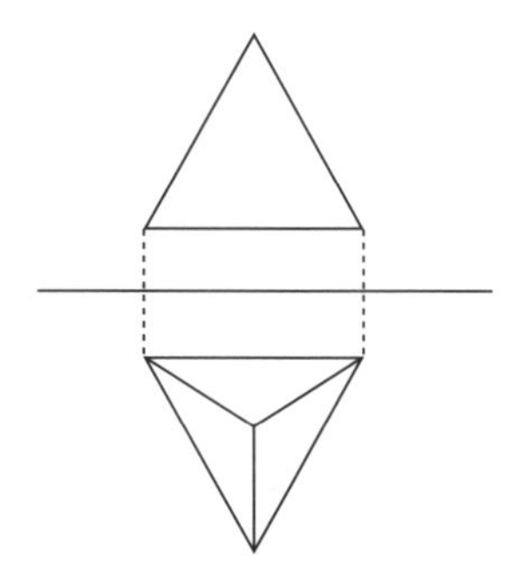

4

右の図１は，底面の円の半径が 4 cm，母線の長さが 12 cm の円錐の見取図で，図２はその円錐の展開図です。次の問いに答えなさい。ただし，円周率は π とします。 【7点×3】

(1) 展開図のおうぎ形の弧の長さを求めなさい。

(2) 展開図のおうぎ形の中心角の大きさを求めなさい。

(3) この円錐の表面積を求めなさい。

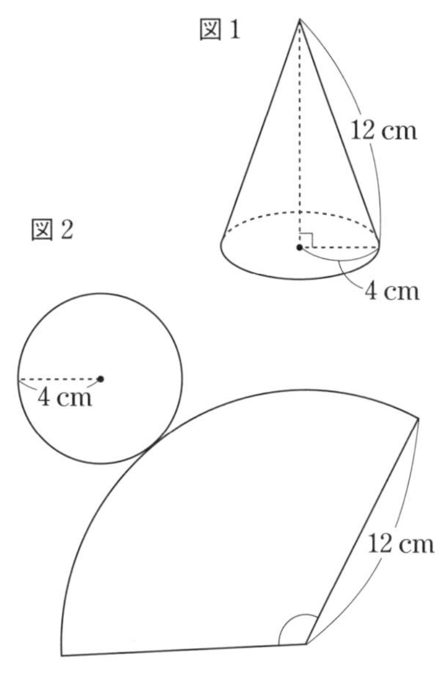

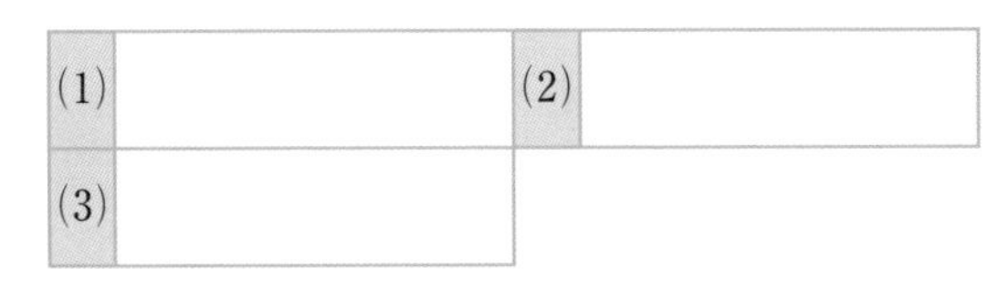

5

右の図は，半径が 6 cm，中心角が 90°のおうぎ形と，縦が 10 cm, 横が 6 cm の長方形を組み合わせたものです。この図形を，直線 ℓ を軸として１回転させてできる立体について，次の問いに答えなさい。ただし，円周率は π とします。 【8点×2】

(1) この立体の体積を求めなさい。

(2) この立体の表面積を求めなさい。

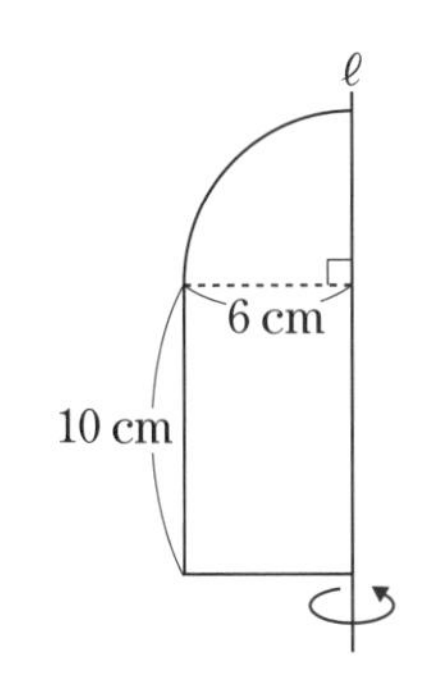

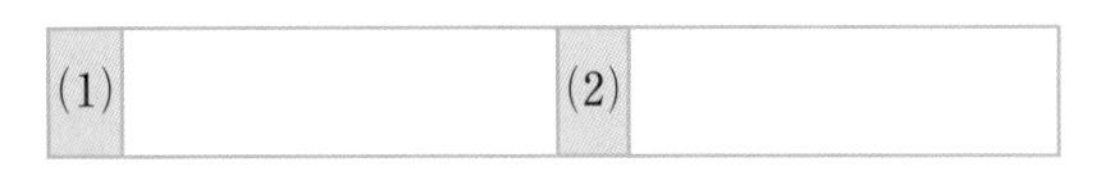

6

右の図は，同じ大きさの直方体の容器に，同じ量の水を入れたもので，図１は水面が△ABC になるまで傾けたものです。次の問いに答えなさい。 【8点×2】

(1) 水の量を求めなさい。

(2) 図２で，x の値を求めなさい。

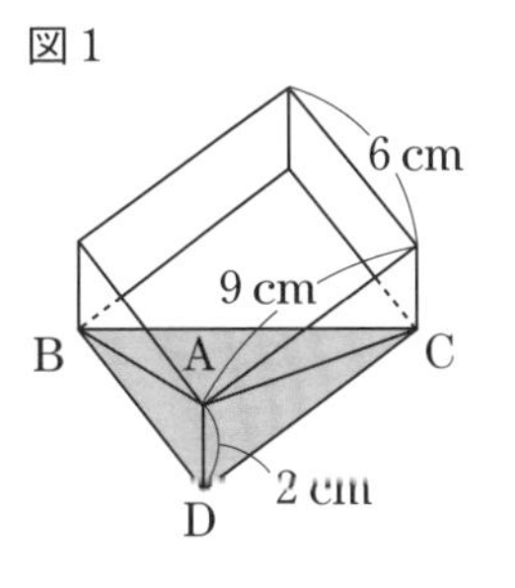

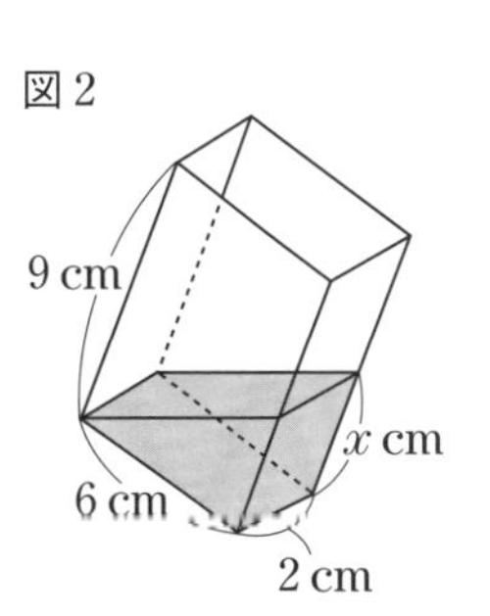

(1)		(2)	

1 データの分析

リンク ニューコース参考書 中1数学 p.262 ~ 269

攻略のコツ 表やグラフを使って，データの傾向や特徴を調べよう。

テストに出る！ 重要ポイント

●度数分布表と累積度数

階級…データを整理するための区間。

階級値…度数分布表で，それぞれの階級のまん中の値。

体重の記録

階級(kg) 以上 未満	度数(人)	累積度数(人)
35 ~ 40	2	2
40 ~ 45	6	8
45 ~ 50	8	16
50 ~ 55	3	19
55 ~ 60	1	20
合　計	20	

(2+6+8 → 16)

例 35 kg 以上 40 kg 未満の階級の階級値 $\frac{35+40}{2}=37.5$(kg)

累積度数…最初の階級からその階級までの度数の合計。

●ヒストグラムと度数折れ線(度数分布多角形)

度数折れ線…ヒストグラムの各長方形の上の辺の中点を結んでできた折れ線。

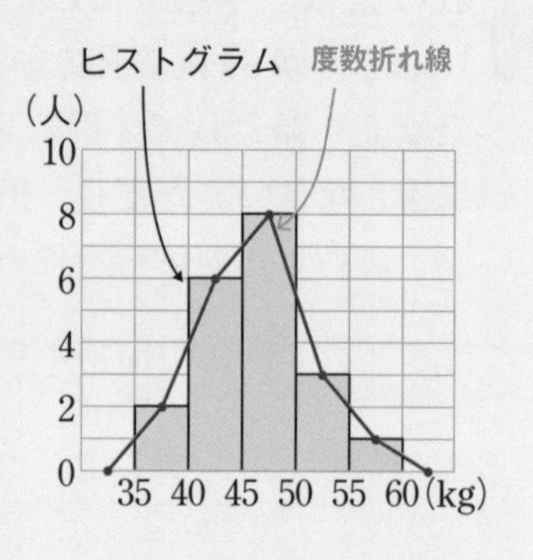

●相対度数と累積相対度数

相対度数＝$\frac{\text{その階級の度数}}{\text{度数の合計}}$

累積相対度数…最初の階級からその階級までの相対度数の合計。

●範囲(レンジ)

範囲(レンジ)＝最大値－最小値

●代表値

❶ **平均値＝$\frac{\text{データの値の合計}}{\text{度数の合計}}$** ←度数分布表で表されたデータの合計は(階級値×度数)の合計から求める

❷ **中央値(メジアン)**…データの値を大きさの順に並べたときの中央の値。

❸ **最頻値(モード)**…データの中で，最も多く出てくる値。度数分布表では，度数が最も多い階級の階級値。

●確率

あることがらの起こりやすさの程度を表す数を，そのことがらの起こる**確率**という。

同じ実験を多数回くり返し行ったとき，相対度数が限りなく近づく値を確率とみなすことができる。

相対度数＝$\frac{\text{あることがらの起こった回数}}{\text{全体の回数}}$

Step 1 基礎力チェック問題

解答 別冊 p.46

1 【度数分布表と累積度数】

右の表は，あるクラスの体重測定の結果を示したものです。次の問いに答えなさい。

体重の記録

階級(kg)	度数(人)	累積度数(人)
以上 未満		
35 ～ 40	2	
40 ～ 45	4	
45 ～ 50	10	
50 ～ 55	16	
55 ～ 60	8	
合 計	40	

(1) 50 kg の人が入っている階級を答えなさい。

〔　　　　〕

(2) 階級の幅(はば)は何 kg ですか。

〔　　　　〕

(3) 45 kg 以上 50 kg 未満の階級の度数を答えなさい。

〔　　　　〕

(4) 表に累積度数をかき入れなさい。

(5) 体重が軽いほうから数えて 12 番目の人は，どの階級に入りますか。

〔　　　　〕

(6) 体重が 55 kg 未満の人は，何人いますか。

〔　　　　〕

2 【ヒストグラムと度数折れ線】

上の1のデータについて，次の問いに答えなさい。

(1) 右のヒストグラムを完成させなさい。

(2) ヒストグラムの図に，度数折れ線をかき入れなさい。

(3) 度数が最も多い階級はどこですか。

〔　　　　〕

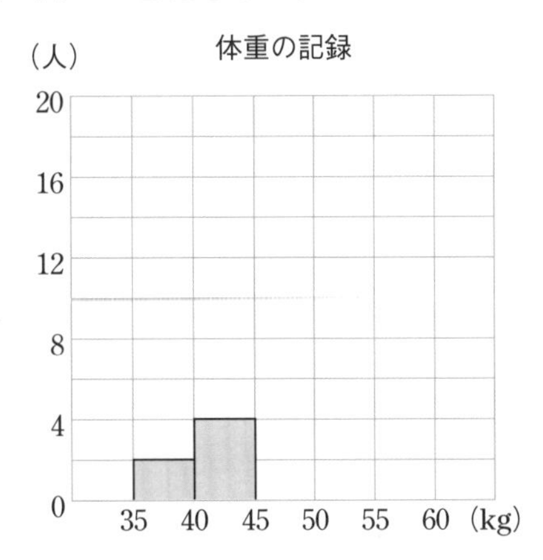

得点アップアドバイス

1 データを整理するときに分けた区間を**階級**，区間の幅を**階級の幅**，各データの個数(ここでは人数)を**度数**という。

累積度数はその階級までの度数の合計だよ。

2 ヒストグラムでは，横軸(じく)が階級，縦軸が度数である。左のヒストグラムでは，たとえば 40 kg 以上 45 kg 未満の人が 4 人いることを示している。

3 【相対度数と累積(るいせき)相対度数】

右の表は，①の度数分布表から相対度数と累積相対度数をまとめたものです。次の問いに答えなさい。

☑(1) 表の空らんア，イ，ウにあてはまる数を求めなさい。

体重の記録

階級(kg)	度数(人)	相対度数	累積相対度数
以上　未満			
35 ～ 40	2	0.05	0.05
40 ～ 45	4	0.10	0.15
45 ～ 50	10	0.25	イ
50 ～ 55	16	ア	0.80
55 ～ 60	8	0.20	ウ
合　計	40	1.00	

ア〔　　　　〕
イ〔　　　　〕
ウ〔　　　　〕

☑(2) 体重が 45 kg 未満の人は全体の何％ですか。

〔　　　　〕

4 【範囲(はんい)と代表値】

下のデータは，生徒 16 人の英単語のテストの得点です。
次の問いに答えなさい。

8	1	7	2	3	10	9	2
7	6	5	7	4	10	6	9（点）

☑(1) 範囲を求めなさい。

〔　　　　〕

☑(2) 平均値を求めなさい。

〔　　　　〕

☑(3) 中央値を求めなさい。

〔　　　　〕

☑(4) 最頻値(さいひんち)を求めなさい。

〔　　　　〕

5 【度数分布表の代表値】

右の表は，陸上部の生徒のある日の家庭学習時間についての度数分布表です。次の問いに答えなさい。

家庭学習時間

階級(分)	度数(人)
以上　未満	
0 ～ 20	2
20 ～ 40	4
40 ～ 60	9
60 ～ 80	7
80 ～ 100	3
合　計	25

☑(1) 中央値はどの階級に入っていますか。

〔　　　　〕

☑(2) 最頻値を求めなさい。

〔　　　　〕

得点アップアドバイス

③ 確認 **累積相対度数**

累積相対度数はその階級までの相対度数の合計。

④ 確認 **代表値**

平均値・中央値・最頻値のようにデータの値全体を代表する値を代表値という。

度数分布表から最頻値を求めるときは，階級値で答えるよ。

6 【度数分布表の平均値】

右の表は，①の度数分布表から，階級値×度数を計算してまとめたものです。次の問いに答えなさい。

(1) 表の空らんア，イにあてはまる数を求めさい。

体重の記録

階級(kg)	階級値(kg)	度数(人)	階級値×度数
以上　未満			
35 ～ 40	37.5	2	75
40 ～ 45	42.5	4	イ
45 ～ 50	ア	10	475
50 ～ 55	52.5	16	840
55 ～ 60	57.5	8	460
合　計		40	2020

ア〔　　　　〕
イ〔　　　　〕

(2) この表から体重の平均値を求めなさい。　〔　　　　〕

7 【データの比較（ひかく）】

A，B 2つの箱にみかんが20個ずつ入っています。下の図は2つの箱のみかんの重さをはかって，ヒストグラムに表したものです。

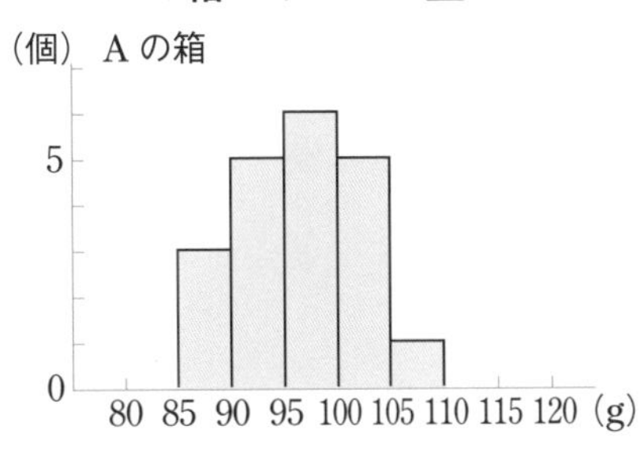

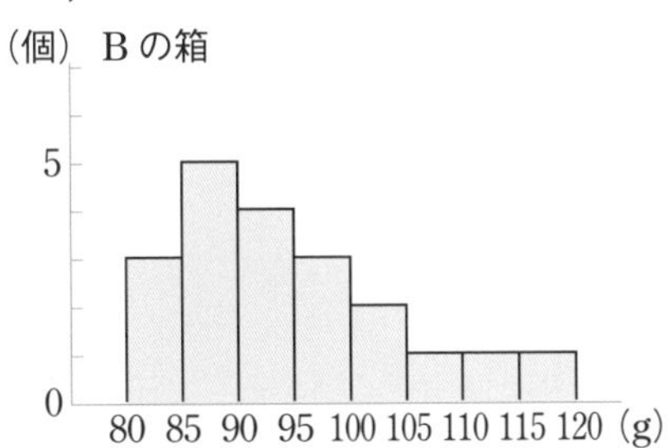

次の中から正しいものをすべて選びなさい。

ア　範囲が大きいのはAの箱である。

イ　平均値，中央値，最頻値がほとんど同じになるのはAの箱である。

ウ　中央値はどちらも95g以上100g未満の階級にある。

エ　平均値はBの箱のほうが小さい。

〔　　　　〕

8 【確率】

右の表は，あるコインを投げたときの表が出た結果です。

(1) 表と裏のどちらが出やすいといえますか。

〔　　　　〕

(2) 表が出る相対度数は，どんな値に近づいていますか。小数第2位まで求めなさい。

〔　　　　〕

(3) コインを5000回投げたとき，表は何回出ると予想できますか。

〔　　　　〕

投げた回数(回)	表が出た回数(回)
100	57
500	286
1000	577
1500	868
2000	1162

得点アップアドバイス

6

平均値

度数分布表を使った平均値の求め方

平均値＝

$$\frac{\text{(階級値×度数)の合計}}{\text{度数の合計}}$$

7

ヒストグラムから，データの分布のようすを読み取るときは，グラフの山型の形によって，分類する。

左にかたよった分布

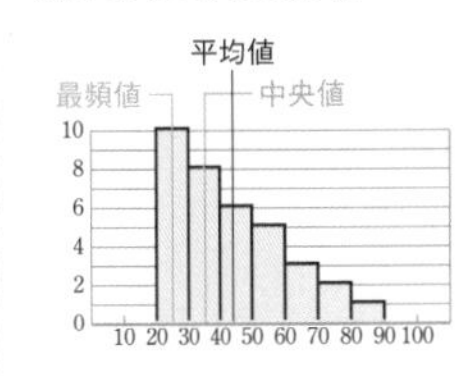

左右対称（たいしょう）の分布

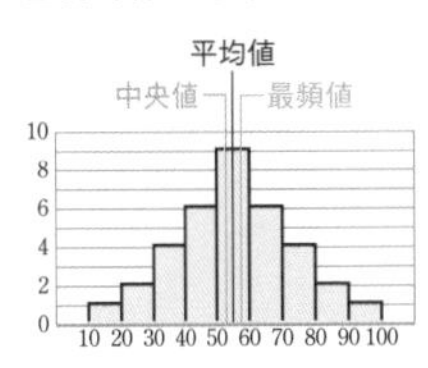

右にかたよった分布

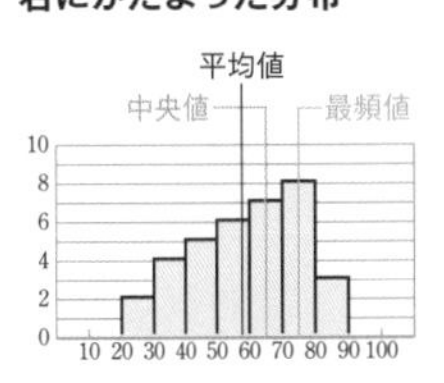

Step 2　実力完成問題

解答 別冊 p.47

1 【度数分布表とヒストグラム】

下の表は，運動部 A の部員の身長の度数分布表です。次の問いに答えなさい。

✓よくでる

階級(cm)	度数(人)	累積（るいせき）度数(人)	相対度数	累積相対度数
以上　未満				
150 ～ 155	6	ア	0.15	0.15
155 ～ 160	8	14	ウ	0.35
160 ～ 165	14	イ	0.35	カ
165 ～ 170	10	38	エ	キ
170 ～ 175	2	40	0.05	1.00
合　計	40		オ	

(1)　表の空らんにあてはまる数を求めなさい。

ア〔　　　　〕　イ〔　　　　〕　ウ〔　　　　〕　エ〔　　　　〕
オ〔　　　　〕　カ〔　　　　〕　キ〔　　　　〕

(2)　中央値はどの階級に入りますか。

〔　　　　　　〕

(3)　この度数分布表をヒストグラムに表し，度数折れ線もかき入れなさい。

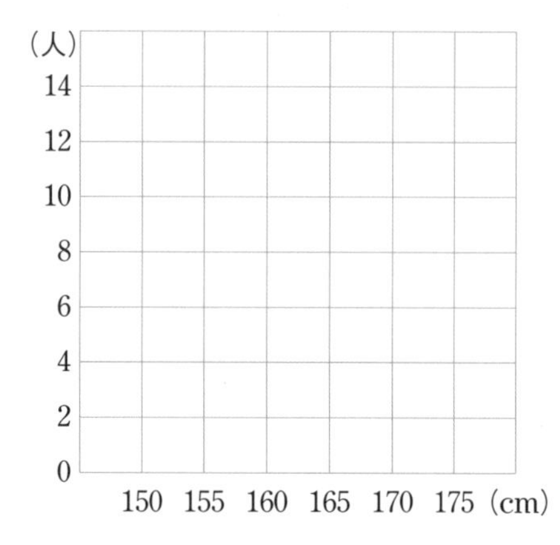

【データの読み取り】

右のグラフは，運動部 B の部員の身長について，その相対度数を折れ線に表したものです。

(1)　このグラフに①の運動部 A の相対度数の折れ線をかき入れなさい。

(2)　運動部 A と B のデータの分布から，どのようなことが読み取れますか。

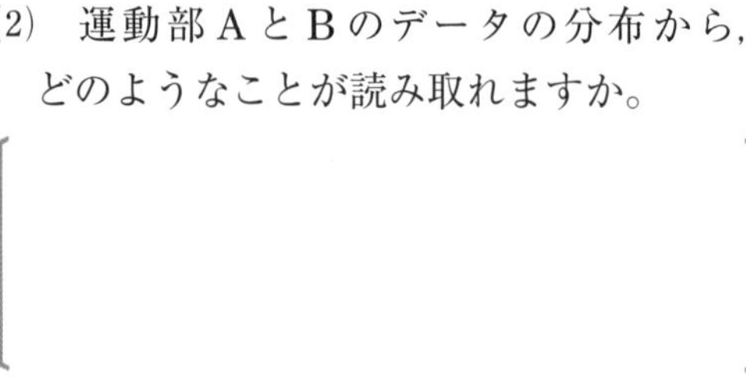

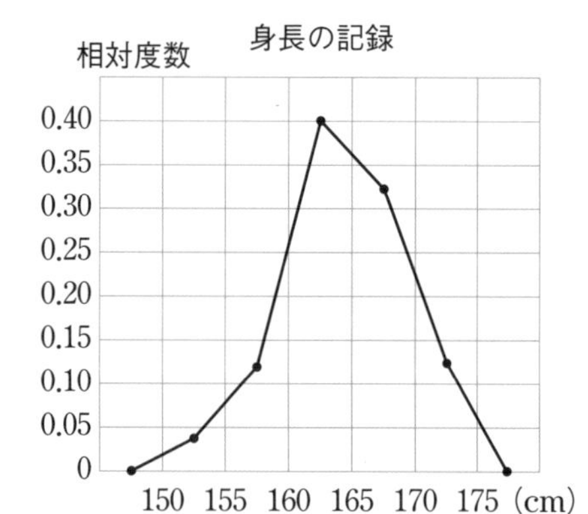

3 【代表値】

右のデータは，生徒 18 人の数学のテストの得点です。

✓よくでる 範囲（はんい）・平均値・中央値をそれぞれ求めなさい。

42	58	90	40	50	62
74	95	86	70	60	49
75	68	56	82	75	92（点）

範囲〔　　　　〕 平均値〔　　　　〕

中央値〔　　　　〕

4 【確率】

右の表は，ある画びょうを投げて上向きになった回数をまとめたものです。 ✓よくでる

投げた回数(回)	上向きになった回数(回)
1000	524
2000	1036
3000	1563

(1) 上向きになる相対度数は，どんな数に近づいていますか。小数第 2 位まで求めなさい。

〔　　　　〕

(2) 8000 回投げたとき，上向きになるのは何回と考えられますか。

〔　　　　〕

入試レベル問題に挑戦

5 【データの読み取り】

右の表は，A 中学校の生徒 39 人と B 中学校の生徒 100 人の通学時間を調べ，度数分布表に整理したものです。次の(1)〜(3)の問いに答えなさい。

〈岐阜県〉

通学時間(分)	A中学校(人)	B中学校(人)
以上　未満		
0 〜 5	0	4
5 〜 10	6	10
10 〜 15	7	16
15 〜 20	8	21
20 〜 25	9	18
25 〜 30	5	15
30 〜 35	4	10
35 〜 40	0	6
計	39	100

(1) A 中学校の通学時間の最頻値（さいひんち）を求めなさい。

〔　　　　〕

(2) B 中学校の通学時間が 15 分未満の生徒の相対度数を求めなさい。

〔　　　　〕

(3) 右の度数分布表について述べた文として正しいものを，次のア〜エの中からすべて選び，記号で書きなさい。

ア　A 中学校と B 中学校の，通学時間の最頻値は同じである。

イ　A 中学校と B 中学校の，通学時間の中央値は同じ階級にある。

ウ　A 中学校より B 中学校のほうが，通学時間が 15 分未満の生徒の相対度数が大きい。

エ　A 中学校より B 中学校のほうが，通学時間の範囲が大きい。

〔　　　　〕

ヒント

(2) 求める相対度数＝$\frac{\text{B 中学校の 0 分以上 15 分未満の生徒数}}{\text{B 中学校の生徒数}}$

定期テスト予想問題

時間 50分
解答 別冊p.48

得点 /100

1 右の表は，ある中学校の生徒40人のハンドボール投げのデータを度数分布表に整理したものです。次の問いに答えなさい。【5点×5】

ハンドボール投げの記録

階級(m)	度数(人)
以上　未満	
13 ～ 16	2
16 ～ 19	5
19 ～ 22	8
22 ～ 25	12
25 ～ 28	7
28 ～ 31	5
31 ～ 34	1
合　計	40

(1) 階級の幅(はば)は何mですか。

(2) 最頻値(さいひんち)を求めなさい。

(3) 25m以上28m未満の階級の累積(るいせき)度数を求めなさい。

(4) 19m以上22m未満の階級の累積相対度数を求めなさい。

(5) この度数分布表をヒストグラムに表し，度数折れ線もかき入れなさい。

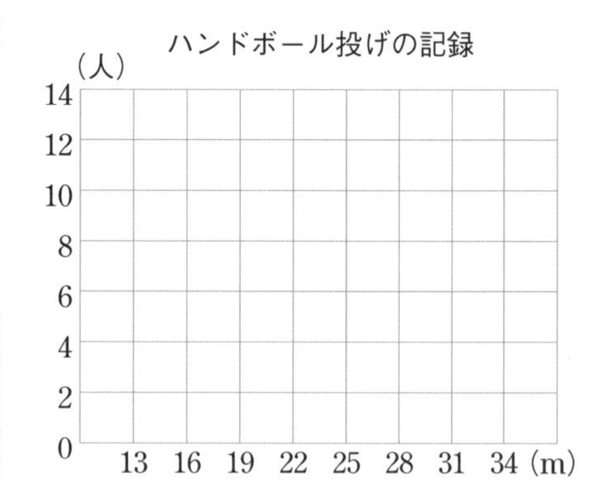

(1)		(2)	
(3)		(4)	

2 右の表は，中学1年生30人の握力(あくりょく)を調べ，その結果を表に整理したものです。【5点×6】

(1) 右の表の空らんア～オにあてはまる数を求めなさい。

(2) 中学1年生30人の握力の平均を求めなさい。

階級(kg)	階級値(kg)	度数(人)	階級値×度数
以上　未満			
20 ～ 25	22.5	1	22.5
25 ～ 30	27.5	4	エ
30 ～ 35	32.5	ウ	292.5
35 ～ 40	ア	8	300.0
40 ～ 45	42.5	5	212.5
45 ～ 50	イ	3	142.5
合　計		30	オ

(1)	ア…	イ…	ウ…	エ…	オ…
(2)					

3 右のデータは，あるクラスの生徒 20 人の腕立て（うでた）ふせの回数の記録です。平均値・中央値・最頻値をそれぞれ求めなさい。

12	6	4	11	6	7	4	10	7	6
5	9	6	8	5	3	11	7	6	9（回）

【6 点× 3】

平均値…	中央値…	最頻値…

4 右の表は，赤と白のボタンを投げて表と裏の出た回数をまとめたものです。どちらのほうが，表が出やすいといえますか。【6 点】

	表	裏	投げた回数
赤	632	368	1000
白	964	536	1500

次の(1)～(3)にあてはまるものを，ア～ウのヒストグラムから選びなさい。【7 点× 3】

(1) 中央値は平均値より小さく，最頻値より大きい。

(2) 平均値・中央値・最頻値がすべて近い値にある。

(3) 範囲がいちばん大きい。

ア

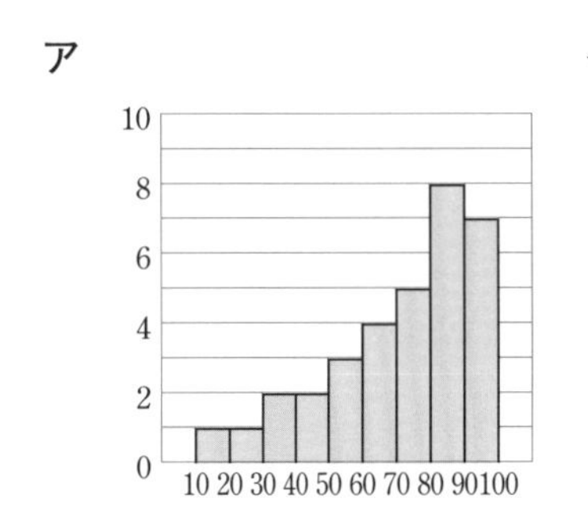

イ

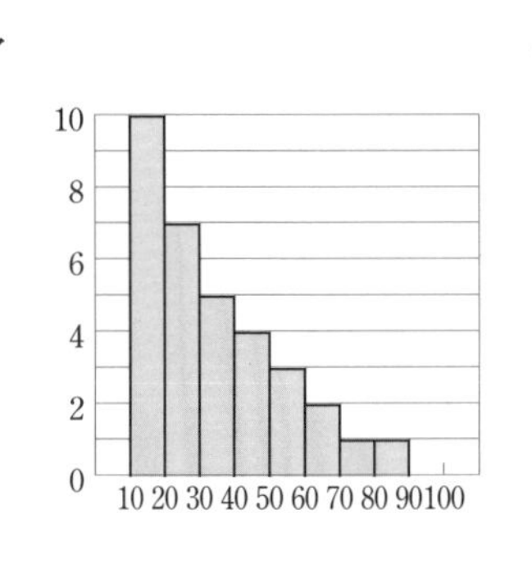

ウ

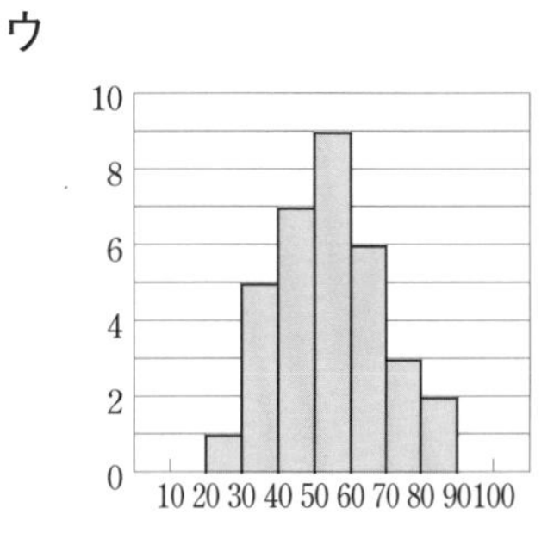

7章／データの活用

定期テスト予想問題

カバーイラスト	456
ブックデザイン	next door design（相京厚史，大岡喜直） 株式会社エデュデザイン
本文イラスト	加納徳博
編集協力	鈴木伊都子（SYNAPS）
データ作成	株式会社四国写研
製作	ニューコース製作委員会 （伊藤なつみ，宮崎純，阿部武志，石河真由子，小出貴也，野中綾乃，大野康平，澤田未来，中村円佳，渡辺純秀，相原沙弥，佐藤史弥，田中丸由季，中西亮太，髙橋桃子，松田こずえ，山下順子，山本希海，遠藤愛，松田勝利，小野優美，近藤想，辻田紗央子，中山敏治）

読者アンケートのお願い

本書に関するアンケートにご協力ください。右のコードか URL からアクセスし，アンケート番号を入力してご回答ください。ご協力いただいた方の中から抽選で「図書カードネットギフト」を贈呈いたします。

アンケート番号：305293
https://ieben.gakken.jp/qr/nc_mondai/

学研ニューコース問題集　中１数学

学研グループの書籍・雑誌についての新刊情報・詳細情報は，下記をご覧ください。
［学研出版サイト］ https://hon.gakken.jp/

この本は下記のように環境に配慮して製作しました。
●製版フィルムを使用しない CTP 方式で印刷しました。
●環境に配慮して作られた紙を使っています。

【学研ニューコース】

問題集

中1数学

［別冊］

解答と解説

● 解説がくわしいので，問題を解くカギやすじ道がしっかりつかめます。

● 特に誤りやすい問題には，「ミス対策」があり，注意点がよくわかります。

「解答と解説」は別冊になっています。
本冊と軽くのりづけされていますので，はずしてお使いください。

Gakken

1 正負の数の加法・減法

Step 1 基礎力チェック問題 (p.4-5)

1 (1) -10 (2) $+15$ (3) $+2.5$ (4) $-\frac{4}{5}$

解説 (1)(4) 0より小さい数(負の数)は，負の符号 $-$ をつけて表す。

(2)(3) 0より大きい数(正の数)は，正の符号 $+$ をつけて表す。

2 A…-6，B…$+4$

解説 数直線上の0(原点)からいくつ離れているかを読む。0より右にあれば正の数，0より左にあれば負の数になる。

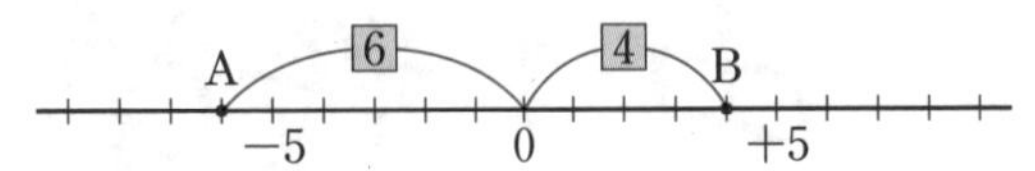

3 -5 km

解説 東を正の数で表すと，西は負の数で表せる。

4 (1) 3 (2) 8 (3) 23.7

解説 数直線上で，ある数に対応する点と原点との距離を絶対値という。

(1) 距離3 0 +3

絶対値は，正負の数から $+$，$-$ の符号をとりさったものとみるとよい。

5 (1) $>$ (2) $>$ (3) $>$ (4) $<$

解説 (1)(3) 正の数は負の数より大きい。

(2) -2 の絶対値は2，-8 の絶対値は8。負の数は，絶対値が大きいほど小さいから，$-2>-8$

(4) -5.5 の絶対値は5.5，-5.3 の絶対値は5.3で，$5.5>5.3$ だから，$-5.5<-5.3$

6 (1) -8 (2) $+7$ (3) $+4$ (4) $+2$ (5) 0 (6) -13

解説 同符号の2数の和は，絶対値の和に共通の符号をつける。

(1) $(-3)+(-5)=-(3+5)=-8$

(2) $(+4)+(+3)=+(4+3)=+7$

異符号の2数の和は，絶対値の差に絶対値の大きいほうの符号をつける。

(3) $(-2)+(+6)=+(6-2)=+4$

(4) $(+5)+(-3)=+(5-3)=+2$

絶対値が等しい異符号の2数の和は0である。

(5) $(-4)+(+4)=0$ ←0に符号はつけない

(6) $0+(-13)=-13$ ←0との和は，その数自身

7 (1) -2 (2) $+2$ (3) $+11$ (4) -12 (5) $+11$ (6) -8

解説 減法は，ひく数の符号を変えて加法に直して計算する。

(1) $(+2)-(+4)=(+2)+(-4)=-(4-2)=-2$

(2) $(-1)-(-3)=(-1)+(+3)=+(3-1)=+2$

(3) $(+6)-(-5)=(+6)+(+5)=+(6+5)=+11$

(4) $(-5)-(+7)=(-5)+(-7)=-(5+7)=-12$

(5) $0-(-11)=0+(+11)=+11$

(6) $(-8)-0=-8$

8 (1) 正の項…$+3$，$+7$，負の項…-5，-4

(2) 正の項…$+2$，$+6$，負の項…-9，-8

解説 (1) $(+3)-(+5)+(-4)-(-7)$
$=(+3)+(-5)+(-4)+(+7)$

(2) $-9+2+6-8$ は，4つの数 -9，$+2$，$+6$，-8 の和とみることができる。

Step 2 実力完成問題 (p.6-7)

1 (1) -2 kg (2) 5時間前の時刻

解説 (1) 増えることを $+$ で表すと，減ることは $-$ で表せる。

(2) 符号とことばを反対にすると，もとと同じ意味になる。

$-$5時間後 ⟶ $+$5時間前

2 ア 136 イ 150 ウ 149 エ -10 オ $+22$

解説 ア～ウは，150と目標とのちがいの和を求めればよい。エ，オは販売個数と150との差を求め，販売個数が150より多ければ $+$，少なければ $-$ をつけて表す。

3 (1) (数直線 -5 0 $+5$)

(2) -4.2 と $+4.2$，$+\frac{3}{5}$ と $-\frac{3}{5}$

(3) -3，-2，-1，0，$+1$，$+2$，$+3$

解説 (1) 0(原点)からの距離が7になる点は，$+7$ と -7 の2つある。

(2) 小数や分数でも，符号をとりさった数が等しいなら絶対値は等しい。

(3) 4未満には4はふくまれないので，絶対値が3，2，1，0になる数である。0を忘れないようにする。

4 (1) ① $-426<-422$ ② $-\frac{4}{5}<0<+1.5$

③ $-\frac{2}{3}<-0.6<0.2$

(2) -9.8，$-\frac{29}{9}$，-3.2，0，0.3，2.9

解説 (1) ①負の数は絶対値が大きいほど小さい。

② (負の数)<0<(正の数)

③負の数どうしで比べると，$\frac{2}{3}=2\div3=0.66\cdots$だから，$\frac{2}{3}>0.6$ より，$-\frac{2}{3}<-0.6$

②③

> **ミス対策** 3つ以上の数の大小を不等号を使って表すときは，不等号の向きをそろえる。
>
> ② $+1.5>-\frac{4}{5}<0$，③ $-0.6<0.2>-\frac{2}{3}$
>
> などとしない。

(2) まず，正の数，0，負の数に分け，次に正の数どうし，負の数どうしで大小を比べる。

正の数では，$0.3<2.9$，負の数では，$\frac{29}{9}=3.22\cdots$ だから $-9.8<-\frac{29}{9}<-3.2$ になる。

あとは，(負の数)<0<(正の数) となるように並べればよい。

5 (1) -12 (2) -2.5 (3) $-\frac{5}{4}$ (4) -11 (5) -1.5 (6) $+\frac{19}{20}$

解説 (1) $(-7)+(-5)=-(7+5)=-12$

(2) $(+4)+(-6.5)=-(6.5-4)=-2.5$

(3) $\left(-\frac{1}{2}\right)+\left(-\frac{3}{4}\right)=-\left(\frac{1}{2}+\frac{3}{4}\right)=-\left(\frac{2}{4}+\frac{3}{4}\right)=-\frac{5}{4}$

(4) $(-3)+0+(-8)=-(3+8)=-11$

(5) 3つ以上の数の和は，まず正の数どうしの和，負の数どうしの和を別々に求めて計算する。

$0.7+(-1.3)+(-0.9)=0.7+\{(-1.3)+(-0.9)\}$
$=0.7+\{-2.2\}=-(2.2-0.7)=-1.5$

(6) 小数を分数に直し，通分してから計算する。

$1.2+\left(-\frac{1}{4}\right)=\frac{12}{10}+\left(-\frac{1}{4}\right)=\frac{24}{20}+\left(-\frac{5}{20}\right)$
$=+\left(\frac{24}{20}-\frac{5}{20}\right)=+\frac{19}{20}$

別解 $\frac{1}{4}=1\div4=0.25$ だから，

$1.2+(-0.25)=+(1.2-0.25)=+0.95$

6 (1) -8 (2) $+11$ (3) -5.2 (4) $-\frac{2}{3}$ (5) $-\frac{3}{20}$ (6) $+\frac{67}{30}$

解説 (3) $(-1.9)-(+3.3)=(-1.9)+(-3.3)$
$=-(1.9+3.3)=-5.2$

(4) $0-\left(+\frac{2}{3}\right)=0+\left(-\frac{2}{3}\right)=-\frac{2}{3}$

(5) $\left(+\frac{1}{4}\right)-\left(+\frac{2}{5}\right)=\left(+\frac{1}{4}\right)+\left(-\frac{2}{5}\right)$
$=\left(+\frac{5}{20}\right)+\left(-\frac{8}{20}\right)=-\left(\frac{8}{20}-\frac{5}{20}\right)=-\frac{3}{20}$

(6) 小数を分数に直し，通分してから計算する。

$1.4-\left(-\frac{5}{6}\right)=\frac{14}{10}+\left(+\frac{5}{6}\right)=\frac{42}{30}+\left(+\frac{25}{30}\right)=+\frac{67}{30}$

7 (1) $+4$ (2) $+1$ (3) -6.9 (4) $-\frac{13}{12}$ (5) $+\frac{7}{5}$ (6) 0

解説 加減の混じった計算は，かっこのない式に直したあと，正の項と負の項を集めて，それぞれの和を求める。

(1) $(-5)+(+2)-(-7)=-5+2+7=-5+9=+4$

(2) $-8-(-6)+3=-8+6+3=-8+9=+1$

(3) $-2.8+3.2-7.3=3.2-2.8-7.3=3.2-10.1$
$=-6.9$

(4) $\left(-\frac{1}{3}\right)-\frac{1}{4}+\left(-\frac{1}{2}\right)=-\frac{4}{12}-\frac{3}{12}-\frac{6}{12}=-\frac{13}{12}$

(5) $-\frac{2}{5}+0.3-\left(-\frac{3}{2}\right)=-\frac{4}{10}+\frac{3}{10}+\frac{15}{10}$
$=-\frac{4}{10}+\frac{18}{10}=+\frac{14}{10}=+\frac{7}{5}$

(6) $12-26+18-4=12+18-26-4=30-30=0$

8 (1) 6.2 (2) $\frac{23}{24}$

解説 (1) $-1.25-(-9.5)+\left(-\frac{3}{4}\right)-1.3$
$=-1.25+9.5-0.75-1.3=9.5-3.3=6.2$

(2) $-\frac{2}{3}+0.3+\frac{5}{8}+0.7=0.3+0.7-\frac{2}{3}+\frac{5}{8}$
$=1-\frac{16}{24}+\frac{15}{24}=1-\frac{1}{24}=\frac{23}{24}$

答えの＋の符号は，はぶくことができる。

2 正負の数の乗法・除法

Step 1 基礎力チェック問題 (p.8-9)

1 (1) 20 (2) -18 (3) -16 (4) -16 (5) -0.8 (6) 0.06 (7) -6 (8) $-\frac{1}{4}$ (9) 0 (10) $\frac{2}{7}$

解説 同符号の2数の積は，絶対値の積に＋の符号をつける。また，異符号の2数の積は，絶対値の積に－の符号をつける。

(1) $(+4)\times(+5)=+(4\times5)=20$

(2) $(+3)\times(-6)=-(3\times6)=-18$

(3) $(-2)\times(+8)=-(2\times8)=-16$

(4) $(-4)\times(+4)=-(4\times4)=-16$

(5) $(-0.4)\times(+2)=-(0.4\times2)=-0.8$

(6) $(-0.3)\times(-0.2)=+(0.3\times0.2)=0.06$

(7) $(+4)\times\left(-\frac{3}{2}\right)=-\left(4\times\frac{3}{2}\right)=-6$

(8) $\left(-\frac{3}{4}\right)\times\left(+\frac{1}{3}\right)=-\left(\frac{3}{4}\times\frac{1}{3}\right)=-\frac{1}{4}$

(9) $(-9)\times0=0$ ←0との積はいつも0

(10) -1との積を求めることは，その数の符号を変えることと同じ。

$\left(-\frac{2}{7}\right)\times(-1)=\frac{2}{7}$

2 (1) (順に)＋，3，5，30

(2) (順に)－，4，1，－12

解説 積の符号は，負の数が偶数個あれば＋に，奇数個あれば－になる。

(1) 負の数は2個(偶数)だから，符号は＋

(2) 負の数は3個(奇数)だから，符号は－

3 (1) 16　(2) －25　(3) －8　(4) 36

解説 累乗の指数から，何を何個かけ合わせればよいかを考える。

(1) $(-4)^2=(-4)\times(-4)=16$

(2) $-5^2=-(5\times5)=-25$

(3) $(-2)^3=(-2)\times(-2)\times(-2)=-(2\times2\times2)=-8$

負の数が奇数個なので，積の符号は－

(4) $(2\times3)^2=6^2=6\times6=36$

4 (1) $-\frac{1}{7}$　(2) 5　(3) $-\frac{5}{2}$

解説 2つの数の積が1のとき，一方の数を他方の数の逆数という。符号はそのままで分母・分子を入れかえればよい。

(1) $-7=-\frac{7}{1}$ より，$-\frac{7}{1}$ の逆数は $-\frac{1}{7}$

(2) $\frac{1}{5}$ の逆数は，5

(3) $-0.4=-\frac{4}{10}=-\frac{2}{5}$ より，$-\frac{2}{5}$ の逆数は $-\frac{5}{2}$

5 (1) 4　(2) －2　(3) －9　(4) －3　(5) 5　(6) －9

(7) $-\frac{3}{2}$　(8) 0

解説 同符号の2数の商は，絶対値の商に ＋ の符号をつける。また，異符号の2数の商は，絶対値の商に － の符号をつける。

(1) $(+12)\div(+3)=+(12\div3)=4$

(2) $(-16)\div(+8)=-(16\div8)=-2$

(5) $(-2)\div(-0.4)=+(2\div0.4)=5$

分数をふくむ除法は，わる数を逆数にしてかける。

(6) $6\div\left(-\frac{2}{3}\right)=-\left(6\times\frac{3}{2}\right)=-9$

(7) $\left(-\frac{2}{3}\right)\div\left(+\frac{4}{9}\right)=-\left(\frac{2}{3}\times\frac{9}{4}\right)=-\frac{3}{2}$

(8) $0\div(-5)=0$ ←0を0以外のどんな数でわっても商は0

6 (1) 2　(2) －28　(3) 75　(4) $\frac{5}{8}$

解説 乗除の混じった計算は，わる数の逆数をかけて，まず乗法だけの式に直してから計算する。

(1) $(-3)\div(-6)\times(+4)=(-3)\times\left(-\frac{1}{6}\right)\times(+4)$

$=+\left(3\times\frac{1}{6}\times4\right)=2$

(2) $12\times(-7)\div3=12\times(-7)\times\frac{1}{3}$

$=-\left(12\times7\times\frac{1}{3}\right)=-28$

(3) $(-15)\div\frac{3}{5}\times(-3)=+\left(15\times\frac{5}{3}\times3\right)=75$

(4) $\frac{3}{4}\times\left(-\frac{2}{3}\right)\div\left(-\frac{4}{5}\right)=+\left(\frac{3}{4}\times\frac{2}{3}\times\frac{5}{4}\right)=\frac{5}{8}$

Step 2 実力完成問題 (p.10-11)

1 (1) 84　(2) －72　(3) －72　(4) 80　(5) 1.8

(6) －24　(7) $\frac{3}{2}$　(8) －60　(9) $-\frac{1}{4}$　(10) $\frac{5}{6}$

解説 まず，積の符号を決めてから，絶対値の計算をする。

(1) $(-7)\times(-12)=+(7\times12)=84$

(2) $-18\times(+4)=-(18\times4)=-72$

(3) $9\times(-8)=-(9\times8)=-72$

(4) $-16\times(-5)=+(16\times5)=80$

(5) $-1.2\times(-1.5)=+(1.2\times1.5)=1.8$

(6) $-0.8\times30=-(0.8\times30)=-24$

(7) $-\frac{2}{5}\times\left(-\frac{15}{4}\right)=+\left(\frac{2}{5}\times\frac{15}{4}\right)=\frac{3}{2}$

(8) $(-5)\times(-2)\times(-6)=-(5\times2\times6)=-60$

(9) $0.4\times\left(-\frac{5}{8}\right)=-\left(\frac{4}{10}\times\frac{5}{8}\right)=-\frac{1}{4}$

ミス対策 小数を分数に直して計算する。

(10) $(-0.25)\times\frac{5}{6}\times(-4)=+\left(\frac{25}{100}\times\frac{5}{6}\times4\right)=\frac{5}{6}$

別解 $(-0.25)\times(-4)=1$ だから，交換法則を利用すると，

$(-0.25)\times\frac{5}{6}\times(-4)=(-0.25)\times(-4)\times\frac{5}{6}$

$=1\times\frac{5}{6}=\frac{5}{6}$

2 (1) 6　(2) 4　(3) −8　(4) −4　(5) 16　(6) −0.3

(7) $\frac{3}{2}$　(8) $-\frac{32}{5}$

解説 (1) $(+18)\div(+3)=+(18\div3)=6$

(2) $(-28)\div(-7)=+(28\div7)=4$

(3) $(-32)\div4=-(32\div4)=-8$

(4) $20\div(-5)=-(20\div5)=-4$

(5) $-12\div\left(-\frac{3}{4}\right)=-12\times\left(-\frac{4}{3}\right)=+\left(12\times\frac{4}{3}\right)=16$

> ミス対策　わる数が分数のときは，わる数を逆数にしてかける。

(6) $-1.8\div6=-(1.8\div6)=-0.3$

(7) $-\frac{5}{8}\div\left(-\frac{5}{12}\right)=-\frac{5}{8}\times\left(-\frac{12}{5}\right)=+\left(\frac{5}{8}\times\frac{12}{5}\right)=\frac{3}{2}$

(8) 小数を分数に直し，わる数を逆数にしてかける。

$2.4\div\left(-\frac{3}{8}\right)=\frac{24}{10}\times\left(-\frac{8}{3}\right)=-\left(\frac{24}{10}\times\frac{8}{3}\right)=-\frac{32}{5}$

3 (1) $\frac{15}{2}$　(2) −32　(3) $\frac{1}{5}$　(4) −3　(5) 5　(6) 3

(7) 108　(8) 24　(9) $\frac{6}{5}$　(10) $\frac{4}{3}$

解説 (1) $-5\div(-6)\times9=-5\times\left(-\frac{1}{6}\right)\times9$

$=+\left(5\times\frac{1}{6}\times9\right)=\frac{15}{2}$

(2) $24\times(-4)\div3=24\times(-4)\times\frac{1}{3}$

$=-\left(24\times4\times\frac{1}{3}\right)=-32$

(3) $-\frac{4}{3}\div4\times\left(-\frac{3}{5}\right)=-\frac{4}{3}\times\frac{1}{4}\times\left(-\frac{3}{5}\right)$

$=+\left(\frac{4}{3}\times\frac{1}{4}\times\frac{3}{5}\right)=\frac{1}{5}$

(4) $-2\times(-3)^2\div6=-2\times9\times\frac{1}{6}$

$=-\left(2\times9\times\frac{1}{6}\right)=-3$

(5) $(-4)\div6\times15\div(-2)=(-4)\times\frac{1}{6}\times15\times\left(-\frac{1}{2}\right)$

$=+\left(4\times\frac{1}{6}\times15\times\frac{1}{2}\right)=5$

> ミス対策　乗法だけの式なら，順序や組み合わせを変えて計算することができるが，乗除の混じった式ではできない。
> $(-4)\div6\times15\div(-2)=(-4)\div\cancel{90}\div(-2)$

(6) $24\div(-2)\div(-16)\times4=24\times\left(-\frac{1}{2}\right)\times\left(-\frac{1}{16}\right)\times4$

$=+\left(24\times\frac{1}{2}\times\frac{1}{16}\times4\right)=3$

(7) $(-3^2)\times(-2)^2\div\left(-\frac{1}{3}\right)=(-9)\times4\times(-3)$

$=+(9\times4\times3)=108$

(8) $-2^4\div\left(-\frac{2}{3}\right)=-16\times\left(-\frac{3}{2}\right)=+\left(16\times\frac{3}{2}\right)=24$

(9) $8\times\left(-\frac{3}{2}\right)^2\div15=8\times\frac{9}{4}\times\frac{1}{15}=\frac{6}{5}$

> ミス対策　$\left(-\frac{3}{2}\right)^2=\cancel{-\frac{3}{2}\times\frac{3}{2}}$ としないように。
> $\left(-\frac{3}{2}\right)^2=\left(-\frac{3}{2}\right)\times\left(-\frac{3}{2}\right)=+\left(\frac{3}{2}\times\frac{3}{2}\right)=\frac{9}{4}$

(10) わる数を逆数にして，乗法に直す。

$\left(-\frac{3}{7}\right)\div\frac{2}{7}\times\left(-\frac{8}{9}\right)=\left(-\frac{3}{7}\right)\times\frac{7}{2}\times\left(-\frac{8}{9}\right)$

$=+\left(\frac{3}{7}\times\frac{7}{2}\times\frac{8}{9}\right)=\frac{4}{3}$

4 (1) −576　(2) $-\frac{15}{8}$　(3) $-\frac{3}{8}$　(4) $\frac{54}{5}$

解説 (1) $-4^2\times(-3\times2)^2=-16\times(-6)^2$

$=-16\times36=-576$

(2) 除法は乗法に直し，積の符号を決める。0.8 は $\frac{8}{10}$

$\left(-\frac{3}{4}\right)\div(-0.8)\div\left(-\frac{1}{2}\right)=\left(-\frac{3}{4}\right)\times\left(-\frac{10}{8}\right)\times(-2)$

$=-\left(\frac{3}{4}\times\frac{10}{8}\times2\right)=-\frac{15}{8}$

(3) $\frac{9}{26}\div\left(-\frac{3}{13}\right)\times\left(-\frac{1}{2}\right)^2=\frac{9}{26}\times\left(-\frac{13}{3}\right)\times\frac{1}{4}$

$=-\left(\frac{9}{26}\times\frac{13}{3}\times\frac{1}{4}\right)=-\frac{3}{8}$

(4) $\left(-\frac{8}{15}\right)\times\frac{3}{4}\div\left(-\frac{1}{3}\right)^3=\left(-\frac{8}{15}\right)\times\frac{3}{4}\div\left(-\frac{1}{27}\right)$

$=+\left(\frac{8}{15}\times\frac{3}{4}\times27\right)=\frac{54}{5}$

3　いろいろな計算

Step 1　基礎力チェック問題　(p.12-13)

1 (1) −2　(2) −3　(3) −10　(4) 7　(5) −13　(6) −5

解説 まず乗除，次に加減を計算する。

(1) $6+\underline{2\times(-4)}=6+(-8)=6-8=-2$

(2) $-10-\underline{(-21)\div3}=-10-(-7)=-10+7=-3$

(3) $\underline{(-3)\times5}-\underline{20\div(-4)}=(-15)-(-5)=-15+5$

$=-10$

(4) $-9-\underline{(-4)\times4}=-9-(-16)=-9+16=7$

(5) $\underline{5\times(-2)}+\underline{(-18)\div6}=-10+(-3)=-10-3$

$=-13$

(6) $-3+\underline{6\times(-3)\div9}=-3+\underline{(-18)\div9}=-3+(-2)$

$=-3-2=-5$

2 (1) -4　(2) -3　(3) 4　(4) 2　(5) 13　(6) -8
(7) 2　(8) -17　(9) 13　(10) 3.14

解説 累乗・かっこの中 ➡ 乗除 ➡ 加減 の順に計算。

(1) $2\times(3-5)=2\times(-2)=-4$

(2) $(16-7)\div(-3)=9\div(-3)=-3$

(3) $-2\times(2-14)\div6=-2\times(-12)\div6=24\div6=4$

(4) $12\div(4-7)\div(-2)=12\div(-3)\div(-2)$
$=-4\div(-2)=2$

(5) $(-4)^2-9\div3=16-9\div3=16-3=13$

(6) $(-2)^2+3\times(-2^2)=4+3\times(-4)=4+(-12)$
$=4-12=-8$

(7) $11-(3-6)^2=11-(-3)^2=11-9=2$

(8) $1-3^2\times(5-3)=1-9\times2=1-18=-17$

(9) 分配法則 $(a+b)\times c=a\times c+b\times c$ を利用して計算する。

$\left(\frac{2}{3}+\frac{1}{5}\right)\times15=\frac{2}{3}\times15+\frac{1}{5}\times15=10+3=13$

(10) $3.14\times1.21-3.14\times0.21=3.14\times(1.21-0.21)$
$=3.14\times1=3.14$

3 ア，イ，ウ

解説 整数÷整数は，たとえば $1\div3=0.33\cdots$ のように整数にならない場合がある。

4 (1) 5，41，53　(2) ア…2　イ…13

解説 (1) 1 とその数だけしか約数がない数をさがす。

(2) 104 を素因数分解すると，
$104=2\times2\times2\times13=2^3\times13$

Step 2 実力完成問題 (p.14-15)

1 (1) 6　(2) -7　(3) -10　(4) -8　(5) 14　(6) -16

解説 乗除 ➡ 加減 の順に計算。

(1) $(-3)\times2-4\times(-3)=-6-(-12)=-6+12=6$

(2) $(-2)\times5+9\div3=-10+3=-7$

(3) $(-2)\times3+20\div(-5)=-6+(-4)=-6-4=-10$

(4) $-11-1.8\div(-0.6)=-11-(-3)=-11+3=-8$

(5) $15-4\times(-2)-9=15-(-8)-9=15+8-9=14$

(6) $-4\times7-18\div3\times(-2)=-28-6\times(-2)$
$=-28-(-12)=-28+12=-16$

2 (1) 2　(2) 16　(3) -2　(4) 26　(5) 22　(6) -11
(7) 14　(8) 0

解説 累乗・かっこの中 ➡ 乗除 ➡ 加減の順に計算。

(1) $(8-11)\times2+8=(-3)\times2+8=-6+8=2$

(2) $8-(21-17)\div\left(-\frac{1}{2}\right)=8-4\times(-2)$
$=8-(-8)=8+8=16$

(3) ミス対策 計算は（　）の中 ➡｛　｝の中の順。

$-4-\{12\div(4-7)+2\}=-4-\{12\div(-3)+2\}$
$=-4-\{(-4)+2\}=-4-(-2)=-4+2=-2$

(4) $2-\{(3-6)\times4-12\}=2-\{(-3)\times4-12\}$
$=2-\{-12-12\}=2-(-24)=2+24=26$

(5) $(-6)^2\div9-2\times(-3^2)=36\div9-2\times(-9)$
$=4-(-18)=4+18=22$

(6) $(-4)-\{(-2)^3+15\}=-4-\{-8+15\}$
$=-4-7=-11$

(7) $(-3)^2+5\times(2-3)^2=9+5\times(-1)^2$
$=9+5\times1=9+5=14$

(8) $\frac{1}{6}+3\times\left(-\frac{1}{3}\right)^2-\frac{1}{2}=\frac{1}{6}+3\times\frac{1}{9}-\frac{1}{2}$
$=\frac{1}{6}+\frac{1}{3}-\frac{1}{2}=\frac{1}{6}+\frac{2}{6}-\frac{3}{6}=0$

3 (1) -7　(2) 1.2

解説 (1) $\left(\frac{1}{6}-\frac{3}{4}\right)\times12=\frac{1}{6}\times12+\left(-\frac{3}{4}\right)\times12$
$=2-9=-7$

別解 $(a-b)\times c=a\times c-b\times c$ を利用して，
$\left(\frac{1}{6}-\frac{3}{4}\right)\times12=\frac{1}{6}\times12-\frac{3}{4}\times12=2-9=-7$

(2) $0.23\times1.2+0.77\times1.2=(0.23+0.77)\times1.2$
$=1\times1.2=1.2$

4 (1) **正しい。**
(2) **正しくない。(例)** $5+(-3)=2$

解説 (2) 一方が自然数，他方が負の整数のときも，和が自然数になる場合がある。

5 (1) $14=2\times7$　(2) $96=2^5\times3$　(3) $189=3^3\times7$
(4) $324=2^2\times3^4$

解説 商が素数になるまで，わりきれる素数で順にわっていく。

6 (1) -1.5　(2) 20.5 ℃

解説 (1) 木曜日の最高気温が前日の最高気温より 6 ℃低いことから，木曜日の基準との差は，
$+4.5-6=-1.5$

(2) 木曜日の A らんが 18.5，B らんが(1)より，-1.5 であることから，基準としている数は
$18.5+1.5=20$(℃) である。

よって，表の空らんをうめると下のようになる。

	日	月	火	水	木	金	土
A	19	19.5	22.5	24.5	18.5	19.5	20
B	-1	-0.5	$+2.5$	$+4.5$	-1.5	-0.5	0

A らんと B らんのどちらかの空らんをうめれば，答えを求めることができる。

Bらんより，基準との差の平均は，

$\{(-1)+(-0.5)+(+2.5)+(+4.5)+(-1.5)$

$+(-0.5)+0\}\div 7=3.5\div 7=0.5$

したがって，最高気温の平均は $20+0.5=20.5$(℃)

別解 Aらんより，最高気温の平均は，

$(19+19.5+22.5+24.5+18.5+19.5+20)\div 7$

$=143.5\div 7=20.5$(℃)

7 (1) $\frac{9}{10}$ (2) 2

解説 計算順序に注意して，分数でわる計算は，わる数を逆数にして乗法に直す。

(1) $\left\{1-\frac{2}{3}\times\left(\frac{1}{4}-1\right)\right\}^2\div\frac{5}{2}$

$=\left\{1-\frac{2}{3}\times\left(-\frac{3}{4}\right)\right\}^2\div\frac{5}{2}$

$=\left\{1-\left(-\frac{1}{2}\right)\right\}^2\div\frac{5}{2}$

$=\left(\frac{3}{2}\right)^2\div\frac{5}{2}=\frac{9}{4}\times\frac{2}{5}=\frac{9}{10}$

(2) $\left(\frac{3}{4}-\frac{5}{6}\right)\div(-0.5)^3+0.8\times\frac{5}{3}$

$=\left(\frac{9}{12}-\frac{10}{12}\right)\div\left(-\frac{1}{2}\right)^3+\frac{8}{10}\times\frac{5}{3}$

$=\left(-\frac{1}{12}\right)\div\left(-\frac{1}{8}\right)+\frac{4}{3}$

$=\frac{1}{12}\times 8+\frac{4}{3}$

$=\frac{2}{3}+\frac{4}{3}=2$

定期テスト予想問題 ① (p.16-17)

1 A…-3 B…-1.5 C…0.5 D…4

解説 0(原点)からいくつ離れているかを読む。小さいめもりは0.5を表している。点Bを -2.5 とまちがえやすいので注意する。

2 (1) $+9>-8$ (2) $-\frac{1}{4}<-\frac{1}{5}$

(3) $-2.3<-1.8<0$ (4) $-\frac{3}{4}<-0.7<-\frac{5}{8}$

解説 (負の数)<0<(正の数)であり，負の数は絶対値が大きいほど小さい。

(2) $\frac{1}{4}=\frac{5}{20}$，$\frac{1}{5}=\frac{4}{20}$ より，$\frac{1}{4}>\frac{1}{5}$ → $-\frac{1}{4}<-\frac{1}{5}$

(3) 絶対値は $2.3>1.8$ だから，$-2.3<-1.8$

(4) 3つ以上の数の大小を表すとき，不等号の向きはそろえる。~~$-\frac{3}{4}<-\frac{5}{8}>-0.7$~~ などとしないように注意する。

3 (1) $-\frac{1}{3}$ (2) 9個

解説 (1) $-\frac{1}{3}=-0.33\cdots$ →絶対値は $0.33\cdots$ だから0.3より大きい。

(2) -4，-3，-2，-1，0，1，2，3，4の9個。「5より小さい」から，-5 と5は入らない。また，0を忘れないようにする。

4 札幌…-9.5℃，鹿児島…$+8.5$℃

解説 基準は東京の15℃だから，15℃より高いと＋，低いと－になる。

札幌…$15-5.5=9.5$(℃) → -9.5℃

鹿児島…$23.5-15=8.5$(℃) → $+8.5$℃

5 (1) 24 (2) -30 (3) -0.4 (4) $-\frac{3}{4}$ (5) 3

(6) -6 (7) 45 (8) 0.8 (9) $-\frac{3}{5}$ (10) 54

(11) $\frac{4}{3}$ (12) $-\frac{1}{4}$

解説 (1) $-8+32=+(32-8)=24$

(2) $-15-(+15)=-15+(-15)=-(15+15)$

$=-30$

(3) $-2.6-(-2.2)=-2.6+2.2=-(2.6-2.2)=-0.4$

(4) $-\frac{5}{12}+\left(-\frac{1}{3}\right)=-\left(\frac{5}{12}+\frac{4}{12}\right)=-\frac{9}{12}=-\frac{3}{4}$

加減の混じった計算は，( )のない式に直して，正の項どうしの和，負の項どうしの和を別々に求めるとよい。

(5) $-2-(-13)+(-7)-1=-2+13-7-1$

$=-2-7-1+13=-10+13=3$

(6) $4+8-16-5+3=4+8+3-16-5$

$=15-21=-6$

同符号の2数の積や商の符号は ＋，異符号の2数の積や商の符号は － になる。

(7) $(-5)\times(-9)=+(5\times 9)=45$

(8) $(-2.4)\div(-3)=+(2.4\div 3)=0.8$

(9) $\frac{9}{20}\div\left(-\frac{3}{4}\right)=\frac{9}{20}\times\left(-\frac{4}{3}\right)=-\left(\frac{9}{20}\times\frac{4}{3}\right)=-\frac{3}{5}$

(10) 累乗 ➡ 乗除の順に計算。

$(-3^3)\times(-2)=(-27)\times(-2)=54$

(11) $5\div(-45)\times(-12)=5\times\left(-\frac{1}{45}\right)\times(-12)$

$=+\left(5\times\frac{1}{45}\times 12\right)=\frac{4}{3}$

(12) $(-2)^2\times(-1)\div(-4)^2=4\times(-1)\div 16$

$=4\times(-1)\times\frac{1}{16}=-\left(4\times 1\times\frac{1}{16}\right)=-\frac{1}{4}$

6 (1) 18　(2) 12　(3) -15　(4) -2

解説 かっこの中・累乗 ➡ 乗除 ➡ 加減の順に計算。

(1) $(-2)\times3-(-15+9)\times4=-6-(-6)\times4$

$=-6-(-24)=-6+24=18$

(2) $4^2-(-2)^2=16-4=12$

(3) $(-3)^2+(-2)^3\times3=9+(-8)\times3=9+(-24)$

$=9-24=-15$

(4) 分配法則を利用する。

$60\times\left(\frac{4}{5}-\frac{5}{6}\right)=60\times\frac{4}{5}-60\times\frac{5}{6}=48-50=-2$

7 (1) イ　(2) ア　(3) ウ　(4) ア

解説 -200 は負の整数，0.25 は小数，1200 は自然数，$-\frac{15}{7}$ は分数である。

8 (1) $30=2\times3\times5$　(2) $105=3\times5\times7$

(3) $180=2^2\times3^2\times5$　(4) $273=3\times7\times13$

解説 (3) 同じ素数がいくつかかけ合わされている場合は，指数を使って表す。

定期テスト予想問題 ②　(p.18-19)

1 (1) -8，0，2　(2) 2　(3) $\frac{7}{2}$　(4) -8　(5) -8

(6) 0

解説 $\frac{7}{2}=3.5$，$-\frac{7}{3}=-2.33\cdots$ から，これらの数を小さい順に並べると，

-8，$-\frac{7}{3}$，-0.5，0，1.2，2，$\frac{7}{2}$

2 (1) 6　(2) 12.6　(3) $-\frac{5}{2}$　(4) $\frac{32}{3}$　(5) 18

(6) -55　(7) -10　(8) -7　(9) -1　(10) -8.9

(11) 17　(12) $-\frac{21}{13}$

解説 (1) $-5+8-(-3)=-5+8+3=6$

(2) $0-(-12.6)=0+(+12.6)=12.6$

$0+(-12.6)=-12.6$ と混同しない。

$0-$(ある数)$=$(ある数の符号を変えた数)になる。

(3) $\left(-\frac{3}{5}\right)\div\frac{6}{25}=\left(-\frac{3}{5}\right)\times\frac{25}{6}=-\left(\frac{3}{5}\times\frac{25}{6}\right)=-\frac{5}{2}$

(4) $24\div(-9)\times(-4)=24\times\left(-\frac{1}{9}\right)\times(-4)$

$=+\left(24\times\frac{1}{9}\times4\right)=\frac{32}{3}$

(5) $6-3\times(-4)=6-(-12)=6+12=18$

(6) $-7^2+48\div(-8)=-49+48\times\left(-\frac{1}{8}\right)$

$=-49+(-6)=-49-6=-55$

(7) $(-2)\times(-10+15)=(-2)\times5=-10$

(8) $(-4)\times3\div(-6)-9=(-12)\div(-6)-9$

$=2-9=-7$

(9) $-\frac{5}{8}-\left(-\frac{1}{4}\right)^2\times6=-\frac{5}{8}-\frac{1}{16}\times6=-\frac{5}{8}-\frac{3}{8}$

$=-1$

(10) $-5.9+3\times(-0.2)-2.4=-5.9+(-0.6)-2.4$

$=-5.9-0.6-2.4=-8.9$

(11) $\left(\frac{6}{7}-\frac{9}{2}\right)\times\left(-\frac{14}{3}\right)=\frac{6}{7}\times\left(-\frac{14}{3}\right)-\frac{9}{2}\times\left(-\frac{14}{3}\right)$

$=-\left(\frac{6}{7}\times\frac{14}{3}\right)+\left(\frac{9}{2}\times\frac{14}{3}\right)=-4+21=17$

(12) $-\frac{25}{13}\times\frac{3}{2}-\left(-\frac{11}{13}\right)\div\frac{2}{3}=-\frac{25}{13}\times\frac{3}{2}-\left(-\frac{11}{13}\right)\times\frac{3}{2}$

$=\left(-\frac{25}{13}+\frac{11}{13}\right)\times\frac{3}{2}=\left(-\frac{14}{13}\right)\times\frac{3}{2}=-\frac{21}{13}$

3 (1) 1250 個　(2) 370 個　(3) 1045 個

解説 (1) $1000+250=1250$(個)

(2) いちばん多いのは月曜日でいちばん少ないのは金曜日だから，$250-(-120)=250+120=370$(個)

別解 $1250-(1000-120)=1250-880=370$(個)

(3) (平均)$=$(基準量)$+$(基準量との差の平均)を利用する。

$(250-45+10+130-120)\div5=225\div5=45$

$1000+45=1045$(個)

4 (1) 例…$2-5=-3$　(2) ○　(3) ○

(4) 例…$1\div3=\frac{1}{3}$

解説 (1) 負の整数になることもあるので正しくない。

(4) 分数や小数になることもあるので正しくない。

5 7

解説 252 を素因数分解すると，$252=2^2\times3^2\times7$

したがって，これに 7 をかけると，

$(2^2\times3^2\times7)\times7=2^2\times3^2\times7^2=(2\times3\times7)^2$

6 $+4$

解説 ルールにしたがって，コマを移動させる。

コマ　0 ➡(3 奇数) -1 ➡(6 偶数) $+1$ ➡(1 奇数) 0 ➡(4 偶数) $+2$ ➡(2 偶数) $+4$

（-1，$+2$，-1，$+2$，$+2$）

式で表すと

$(-1)+(+2)+(-1)+(+2)+(+2)=+4$

したがって，コマは $+4$ の位置にある。

【2章】文字と式

1 文字を使った式と式の値

Step 1 基礎力チェック問題 (P.20-21)

1 (1) ax (2) $-2a$

(3) $-pq$ (4) $4(a+3)$

(5) x^3 (6) a^2b^2

(7) $\frac{x}{3}\left(\frac{1}{3}x\right)$ (8) $-\frac{2}{a}$

(9) $\frac{a+2}{3}\left(\frac{1}{3}(a+2)\right)$ (10) $\frac{ab}{4}\left(\frac{1}{4}ab\right)$

解説 (1) $x\times a=ax$ ← 記号 × をはぶく

(2) 数は文字の前に書き，負の数のかっこははぶく。

$a\times(-2)=(-2)a=-2a$

(3)文字は，ふつうアルファベット順に書く。1や-1との積では，1をはぶいて表す。

$q\times p\times(-1)=(-1)pq=-pq$

(4) $(a+3)\times 4=4(a+3)$ ← かっこのついた式はひとまとまりと考える

(5) $x\times x\times x=x^3$ ← 同じ文字の積は，累乗の指数を使う

$x\times x\times x=3x$ ではない。

(6) $a\times b\times a\times b=\underset{aが2個}{a\times a}\times\underset{bが2個}{b\times b}=a^2b^2$

(7) $x\div 3=\frac{x}{3}$ ← 記号 ÷ を使わずに，分数の形

$x\div 3=x\times\frac{1}{3}$ だから，$\frac{x}{3}$ を $\frac{1}{3}x$ と表してもよい。

(8) $(-2)\div a=\frac{-2}{a}=-\frac{2}{a}$ ← − は分数の前に書く

(9) $(a+2)\div 3=\frac{a+2}{3}$ ← 分子のかっこははぶく

(10) $a\div 4\times b=\frac{a}{4}\times b=\frac{ab}{4}$ ← 左から順に × や ÷ の記号をはぶいていく

×を先にはぶいて，$a\div 4b=\frac{a}{4b}$ としてはまちがい。必ず左から順に×や÷をはぶいていくこと。

2 (1) $-2x+y$ (2) $2a-b$

(3) $3x^2-x$ (4) $\frac{m}{2}+5n$

解説 文字式では，×と÷の記号をはぶいて表すが，+や−の記号ははぶけない。

(1) $x\times(-2)+y=-2x+y$

(2) $a\times 2-b=2a-b$

(3) $3\times x\times x-x=3x^2-x$

(4) $m\div 2+n\times 5=\frac{m}{2}+5n$

3 (1) $90x+120y$(円) (2) $2x+3y$ (3) $\frac{a}{8}$ 時間

(4) $\frac{3}{100}m$ 人 (5) $\frac{4}{5}a$ 円 (6) $7n$

解説 ことばの式に文字や数をあてはめ，×や÷の記号をはぶいて表す。

(1) 鉛筆の代金は，$90\times x=90x$(円)

消しゴムの代金は，$120\times y=120y$(円)

代金の合計は，$90x+120y$(円)

(2) x の2倍 → $x\times 2=2x$，y の3倍 → $y\times 3=3y$ と表されるから，和は $2x+3y$

(3) 時間＝道のり÷速さ　だから，$a\div 8=\frac{a}{8}$(時間)

(4) 3%は $\frac{3}{100}$ だから，m 人の3%は，$\frac{3}{100}m$ 人

別解 3%は0.03だから，$0.03m$ 人でもよい。

(5) 8割は $\frac{8}{10}=\frac{4}{5}$ だから，a 円の8割は，

$a\times\frac{4}{5}=\frac{4}{5}a$(円)

別解 8割は0.8だから，$0.8a$ 円でもよい。

(6) 7の倍数は，7×(整数) だから，$7\times n=7n$

4 (1)① 10 ② 4 (2)① 8 ② 4

解説 (1) ① ×を使った式に直し，文字を数におきかえる。$2x+4=2\times x+4=2\times 3+4=6+4=10$

② $\frac{12}{x}=\frac{12}{3}=4$

別解 $\frac{12}{x}=12\div x=12\div 3=4$

(2) 負の数は，かっこをつけて代入する。

① $2-3a=2-3\times a=2-3\times(-2)=2+6=8$

② $a^2=(-2)^2=4$

かっこをつけないで $a^2=-2^2=-4$ とするミスに注意。

Step 2 実力完成問題 (p.22-23)

1 (1) $-\frac{ax^2}{2}$ (2) $-\frac{3(x+2)}{y}$

(3) $-2a-\frac{b}{3}$ (4) $-\frac{x}{2}+2xy^2$

解説 (1) $x\times x\div(-2)\times a=x^2\div(-2)\times a$

$=-\frac{x^2}{2}\times a=-\frac{ax^2}{2}$

(2) $(x+2)\div y\times(-3)=\frac{x+2}{y}\times(-3)=-\frac{3(x+2)}{y}$

(3) $a\times(-2)-b\div 3=-2a-\frac{b}{3}$

(4) $x\div(-2)+y\times y\times x\times 2=\frac{x}{-2}+2\times x\times y\times y$

$=-\frac{x}{2}+2xy^2$

2 (1) $5\times a\times b\times x$　(2) $-1\times x\times y\div 4$
(3) $(m+3)\div 2$　(4) $p\div 3-3\times q$

解説 答えは1つに決まらないが，ふつうは文字や数字が並んでいる順に書けばよい。
(1) 乗法だけの式だから，記号×を使って表す。
(2) 分数は，記号÷を使って表す。

$-\dfrac{xy}{4}=(-1)\times xy\div 4=-1\times x\times y\div 4$

$-1\times x\times y\times\dfrac{1}{4}$，$-\dfrac{1}{4}\times x\times y$ なども正解。

(3) $\dfrac{m+3}{2}=(m+3)\div 2$

> ミス対策 ~~$m+3\div 2$~~ はまちがい。分子の式はかっこでくくり，全体を分母でわる。

3 (1) $\dfrac{a}{1000}+2b$ (kg)　(2) $\dfrac{20}{a}+\dfrac{20}{b}$ (時間)
(3) $100a+70+b$　(4) $9a+b$
(5) $\dfrac{3a+2b}{5}$ 点　(6) $\dfrac{13}{100}a$ km^2

解説 ことばの式に文字や数をあてはめ，×や÷の記号を使わずに表す。
(1) 単位をkgにそろえる。

a g$=\dfrac{a}{1000}$ kgより，合計の重さは，

$\dfrac{a}{1000}+2\times b=\dfrac{a}{1000}+2b$ (kg)

> ミス対策 単位が異なる数量を式に表すときは，答える単位にそろえて式をつくること。
> 単位をそろえずに，~~a~~$+2b$ (kg)
> 単位をgにそろえて，$a+$~~$2000b$ (g)~~
> とするミスに注意しよう。

(2) 時間＝道のり÷速さ だから，行きにかかった時間は $\dfrac{20}{a}$ 時間，帰りにかかった時間は $\dfrac{20}{b}$ 時間。

往復にかかった時間は $\dfrac{20}{a}+\dfrac{20}{b}$ (時間)

(3)

百の位	十の位	一の位
a	7	b

左のような位取り表に表すとよい。

$100\times a+10\times 7+1\times b=100a+70+b$

(4) わられる数＝わる数×商＋余り
　　　　　　　　$9\ \times a+\ b\ =9a+b$

(5) 平均＝合計÷個数(回数)で，合計点は，
$a\times 3+b\times 2=3a+2b$ (点)。
回数は $3+2=5$ (回) だから，得点の平均は，
$(3a+2b)\div 5=\dfrac{3a+2b}{5}$ (点)

(6) 割合の13%を分数で表すと $\dfrac{13}{100}$ だから，

この村の山林の面積は，$a\times\dfrac{13}{100}=\dfrac{13}{100}a$ (km^2)

別解 $a\times 0.13=0.13a$ (km^2) でもよい。

4 (1) 式が表す数量…**b 分間に走った道のり**，単位…m
(2) 式が表す数量…**割引かれた金額**，単位…円

解説 (1) $ab=a\times b$ は分速×時間だから道のりを表している。分速 a m だから，単位はm。
(2) 定価 x 円の p 割は，p 割→$\dfrac{p}{10}$ だから，

$x\times\dfrac{p}{10}=\dfrac{px}{10}$ (円) と表せる。したがって，$\dfrac{px}{10}$ は割引かれた金額を表し，単位は円。

5 (1) ① -3　② 61
(2) ① -18　② -1
(3) ① 3　② -1

解説 ×や÷の記号を使った式に直してから代入する。負の数や分数は，かっこをつけて代入する。

(1) ① $-7-\dfrac{2}{3}x=-7-\dfrac{2}{3}\times x=-7-\dfrac{2}{3}\times(-6)$
$=-7+4=-3$
② $x^2-3x+7=(-6)^2-3\times(-6)+7$
$=36+18+7=61$

(2) ① $-8a^2=-8\times\left(-\dfrac{3}{2}\right)^2=-8\times\dfrac{9}{4}=-18$

② $-\dfrac{12}{a}-9=-12\div a-9=-12\div\left(-\dfrac{3}{2}\right)-9$
$=12\times\dfrac{2}{3}-9=8-9=-1$

> ミス対策 ① ~~$-8\times\dfrac{3^2}{2}$~~ のように，分子だけ2乗しないように，分数や負の数はかっこをつけて代入する。
> ② 分数の式にそのまま代入すると，
> $-\dfrac{12}{-\frac{3}{2}}-9$ と式が複雑になるので，÷を使った式に直してから代入しよう。

(3) 文字が2つある式の値を求めるときは，文字の値をとりちがえて代入しないように注意。
① $5x+3y=5\times x+3\times y$
$=5\times 3+3\times(-4)=15-12=3$
② $-x-\dfrac{1}{2}y=-x-\dfrac{1}{2}\times y$
$=-3-\dfrac{1}{2}\times(-4)=-3+2=-1$

6 (1) $\frac{ax}{100}$ kg

(2) ① −11　② 10

解説 (1) a%を分数で表すと $\frac{a}{100}$

食塩の重さ＝食塩水の重さ×濃度　だから，

$x\times\frac{a}{100}=\frac{ax}{100}$(kg)

(2) ① $\frac{x}{2}-\frac{6}{y}=x\div2-6\div y$

$=(-4)\div2-6\div\frac{2}{3}$

$=-2-6\times\frac{3}{2}=-2-9=-11$

② $x^2-9y=x^2-9\times y=(-4)^2-9\times\frac{2}{3}$

$=16-6=10$

2 式の加減・乗除

Step 1 基礎力チェック問題 (p.24-25)

1 (1) ① 項…$2x$，$-y$，5

x の係数…2，y の係数…−1

② 項…x，$-\frac{1}{2}y$，9

x の係数…1，y の係数…$-\frac{1}{2}$

(2) ア，エ

解説 (1)項は，加法の記号＋で結ばれた1つ1つの文字式や数のことだから，まず，式を加法だけの形にしてから考える。

① $2x-y+5=2x+(-y)+5$

係数 2　係数 −1

$-y=(-1)\times y$ だから，y の係数は −1

② $x-\frac{1}{2}y+9=x+\left(-\frac{1}{2}y\right)+9$

係数 1　係数 $-\frac{1}{2}$

$x=1\times x$ だから，x の係数は 1

(2)文字が1つの1次の項だけか，1次の項と数の項の和でできている式をさがす。

ア $2x-1$ の項は，$2x$ (1次の項) と −1(数の項)だから，1次式。

イ $ab+1$ の項は ab と 1 で，ab には文字が2つあるから，1次式ではない。

ウ $x^2=x\times x$ で文字が2つあるから，1次式ではない。

エ $\frac{a}{3}+2$ の項は，$\frac{a}{3}$(1次の項) と 2(数の項)だから，1次式。

オ $2-x^2$ の項は 2(数の項)と $-x^2$ で，$-x^2=-1\times x\times x$ は文字が2つあるから1次式ではない。

2 (1) $10x$　(2) $5a$　(3) $-\frac{1}{4}x$　(4) 0

解説 文字の部分が同じ項は，

$mx+nx=(m+n)x$ を使って，1つの項にまとめる。

(1) $4x+6x=(4+6)x=10x$

(2) $-2a+7a=(-2+7)a=5a$

(3) $\frac{1}{4}x-\frac{1}{2}x=\left(\frac{1}{4}-\frac{1}{2}\right)x=\left(\frac{1}{4}-\frac{2}{4}\right)x=-\frac{1}{4}x$

(4) $3a-5a+2a=(3-5+2)a=0$

3 (1) $-x+2$　(2) $5a-2$

(3) $-2x+4$　(4) $12a-1$

(5) $x-5$　(6) $2x+11$

解説 同じ文字の項どうし，数の項どうしをそれぞれまとめる。

(1) $x+2-2x=x-2x+2=(1-2)x+2=-x+2$

(2) $2a-3+3a+1=2a+3a-3+1$

$=(2+3)a-3+1=5a-2$

(3) ＋(　) ➡そのままかっこをはずす。

$3x+(-5x+4)=3x-5x+4$

$=(3-5)x+4=-2x+4$

(4) $(5a+1)+(7a-2)=5a+1+7a-2$

$=5a+7a+1-2=12a-1$

(5) −(　) ➡ (　) の中の各項の符号を変えて，かっこをはずす。

$8x+4-(7x+9)=8x+4-7x-9$

$=8x-7x+4-9=x-5$

−(　) をはずすとき，$-(7x+9)=-7x+9$ ✕ とするミスに注意。慣れるまでは，

$-(7x+9)=(-1)\times(7x+9)$

$=-1\times7x+(-1)\times9$ と考えると，ミスを防げる。

(6) $(5x+6)-(3x-5)=5x+6-3x+5$

$=5x-3x+6+5=2x+11$

4 (1) $10x+4$　(2) $-8x+8$

解説 (1) $(x+6)+(9x-2)$

$=x+6+9x-2=x+9x+6-2=10x+4$

(2) $(x+6)-(9x-2)=x+6-9x+2$

$=x-9x+6+2=-8x+8$

5 (1) $6x$　(2) $-\frac{5}{2}a$　(3) $3x$

(4) $-9m$　(5) $3x+15$　(6) $-10a-8$

(7) $3x+2$　(8) $-7y+2$

解説 (1) $3x\times2=3\times x\times2=3\times2\times x=6x$

(2) $\frac{5}{8}a\times(-4)=\frac{5}{8}\times a\times(-4)$

$=\frac{5}{8}\times(-4)\times a=-\frac{5}{2}a$

(3) $9x\div3=\frac{9x}{3}=3x$

別解 除法を乗法に直して，$9x\times\frac{1}{3}=3x$

(4)わる数が分数のときは，わる数の逆数をかける乗法に直す。

$-6m\div\frac{2}{3}=-6m\times\frac{3}{2}=-6\times\frac{3}{2}\times m=-9m$

(5) 分配法則 $a(b+c)=ab+ac$ を使う。

$3(x+5)=3\times x+3\times5=3x+15$

(6) $-2(5a+4)=-2\times5a+(-2)\times4=-10a-8$

(7)(8)は，わる数を逆数にして乗法に直す。

(7) $(15x+10)\div5=(15x+10)\times\frac{1}{5}$

$=15x\times\frac{1}{5}+10\times\frac{1}{5}=3x+2$

(8) $(21y-6)\div(-3)=(21y-6)\times\left(-\frac{1}{3}\right)$

$=21y\times\left(-\frac{1}{3}\right)-6\times\left(-\frac{1}{3}\right)=-7y+2$

別解 分数の形に表して約分する。

(7) $(15x+10)\div5=\frac{15x+10}{5}=\frac{15}{5}x+\frac{10}{5}=3x+2$

(8) $(21y-6)\div(-3)=\frac{21y-6}{-3}=-\frac{21}{3}y+\frac{6}{3}$

$=-7y+2$

Step 2 実力完成問題 (p.26-27)

1 (1) $20a$　(2) $12x$　(3) $-11x$

(4) $-14b$　(5) $1.1a$　(6) $-\frac{7}{20}x$

(7) $22x-12$　(8) $-11a+10$　(9) $34x-9$

(10) $18m-32$　(11) $-2x-2$　(12) $-14y-6$

(13) $\frac{7}{4}x-2$　(14) $\frac{7}{6}x-\frac{5}{6}$

解説 (1) $16a+4a=(16+4)a=20a$

(2) $20x-8x=(20-8)x=12x$

(3) $-25x+14x=(-25+14)x=-11x$

(4) $-9b-5b=(-9-5)b=-14b$

(5) $1.8a-0.7a=(1.8-0.7)a=1.1a$

(6) $-\frac{3}{5}x+\frac{1}{4}x=\left(-\frac{3}{5}+\frac{1}{4}\right)x$

$=\left(-\frac{12}{20}+\frac{5}{20}\right)x=-\frac{7}{20}x$

(7) $5x-12+17x=5x+17x-12=22x-12$

(8) $11-7a-4a-1=-7a-4a+11-1=-11a+10$

(9) $18x-5+(16x-4)=18x-5+16x-4$

$=18x+16x-5-4=34x-9$

(10) $(6m-15)+(12m-17)=6m-15+12m-17$

$=6m+12m-15-17=18m-32$

(11) $(9x-8)-(11x-6)=9x-8-11x+6$

$=9x-11x-8+6=-2x-2$

> ミス対策 $-(\ \ )$のかっこをはずすときは，うしろの項の符号の変え忘れに注意する。
> $-(11x-6)=-11x-6$ ×

(12) $5y-10-(19y-4)=5y-10-19y+4$

$=5y-19y-10+4=-14y-6$

(13) $\left(\frac{3}{4}x-2x\right)+(3x-2)=\frac{3}{4}x-2x+3x-2$

$=\left(\frac{3}{4}-2+3\right)x-2=\left(\frac{3}{4}-\frac{8}{4}+\frac{12}{4}\right)x-2=\frac{7}{4}x-2$

(14) $\frac{1}{3}x-\frac{1}{6}-\left(\frac{2}{3}-\frac{5}{6}x\right)$

$=\frac{1}{3}x-\frac{1}{6}-\frac{2}{3}+\frac{5}{6}x=\frac{1}{3}x+\frac{5}{6}x-\frac{1}{6}-\frac{2}{3}$

$=\left(\frac{2}{6}+\frac{5}{6}\right)x-\frac{1}{6}-\frac{4}{6}=\frac{7}{6}x-\frac{5}{6}$

2 (1) 和…$12x+2$，差…$2x-14$

(2) 和…$-5x-1$，差…$x-5$

解説 式に(　)をつけて＋，－の記号でつなぎ，かっこをはずして計算する。

(1) 和…$(7x-6)+(5x+8)=7x-6+5x+8$

$=7x+5x-6+8=12x+2$

差…$(7x-6)-(5x+8)=7x-6-5x-8$

$=7x-5x-6-8=2x-14$

(2) 和…$(-2x-3)+(2-3x)=-2x-3+2-3x$

$=-2x-3x-3+2=-5x-1$

差…$(-2x-3)-(2-3x)=-2x-3-2+3x$

$=-2x+3x-3-2=x-5$

3 (1) $-12x$　(2) $-5a$　(3) $5x+2$

(4) $\frac{9}{4}x-\frac{3}{2}$　(5) $-5a+2$　(6) $-12a+16$

(7) $34x-21$　(8) $54p+4$　(9) $6x-15$

(10) $\frac{1}{3}x-\frac{1}{3}$　(11) $8x+4$　(12) $-3a-10$

解説 (1) $\frac{3}{4}x\times(-16)=\frac{3}{4}\times(-16)\times x=-12x$

(2) $-25a\div 5=-\frac{25a}{5}=-5a$

(3) 分配法則を使ってかっこをはずす。

$5(x+0.4)=5\times x+5\times 0.4=5x+2$

(4) $(3x-2)\times\frac{3}{4}=3x\times\frac{3}{4}-2\times\frac{3}{4}=\frac{9}{4}x-\frac{3}{2}$

(5) 除法は，わる数を逆数にして乗法に直す。

$(30a-12)\div(-6)=(30a-12)\times\left(-\frac{1}{6}\right)$

$=30a\times\left(-\frac{1}{6}\right)-12\times\left(-\frac{1}{6}\right)=-5a+2$

(6) $(21a-28)\div\left(-\frac{7}{4}\right)=(21a-28)\times\left(-\frac{4}{7}\right)$

$=21a\times\left(-\frac{4}{7}\right)-28\times\left(-\frac{4}{7}\right)=-12a+16$

(7) 数×(　)の加減は，分配法則を使ってかっこをはずし，文字の項，数の項をまとめる。

$2(8x-3)+3(6x-5)=16x-6+18x-15$

$=16x+18x-6-15=34x-21$

(8) $8(9p-1)-6(3p-2)=72p-8-18p+12$

$=72p-18p-8+12=54p+4$

(9) 分母とかける数とで約分し，(　)×数 の形にする。

$12\times\frac{2x-5}{4}=\frac{12\times(2x-5)}{4}=3\times(2x-5)$

$=6x-15$

ミス対策

$12\times\frac{2x-5}{4}=\frac{12\times 2x-5}{4}$（×印で消されている）とするミスに注意。

分子の式には，(　)があると考えよう。

$12\times\frac{(2x-5)}{4}=\frac{12\times(2x-5)}{4}$

(10) $\frac{4x-7}{3}-(x-2)=\frac{4}{3}x-\frac{7}{3}-x+2$

$=\frac{4}{3}x-x-\frac{7}{3}+2=\frac{4}{3}x-\frac{3}{3}x-\frac{7}{3}+\frac{6}{3}=\frac{1}{3}x-\frac{1}{3}$

(11) $\frac{2}{3}(24x-9)-\frac{1}{2}(16x-20)$

$=\frac{2}{3}\times 24x-\frac{2}{3}\times 9-\frac{1}{2}\times 16x+\frac{1}{2}\times 20$

$=16x-6-8x+10=16x-8x-6+10=8x+4$

(12) $9\left(\frac{1}{3}a-2\right)-8\left(\frac{3}{4}a-1\right)$

$=9\times\frac{1}{3}a-9\times 2-8\times\frac{3}{4}a+8\times 1$

$=3a-18-6a+8=3a-6a-18+8=-3a-10$

4 (1) -7　(2) $2x-15$

解説 (　)をつけて式を代入したら，符号に気をつけて計算する。

(1) $A-2B=(2x-1)-2(x+3)$

$=2x-1-2x-6=2x-2x-1-6=-7$

(2) $3A-4B=3(2x-1)-4(x+3)$

$=6x-3-4x-12=6x-4x-3-12=2x-15$

5 (1) $2x-4$　(2) $\frac{a+1}{10}$

(3) $-\frac{11}{6}x+1$　(4) $-16x+24$

解説 (1) まず，分子の式の(　)をはずす。

$\frac{5x-(x+8)}{2}=\frac{5x-x-8}{2}=\frac{4x-8}{2}$

$=\frac{4x}{2}-\frac{8}{2}=2x-4$

(2) まず，分母の2と5の最小公倍数10で通分する。通分するとき，分子の式に(　)をつける。

$\frac{3a-1}{2}-\frac{7a-3}{5}=\frac{5(3a-1)}{10}-\frac{2(7a-3)}{10}$

$=\frac{15a-5-14a+6}{10}=\frac{15a-14a-5+6}{10}=\frac{a+1}{10}$

(3) 分配法則で(　)をはずす。

$\frac{1}{3}(2x-3)-\frac{1}{2}(5x-4)=\frac{2}{3}x-1-\frac{5}{2}x+2$

$=\frac{4}{6}x-\frac{15}{6}x-1+2=-\frac{11}{6}x+1$

(4) $\frac{8x-12}{5}\div\left(-\frac{1}{10}\right)=\frac{8x-12}{5}\times(-10)$

$=(8x-12)\times(-2)=-16x+24$

3 関係を表す式

Step 1 基礎力チェック問題 (p.28-29)

(p.28-29)

1 (1) $150a=b$　(2) $40t=d$　(3) $V=a^3$

(4) $\ell=2\pi r$　(5) $\frac{a}{25}=b$（または，$0.04a=b$）

解説 (1) 単価×個数＝代金 より，$150\times a=b$

(2) 速さ×時間＝道のり より，$40\times t=d$

(3) 立方体の体積＝1辺×1辺×1辺

$V=a\times a\times a$

(4) 円周の長さ＝直径×円周率

$\ell=2r\times\pi$

πは積の中では，数のあと，文字の前に書く。

$2r\times\pi=2\pi r$

(5) 食塩水の重さ×濃度＝食塩の重さ

$a\times\frac{4}{100}=b$

2 (1) $x-4<y$ (2) $50a+80b>1000$
(3) $4x \geqq 100$ (4) $4y>x$ (5) $\pi r^2>a^2$

解説 数量の大小関係を読み取り，不等号で結ぶ。

(1) x から4をひいた数 は y 未満
→ $x-4$ 　 $<y$

(2) 50円のシールと80円の色紙の代金 は 1000円ではたりない
→ $50a+80b$ 　 >1000

(3) 走った道のり は 100 km以上
→ $4x$ 　 $\geqq 100$

(4) 正方形の周の長さ は x mではたりない
→ $4y$ 　 $>x$

(5) 円の面積は正方形の面積より大きい
→ πr^2 　 $>a^2$

3 (1) 12個
(2) 4
(3) 1
(4) $4n-4$（または $4(n-1)$）（個）

解説 (2) 1辺が5個の辺が4つあり，重なって囲んでいるかどの4個を除くと考えている。
(3) かどの1個を各辺から除いて考えている。
(4) (2)より，$n\times4-4=4n-4$
または，(3)より，$(n-1)\times4=4(n-1)$

Step 2 実力完成問題 (p.30-31)

1 (1) $4a+120b=1400$ (2) $\frac{xy}{60}=10$
(3) $a-\frac{ap}{100}=600$ (4) $x=60n-y$

解説 等しい数量を表す式を等号で結ぶ。

(1) 肉の代金＋コロッケの代金＝代金の合計
→ $a\times4 + 120\times b = 1400$

(2) y 分間 $=\frac{y}{60}$ 時間だから，
速さ×時間＝道のり
→ $x \times \frac{y}{60} = 10$ → $\frac{xy}{60}=10$

ミス対策 時間の単位を「時間」に直してから式に表そう。「分」のまま，$x\times y=10$ としないように。

(3) 全校生徒の人数－欠席した人数＝出席した人数
→ $a - a\times\frac{p}{100} = 600$

(4) ジュースの本数＝60人に配る本数－たりない本数
→ $x = n\times60 - y$

2 (1) $1400+3y \leqq x$ (2) $a+2b \geqq 20$ (3) $20x<\frac{1}{2}n$

解説 (1) 代金の合計 は 持っていたお金以下
→ $1400+y\times3$ 　 $\leqq x$

(2) 全体の重さ は 20 kg以上
→ $a+2\times b$ 　 $\geqq 20$

(3) 読んだページ数 は 全ページ数の半分より少ない
→ $20\times x$ 　 $<n\times\frac{1}{2}$

3 (1) $S=\frac{1}{2}ah$ (2) $\ell=2r+\pi r$

解説 (1) 三角形の面積＝$\frac{1}{2}$×底辺×高さ
→ $S = \frac{1}{2}\times a \times h$

(2) 半円の曲線部分の長さは，円の円周の半分だから，直径×円周率÷2$=r\times2\times\pi\div2=\pi r$
したがって，
半円の周の長さ＝直線部分の長さ＋曲線部分の長さ
→ $\ell = r\times2 + \pi r$

4 (1) (例) 2時間歩くと，B町まであと3 km残っている。
(2) (例) A町を出てから，2時間以内にB町に着く。

解説 (1) A町 ―― x km ―― B町
$2y$ km（2時間歩いた道のり）／3 km（残りの道のり）

5 (1) $30n+6$ (cm^2) (2) 306 cm^2

解説 (1) n 枚つなげたときののりしろは $(n-1)$ か所あるから，長方形の横の長さは，
$6\times n-1\times(n-1)=6n-n+1=5n+1$
したがって，面積は，$6\times(5n+1)=30n+6$
(2) (1)の式に $n=10$ を代入して，
$30\times10+6=306$ (cm^2)

6 (例) 合計金額はA店が $12a$ 円，B店が $13a$ 円だから，$12a<13a$ でA店のほうが安い。

解説 A店で15個買うと2割引きだから，合計金額は
$a\times15\times(1-0.2)=a\times15\times0.8=12a$ (円)
B店で15個買うと，10個までが $10a$ (円)
残りの5個は4割引きだから，
$a\times5\times(1-0.4)=a\times5\times0.6=3a$ (円)
したがって，合計金額は，$10a+3a=13a$ (円)

7 n^2 枚

解説 規則性を見つけて，文字式で表す。
1番目，2番目，3番目，4番目，…のとき，必要なタイルの枚数は，1枚，4枚，9枚，16枚，…となっている。つまりタイルの枚数は何番目の数の2乗になっているから，n 番目のタイルの数は n^2 枚である。

定期テスト予想問題 ① (p.32-33)

1 (1) $-a^3$　(2) $-\frac{xy}{5}$ $\left(-\frac{1}{5}xy\right)$

(3) $2x-y$　(4) $3(x-y)-\frac{z}{2}$

解説 (1) $-1a^3$ の 1 ははぶいて表す。

$a\times a\times(-1)\times a=(-1)\times a^3=-a^3$

(2) 左から順に×や÷の記号をはぶく。

$x\times y\div(-5)=xy\div(-5)=-\frac{xy}{5}$

(3) +，−の記号ははぶけない。

$x\times 2+y\div(-1)=2x+\frac{y}{-1}=2x-y$

(4) ( ) のついた式はひとまとまりとみる。−の記号ははぶけない。

$(x-y)\times 3-z\div 2=3(x-y)-\frac{z}{2}$

2 (1) ① 18　② −48　(2) ① 27　② −7

解説 ×を使った式に直して代入する。

(1) 負の数は，かっこをつけて代入する。

① $6-3x=6-3\times x=6-3\times(-4)=6+12=18$

② $-3x^2=-3\times x^2=-3\times(-4)^2=-3\times 16=-48$

(2) ① $6a-3b=6\times a-3\times b$

$=6\times 2-3\times(-5)=12+15=27$

② $-3a+\frac{b}{5}=-3\times a+\frac{b}{5}$

$=-3\times 2+\frac{-5}{5}=-6-1=-7$

3 (1) $10a+9$　(2) πr^2 cm²

(3) $800x+8y$ (円)　(4) $90a+60b$ (m)

解説 (1)

十の位	一の位
a	9

$10\times a+1\times 9=10a+9$

(2) 円の面積＝半径×半径×円周率 だから，

$r\times r\times\pi=\pi r^2$ (cm²)

(3) メロンの代金は $800\times x=800x$ (円)，オレンジの代金は $y\times 8=8y$ (円) だから，

代金の合計＝$800x+8y$ (円)

(4) 速さ×時間＝道のり　にあてはめて，

分速 90 m で歩いた道のりは，$90\times a=90a$ (m)

分速 60 m で歩いた道のりは，$60\times b=60b$ (m)

したがって，歩いた道のりの合計は，

$90a+60b$ (m)

4 (1) $-4x$　(2) $4a$

(3) $-\frac{1}{6}y$ $\left(-\frac{y}{6}\right)$　(4) 0

(5) $6x-2$　(6) $-3y+2$

(7) $-3a-5$　(8) $-11x+14$

解説 (1) $mx+nx=(m+n)x$ を使って簡単にする。

$9x-13x=(9-13)x=-4x$

(2) $2a-5a+7a=(2-5+7)a=4a$

(3) $\frac{5}{6}y-y=\left(\frac{5}{6}-1\right)y=-\frac{1}{6}y$

(4) $\frac{a}{3}-\frac{a}{2}+\frac{a}{6}=\left(\frac{2}{6}-\frac{3}{6}+\frac{1}{6}\right)a=0$

(5) 同じ文字の項どうし，数の項どうしをまとめる。

$7x-4-x+2=7x-x-4+2=6x-2$

(6) $2y-4-5y+6=2y-5y-4+6=-3y+2$

(7) +( ) はそのまま ( ) をはずす。

$(a-8)+(-4a+3)=a-8-4a+3$

$=a-4a-8+3=-3a-5$

(8) −( ) はかっこの中の各項の符号を変えて ( ) をはずす。

$(5-3x)-(8x-9)=5-3x-8x+9$

$=-3x-8x+5+9=-11x+14$

5 (1) $-3x$　(2) $-3a$　(3) $-10y-5$

(4) $-9x+6$　(5) $6a+9$　(6) $-4y+18$

(7) $5x$　(8) $22a+32$

解説 (1) $-24x\times\frac{1}{8}=-24\times\frac{1}{8}\times x=-3x$

(2) わる数が分数のときは，わる数の逆数をかける乗法に直す。

$2a\div\left(-\frac{2}{3}\right)=2a\times\left(-\frac{3}{2}\right)=-3a$

(3)(4) 分配法則を使って，かっこをはずす。

(3) $-5(2y+1)=-5\times 2y+(-5)\times 1=-10y-5$

(4) $\left(\frac{3}{8}x-\frac{1}{4}\right)\times(-24)=\frac{3}{8}x\times(-24)-\frac{1}{4}\times(-24)$

$=-9x+6$

(5) $\frac{2a+3}{5}\times 15=\frac{(2a+3)\times 15}{5}=(2a+3)\times 3$

$=2a\times 3+3\times 3=6a+9$

(6) $(60y-270)\div(-15)=(60y-270)\times\left(-\frac{1}{15}\right)$

$=-\frac{60}{15}y+\frac{270}{15}=-4y+18$

別解 分数の形にして約分する。

$(60y-270)\div(-15)=\frac{60y-270}{-15}$

$=-\frac{60}{15}y+\frac{270}{15}=-4y+18$

(7)(8) まず，分配法則を使ってかっこをはずす。

(7) $-(x-8)+2(3x-4)=-x+8+6x-8$

$=-x+6x+8-8=5x$

(8) $3(9a-1)-5(a-7)=27a-3-5a+35$

$=27a-5a-3+35=22a+32$

6 (1) $a-10b=7$ (2) $m+5\leqq n$

(3) $S=ab$ (4) $x+\frac{px}{100}>10000$

解説

(1) ジュースの本数－分けた本数＝余った本数

$a \quad - \quad b\times10 \quad = \quad 7$

(2) ある数に5を加えた数は n 以下

$m+5 \quad \leqq n$

(3) 平行四辺形の面積＝底辺×高さ

$S \quad = a \times b$

(4) 今年の人口は，昨年より p%多いから，

$x+x\times\frac{p}{100}$(人) したがって，

今年の人口は 10000人より多い

$x+x\times\frac{p}{100} \quad >10000$

定期テスト予想問題 ② (p.34-35)

1 (1) (例) $2\times x\times y$ (2) (例) $-2\times a\div b$

(3) (例) $(x-5)\div2$ (4) (例) $4\times a-b\div3$

解説 式がどんな計算を表しているかを考える。

(3) 分子の式はかっこでくくり，全体を2でわる。

2 (1) $9x$ (2) $-4a-3$

(3) $-\frac{2}{3}x-4$ (4) $-\frac{1}{2}a+\frac{3}{2}$

(5) $-3x-5$ (6) $2a-9$

(7) $8a-20$ (8) $-5y+4$

(9) $2x+11$ (10) $7x-7$

解説 (1) $5x-2x+6x=(5-2+6)x=9x$

(2) $4a-5+2-8a=(4-8)a-5+2=-4a-3$

(3) $\frac{x}{3}-4-x=\frac{x}{3}-x-4=-\frac{2}{3}x-4$

(4) $\frac{a}{6}-\frac{1}{2}-\frac{2}{3}a+2=\frac{a}{6}-\frac{2}{3}a-\frac{1}{2}+2$

$=\frac{1}{6}a-\frac{4}{6}a-\frac{1}{2}+\frac{4}{2}=-\frac{3}{6}a+\frac{3}{2}=-\frac{1}{2}a+\frac{3}{2}$

(5) $(-5x+4)+(2x-9)=-5x+4+2x-9$

$=-5x+2x+4-9=-3x-5$

(6) $(-3a-7)-(2-5a)=-3a-7-2+5a$

$=-3a+5a-7-2=2a-9$

(7) $\frac{2a-5}{4}\times16=\frac{(2a-5)\times16}{4}=(2a-5)\times4$

$=8a-20$

(8) $(15y-12)\div(-3)=(15y-12)\times\left(-\frac{1}{3}\right)$

$=15y\times\left(-\frac{1}{3}\right)-12\times\left(-\frac{1}{3}\right)=-5y+4$

(9) $4(x+2)-\frac{1}{3}(6x-9)=4x+8-2x+3$

$=4x-2x+8+3=2x+11$

(10) $6\left(\frac{1}{6}x-\frac{1}{2}\right)+8\left(\frac{3}{4}x-\frac{1}{2}\right)=x-3+6x-4$

$=x+6x-3-4=7x-7$

3 (1) ① -6 ② 7 (2) $4x-5$

解説 (1) ① $x-x^2=(-2)-(-2)^2=-2-4=-6$

② $3-\frac{8}{x}=3-\frac{8}{-2}=3+4=7$

(2) 式にかっこをつけて代入する。

$2A-B=2(x-2)-(-2x+1)=2x-4+2x-1$

$=2x+2x-4-1=4x-5$

4 (1) $\frac{a-5}{10}=b$ (2) $\frac{xy}{100}=0.4$ (3) $\frac{19+p+q}{3}\geqq20$

解説 (1) $\frac{1}{10}(a-5)=b$ とも表せる。

(2) 1 mあたりの重さ×長さ＝0.4

$\frac{x}{100} \quad \times \quad y \quad =0.4$

(3) 平均＝合計÷個数(人数) だから，3人の通学時間の平均は，$(19+p+q)\div3=\frac{19+p+q}{3}$ (分)

5 (1) **A駅から目的地までの道のり**

(2) (例) **みかんとりんごの代金の合計は，2000円以下である。**

解説 (1) 速さ×時間＝道のり より，$50a$ は電車で進んだ道のりを，$4b$ は歩いた道のりを表している。

(2) $40x+150y$ は，1個40円のみかん x 個と1個150円のりんご y 個を買ったときの代金の合計で，これが2000円以下である。

6 (1) イ (2) 42個

解説 (1) 問題の図は，1辺が n 個の辺6つから，重なって囲んでいる6個を除くと考えるからイの式である。

アの式は1辺に並ぶ碁石の数より1個少ない数の6つ分だから，右のように囲んだ考え方である。

ウの式は1辺に並ぶ碁石の数より2個少ない数の6つ分に，かどの6個を加えたものだから，右のように囲んだ考え方である。

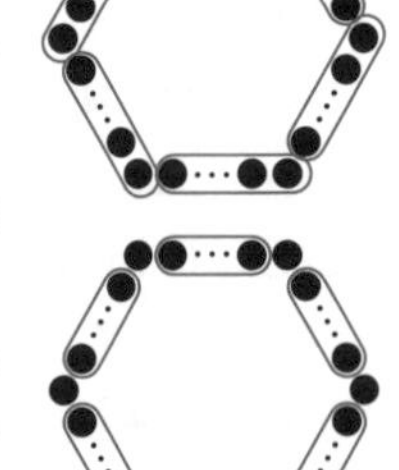

(2) (1)のどれかの式に $n=8$ を代入する。

$6(n-1)=6(8-1)$

$=6\times7=42$(個)

【3章】方程式

1 方程式の解き方

Step 1 基礎力チェック問題 (p.36-37)

1 (1) 3 (2) −1 (3) イ (4) ウ

解説 (1) $x=1$ のとき，$\begin{cases} 左辺=4\times1-9=-5 \\ 右辺=1 \end{cases}$

で，左辺と右辺が等しくないから，解ではない。

$x=2$ のとき，$\begin{cases} 左辺=4\times2-9=-1 \\ 右辺=2 \end{cases}$

で，左辺と右辺が等しくないから，解ではない。

$x=3$ のとき，$\begin{cases} 左辺=4\times3-9=3 \\ 右辺=3 \end{cases}$

で，(左辺)＝(右辺)より，3 がこの方程式の解である。

(2) 方程式の x にそれぞれの値を代入し，(左辺)＝(右辺)となるものが，その方程式の解である。

(3) $x=3$ を代入し，(左辺)＝(右辺)かどうか調べる。

ア $\begin{cases} 左辺=4\times3-5=7 \\ 右辺=8 \end{cases}$

左辺と右辺が等しくない(左辺≠右辺)から，3 はアの解ではない。

イ $\begin{cases} 左辺=2\times3+1=7 \\ 右辺=7 \end{cases}$

(左辺)＝(右辺)より，3 はイの解である。

ウ $\begin{cases} 左辺=3\times3-1=8 \\ 右辺=7 \end{cases}$

(左辺)≠(右辺)より，3 はウの解ではない。

(4) $x=-2$ を代入し，(左辺)＝(右辺)かどうか調べる。

2 (1) ①…8，②…8，③…15，④…3

等式の性質 ①…**ア**，②…**エ**(または**ウ**)

(2) 解…1，　等式の性質…**イ**(または**ア**)

(3) 解…9，　等式の性質…**ア**(または**イ**)

(4) 解…18，　等式の性質…**ウ**(または**エ**)

(5) 解…3，　等式の性質…**エ**(または**ウ**)

(6) 解…10，　等式の性質…**エ**(または**ウ**)

(7) 解…2.6，　等式の性質…**イ**(または**ア**)

(8) 解…9，　等式の性質…**ア**(または**イ**)

(9) 解…−2，　等式の性質…**ウ**(または**エ**)

解説 (1) $5x=15 \to 5x\times\frac{1}{5}=15\times\frac{1}{5} \to x=3$

と考えて，②は**ウ**でも正解。

(2) $x+9=10 \to x+9-9=10-9 \to x=1$

両辺から 9 をひくと $x=$ ～になるから，**イ**を利用。

別解 両辺に −9 をたすと考えて，**ア**でも正解。

(3) $x-7=2 \to x-7+7=2+7 \to x=9$

両辺に 7 をたしているので，**ア**を利用。

(4) $\frac{x}{3}=6 \to \frac{x}{3}\times3=6\times3 \to x=18$ より，**ウ**を利用。

別解 $\frac{x}{3}=\frac{1}{3}x$ だから，両辺を $\frac{1}{3}$ でわると考えて，**エ**でも正解。

(5) $7x=21 \to \frac{7x}{7}=\frac{21}{7} \to x=3$

両辺を 7 でわっているので，**エ**を利用。

別解 $\frac{1}{7}$ をかけると考えてもよいので，**ウ**でも正解。

(6) $0.3x=3 \to 0.3x\div0.3=3\div0.3 \to x=10$

別解 $0.3=\frac{3}{10}$ だから，$\frac{3}{10}x\times\frac{10}{3}=3\times\frac{10}{3}$ より，**ウ**でも正解。

(7) $x+2.4=5 \to x+2.4-2.4=5-2.4 \to x=2.6$

(8) $-5+x=4 \to -5+5+x=4+5 \to x=9$

(9) $\frac{1}{8}x=-\frac{1}{4} \to \frac{1}{8}x\times8=-\frac{1}{4}\times8 \to x=-2$

3 (1) **ア**…$+4x$，**イ**…−3，**ウ**…5，**エ**…5，**オ**…5，**カ**…1

(2) $x=-3$ (3) $x=1$

解説 文字の項を左辺に，数の項を右辺に移項。

(2) $3-2x=9$

3 を移項すると，

$-2x=9-3$

$-2x=6$，$x=-3$

(3) $8-7x=-3x+4$

8，$-3x$ を移項すると，

$-7x+3x=4-8$

$-4x=-4$，$x=1$

Step 2 実力完成問題 (p.38-39)

1 (1) 3 (2) ① ア，ウ　② エ，オ

解説 (1) 方程式の x にそれぞれの値を代入し，(左辺)＝(右辺)となるものが，その方程式の解である。

(2) ① $x=-5$ を**ア**～**オ**の方程式に代入する。

ア 左辺＝−5−3＝−8，右辺＝−8

(左辺)＝(右辺)より，解である。

イ 左辺＝$\frac{1}{5}\times(-5)=-1$，右辺＝1

(左辺)≠(右辺)より，解ではない。

ウ 左辺＝$2\times(-5)+5=-10+5=-5$，右辺＝−5

(左辺)＝(右辺)より，解である。

エ 左辺＝$2\times\{1-(-5)\}=12$，右辺＝$-5-7=-12$

(左辺)≠(右辺)より，解ではない。

オ左辺$=\frac{1}{3}\times(-5)+1=-\frac{5}{3}+1=-\frac{2}{3}$,

右辺$=-5-1=-6$

(左辺)≠(右辺)より，解ではない。

② $x=3$ を代入して調べる。

ア左辺$=3-3=0$，右辺$=-8$ より解ではない。

イ左辺$=\frac{1}{5}\times3=\frac{3}{5}$，右辺$=1$ より解ではない。

ウ左辺$=2\times3+5=11$

右辺$=3$ より，解ではない。

エ左辺$=2\times(1-3)=2\times(-2)=-4$

右辺$=3-7=-4$ より，解である。

オ左辺$=\frac{1}{3}\times3+1=1+1=2$

右辺$=3-1=2$ より，解である。

2 (1) 解…-6，等式の性質…②(または①)

(2) 解…24，等式の性質…③(または④)

解説 (1) 等式の性質②を使って，両辺から同じ数 5.4 をひく。$x+5.4-5.4=-0.6-5.4 \to x=-6$

(2) 等式の性質③を使って，両辺に同じ数 -8 をかける。

$-\frac{1}{8}x\times(-8)=-3\times(-8) \to x=24$

3 (1) $x=6$　(2) $x=-5$　(3) $x=3$　(4) $x=-6$

(5) $x=9$　(6) $x=-8$　(7) $x=\frac{1}{2}$　(8) $x=-3$

解説 〈方程式の解き方〉

① 文字の項を左辺に，数の項を右辺に移項する。

② $ax=b$ の形にする。

③ 両辺を x の係数 a でわる。

(1) $2x+3=15$

3 を移項すると，

$2x=15-3$

$2x=12$

$x=6$

(2) $-3x+3=18$

3 を移項すると

$-3x=18-3$

$-3x=15$

$x=-5$

(3) $11=6x-7$

$11+7=6x$

$18=6x$
左辺と右辺を入れかえる

$6x=18$

$x=3$

(4) $3-2x=15$

$-2x=15-3$

$-2x=12$, $x=-6$

ミス対策

$18=6x$，$3=x$ としてもよいが，$A=B$ ならば $B=A$ を使って，文字の項を左辺にもってくる。

(5) $3x=4x-9$

$3x-4x=-9$

$-x=-9$，$x=9$

(6) $4x=2x-16$

$4x-2x=-16$

$2x=-16$, $x=-8$

(7) $8x=3+2x$

$8x-2x=3$

$6x=3$，$x=\frac{1}{2}$

(8) $-8x=21-x$

$-8x+x=21$

$-7x=21$，$x=-3$

4 (1) $x=7$　(2) $x=2$　(3) $x=2$　(4) $x=4$

(5) $x=4$　(6) $x=6$　(7) $x=1$　(8) $x=-2$

(9) $x=-7$　(10) $x=0$　(11) $x=\frac{1}{3}$　(12) $x=10$

解説 移項するとき，符号の変え忘れに注意。

(1) $4x+14=6x$

$4x-6x=-14$

$-2x=-14$, $x=7$

(2) $7x-10=2x$

$7x-2x=10$

$5x=10$，$x=2$

(3) $2x+6=5x$

$2x-5x=-6$

$-3x=-6$, $x=2$

(4) $8-5x=-3x$

$-5x+3x=-8$

$-2x=-8$，$x=4$

(5) $9x+5=6x+17$

$9x-6x=17-5$

$3x=12$，$x=4$

(6) $2x-17=13-3x$

$2x+3x=13+17$

$5x=30$，$x=6$

(7) $8-x=2+5x$

$-x-5x=2-8$

$-6x=-6$，$x=1$

(8) $-3-x=4x+7$

$-x-4x=7+3$

$-5x=10$，$x=-2$

(9) $10x-9=11x-2$

$10x-11x=-2+9$

$-x=7$, $x=-7$

(10) $-9x+3=-x+3$

$-9x+x=3-3$

$-8x=0$，$x=0$

(11) $1-8x=4x-3$

$-8x-4x=-3-1$

$-12x=-4$，$x=\frac{1}{3}$

(12) $3x+18=x+38$

$3x-x=38-18$

$2x=20$，$x=10$

5 (1) $x=4$　(2) $x=-3$　(3) $x=4$　(4) $a=2$

解説 符号に気をつけて，手順通り解いていく。

(1) $3x+2=x+10$

$3x-x=10-2$

$2x=8$，$x=4$

(2) $2x-9=5x$

$2x-5x=9$

$-3x=9$，$x=-3$

(3) $8x-4=4x+12$

$8x-4x=12+4$

$4x=16$，$x=4$

(4) $7-7a=2a-11$

$-7a-2a=-11-7$

$-9a=-18$, $a=2$

2 いろいろな方程式

Step 1 基礎力チェック問題 (p.40-41)

1 (1) ア…2，イ…2，ウ…2，エ…-6，オ…2，カ…5

(2) ア…5，イ…5，ウ…5，エ…$+5$，オ…3，カ…9，キ…3

(3) ア…6，イ…$-3x$，ウ…6(3)，エ…3(6)，オ…-9

解説 かっこのある方程式は，

分配法則 $\begin{cases} a(b+c)=ab+ac \\ a(b-c)=ab-ac \end{cases}$

を利用して，まず，かっこのない式に直す。

2 ア…10，イ…10，ウ…4，エ…8，オ…7，
カ…10，キ…4，ク…−7，ケ…10(8)，コ…8(10)，
サ…−3，シ…18，ス…−6

解説 係数に小数がある方程式は，両辺に10，100，…をかけて，小数を整数に直す。

3 ア…15，イ…15，ウ…15，エ…3，オ…30，
カ…5，キ…3，ク…−5，ケ…−30，コ…−2，
サ…−30，シ…15

解説 係数に分数がある方程式は，両辺に分母の最小公倍数をかけて分母をはらう。

4 (1) $x=3$ (2) $x=-12$

解説 (1) 両辺に10をかけて，

$(0.3x-0.5)\times10=(0.4x-0.8)\times10$,

$3x-5=4x-8$, $3x-4x=-8+5$,

$-x=-3$, $x=3$

(2) 両辺に分母の最小公倍数12をかけて，

$\left(\frac{1}{3}x-1\right)\times12=\left(\frac{1}{4}x-2\right)\times12$,

$4x-12=3x-24$, $4x-3x=-24+12$, $x=-12$

5 (1) ア…4，イ…8(3)，ウ…3(8)，エ…6

(2) $x=\frac{10}{3}$ (3) $x=2$

解説 比例式の性質 $a:b=c:d$ ならば $ad=bc$ を利用して，xの値を求める。

(2) $5:x=3:2$

$10=3x$

$x=\frac{10}{3}$

(3) $12:4=6:x$

$12x=24$

$x=2$

Step 2 実力完成問題 (p.42-43)

1 (1) $x=5$ (2) $x=7$ (3) $x=9$ (4) $x=-\frac{3}{2}$

解説 まず，かっこのない式に直す。

(1) $3(2x-3)=4x+1$, $6x-9=4x+1$,

$6x-4x=1+9$, $2x=10$, $x=5$

(2) $2x-3(x-2)=-1$, $2x-3x+6=-1$,

$-x=-1-6$, $x=7$

ミス対策 $-3(x-2)=-3x\cancel{-6}$ うしろの項にかけるとき，符号をまちがえない。

(3) $5(x-3)-6(x-4)=0$, $5x-15-6x+24=0$,

$5x-6x=15-24$, $-x=-9$, $x=9$

(4) $7x+3=2x-(3x+9)$, $7x+3=2x-3x-9$,

$7x-2x+3x=-9-3$, $8x=-12$, $x=-\frac{3}{2}$

2 (1) $x=3$ (2) $x=-6$ (3) $x=10$ (4) $x=1$

解説 係数の小数を整数に直してから解く。

(1) 両辺に10をかけて，$0.4x\times10=(0.1x+0.9)\times10$

$4x=x+9$, $4x-x=9$, $3x=9$, $x=3$

(2) $0.8x-0.2=1.5x+4$ ）両辺に10をかける

$8x-2=15x+40$

$8x-15x=40+2$, $-7x=42$, $x=-6$

(3) $0.5x-0.5=0.25x+2$ ）両辺に100をかける

$50x-50=25x+200$

$50x-25x=200+50$, $25x=250$, $x=10$

(4) $0.05x-0.2=0.15-0.3x$ ）両辺に100をかける

$5x-20=15-30x$

$5x+30x=15+20$, $35x=35$, $x=1$

3 (1) $x=-15$ (2) $x=\frac{4}{3}$ (3) $x=16$ (4) $x=4$

解説 まず，分母をはらう。

(1) 両辺に15をかけて，$\left(\frac{x}{3}+4\right)\times15=\left(\frac{x}{5}+2\right)\times15$

$5x+60=3x+30$, $5x-3x=30-60$,

$2x=-30$, $x=-15$

(2) $\frac{x}{2}-\frac{2}{3}=1-\frac{3}{4}x$ ）両辺に12をかける

$\left(\frac{x}{2}-\frac{2}{3}\right)\times12=\left(1-\frac{3}{4}x\right)\times12$

$6x-8=12-9x$, $6x+9x=12+8$,

↑整数部分にもかけるのを忘れない

$15x=20$, $x=\frac{4}{3}$

(3) $\frac{x-1}{9}+1=\frac{x}{6}$ ）両辺に18をかける

$\left(\frac{x-1}{9}+1\right)\times18=\frac{x}{6}\times18$

$2(x-1)+18=3x$, $2x-2+18=3x$,

$2x-3x=2-18$, $-x=-16$, $x=16$

ミス対策

$\left(\frac{x-1}{9}+1\right)\times18=2x\cancel{-1}+18$ としない。

$2(x-1)=2x-2$ とかっこをつけて計算する。

(4) $\frac{6x+1}{5}-\frac{x-2}{2}=4$ ）両辺に10をかける

$\left(\frac{6x+1}{5}-\frac{x-2}{2}\right)\times10=4\times10$

$2(6x+1)-5(x-2)=40$

$12x+2-5x+10=40$

$12x-5x=40-2-10$, $7x=28$, $x=4$

4 (1) $x=-4$　(2) $x=4$　(3) $x=-\frac{1}{8}$　(4) $x=-4$

解説 まず小数を整数に直し，次に（　）をはずす。

(1) $0.7x-0.3(x+1)=-1.9$
　$7x-3(x+1)=-19$　（両辺に10をかける）
　$7x-3x-3=-19$
　$7x-3x=-19+3$，$4x=-16$，$x=-4$

(2) $3.5x=17.6-0.3(5x-8)$
　$35x=176-3(5x-8)$　（両辺に10をかける）
　$35x=176-15x+24$
　$35x+15x=176+24$，$50x=200$，$x=4$

(3) $0.2(x+2)=0.5(2x+1)$
　$2(x+2)=5(2x+1)$　（両辺に10をかける）
　$2x+4=10x+5$
　$2x-10x=5-4$，$-8x=1$，$x=-\frac{1}{8}$

(4) $2(1.3x+1.6)=0.8x-4$
　$2(1.3x+1.6)\times10=(0.8x-4)\times10$　（両辺に10をかける）
　$20(1.3x+1.6)=8x-40$
　$26x+32=8x-40$
　$26x-8x=-40-32$，$18x=-72$，$x=-4$

5 (1) $x=\frac{5}{3}$　(2) $x=0.8$　(3) $x=-\frac{1}{2}$
　(4) $x=15$　(5) $x=6$　(6) $x=12$

解説 $a:b=c:d$ ならば $ad=bc$ を利用。

(1) $5:9=x:3$
　$15=9x$
　$x=\frac{15}{9}$
　$x=\frac{5}{3}$

(2) $x:0.6=4:3$
　$3x=2.4$
　$x=0.8$

(3) $2:(x+2)=4:3$
　$6=(x+2)\times4$
　$4x+8=6$
　$4x=6-8$
　$4x=-2$，$x=-\frac{1}{2}$

(4) $x:(x+3)=5:6$
　$6x=(x+3)\times5$
　$6x=5x+15$
　$x=15$

(5) $4:x=\frac{1}{2}:\frac{3}{4}$，$4\times\frac{3}{4}=\frac{1}{2}x$，$\frac{1}{2}x=3$，$x=6$

(6) $\frac{2}{3}:\frac{1}{2}=16:x$，$\frac{2}{3}x=\frac{1}{2}\times16$，$\frac{2}{3}x=8$，$x=12$

6 (1) 10　(2) 11

解説 (1) $(-2)*4=5\times(-2)-(-2)\times4+3\times4$
　$=-10+8+12=10$

(2) $x*7=5x-7x+3\times7=-2x+21$
　$x*7=-1$ より，
　$-2x+21=-1$，$-2x=-1-21$，
　$-2x=-22$，$x=11$

7 (1) $x=\frac{2}{9}$　(2) $x=16$　(3) $x=8$　(4) $x=10$

解説 まず係数を整数に直してから計算する。

(1) $\frac{2x-1}{5}=\frac{3x-1}{3}$，$\left(\frac{2x-1}{5}\right)\times15=\left(\frac{3x-1}{3}\right)\times15$
　$3(2x-1)=5(3x-1)$，$6x-3=15x-5$，
　$6x-15x=-5+3$，$-9x=-2$，$x=\frac{2}{9}$

(2) $\frac{x-2}{2}-\frac{x-1}{3}=2$，$\left(\frac{x-2}{2}-\frac{x-1}{3}\right)\times6=2\times6$，
　$3(x-2)-2(x-1)=12$，$3x-6-2x+2=12$，
　$3x-2x=12+6-2$，$x=16$

(3) $0.02(2x-3)=0.5-0.03x$，
　$0.02(2x-3)\times100=(0.5-0.03x)\times100$，
　$2(2x-3)=50-3x$，$4x-6=50-3x$，
　$4x+3x=50+6$，$7x=56$，$x=8$

(4) $(x+2):3=(x-2):2$，$(x+2)\times2=3\times(x-2)$，
　$2x+4=3x-6$，$2x-3x=-6-4$，$-x=-10$，
　$x=10$

3 方程式の利用

Step 1 基礎力チェック問題 (p.44-45)

1 (1) $6x+200$（円）　(2) 920円
　(3) $6x+200=920$　(4) 120円

解説 (1) 鉛筆の代金は $6x$ 円，ノートは1冊だけなので200円。合計の代金は，$6x+200$（円）になる。
(2) 1000円出しておつりが80円だから，
代金の合計は，$1000-80=920$（円）
(3) (1)=(2)より方程式は，$6x+200=920$
(4) $6x+200=920$，$6x=720$，$x=120$
　これは問題にあてはまる。

2 (1) $6x+5$（個）　(2) $8x-1$（個）
　(3) 方程式…$6x+5=8x-1$，子どもの人数…3人

解説 (3) あめの個数は(1)の $6x+5$（個）と(2)の $8x-1$（個）で，これらが等しいから，
　$6x+5=8x-1$
　これを解くと，$6x+5=8x-1$，
　$6x-8x=-1-5$，$-2x=-6$，$x=3$
　これは問題にあてはまる。

3 (1) 兄…$240x$ m，妹…$60(x+6)$ (m)
　(2) 方程式…$240x=60(x+6)$
　　答え…**兄が出発してから2分後に妹に追いつく。**

解説 (1) 兄が妹に追いつくとき，兄が進んだ道のりと妹が進んだ道のりは同じになる。

また，道のりは（速さ）×（時間）で求められるので，兄の進んだ道のりは，$240 \times x=240x$（m）

妹は6分前に出発しているので歩いた時間は $x+6$（分）だから，妹が進んだ道のりは，$60(x+6)$（m）

(2) (1)より $240x=60(x+6)$ が成り立つ。

これを解くと，$240x=60x+360$，

$240x-60x=360$，$180x=360$，$x=2$

兄が出発してから2分間に進んだ道のりは，$240 \times 2=480$（m）で，家から駅までの道のり600 m より短いから，兄は駅までの途中で妹に追いつける。

したがって，兄は2分後に妹に追いつく。

4 (1) $50:20=300:x$　(2) 120 g

解説 比例式の性質を使って，x をふくむ方程式をつくる。$50:20=300:x$，$50x=20 \times 300$

これを解くと，$50x=6000$，$x=120$

5 (1) $6-a=8+3a$　(2) $a=-\frac{1}{2}$

解説 (1) $x=2$ を代入して，

$3 \times 2-a=4 \times 2+3a$，$6-a=8+3a$

(2) $6-a=8+3a$，$-a-3a=8-6$，$-4a=2$，

$a=-\frac{1}{2}$

Step 2 実力完成問題 (p.46-47)

1 5個

解説 カレーパンを x 個買うとすると，メロンパンは $8-x$（個）買うことになり，代金の合計は，$120x+150(8-x)$（円）と表せる。

したがって方程式は，$120x+150(8-x)=1050$

これを解くと，$x=5$

2 安いほうのばら1本の値段…180円

持っている金額…1500円

解説 安いほうのばら1本の値段を x 円とすると，高いほうのばら1本の値段は $x+80$（円）になる。持っている金額を2通りの式で表すと，$8x+60$（円）と $6(x+80)-60$（円）になる。したがって，方程式は，

$8x+60=6(x+80)-60$　これを解くと，$x=180$

持っている金額は，$180 \times 8+60=1500$（円）

3 (1) 9分　(2) 4 km

解説 (1)家から学校までの道のりを x m とすると，（道のり）÷（速さ）＝（時間）より，時間の関係から，

$\frac{x}{70}=\frac{x}{210}+18$　これを解くと，$x=1890$

求めるのは自転車でかかる時間だから，

$1890 \div 210=9$（分）

(2) 時速4 km で歩いた道のりを x km とすると，時速3 km で歩いた道のりは，$10-x$（km）になる。

合計で3時間歩いたから，$\frac{x}{4}+\frac{10-x}{3}=3$

これを解くと，$x=4$

4 34

解説 もとの自然数の十の位の数を x とすると，方程式は，

$10x+4+9=40+x$　これを解くと，$x=3$

ミス対策 方程式の解の3を答えとしないように。

5 午前9時4分

解説 Aの水の量がBの水の量の3倍になるまでの時間を x 分とすると，方程式は，$44+4x=3(4+4x)$

これを解くと，$x=4$

したがって，午前9時から4分後の午前9時4分。

6 4000円

解説 2人がはじめに持っていた金額を x 円とすると，$(x-800):(x+800)=2:3$ の関係が成り立つ。

比例式の性質から，$3(x-800)=2(x+800)$

これを解くと，$x=4000$

7 (1) $a=5$　(2) $a=1$

解説 (1) $3x-a=\frac{1}{2}x+3a$ に $x=8$ を代入すると，

$24-a=4+3a$　これを解くと，$a=5$

(2) $x+3(2x-a)=10+a$ に $x=2$ を代入すると，

$2+3(4-a)=10+a$　これを解くと，$a=1$

8 ノート…90円　鉛筆…60円

解説 鉛筆1本の値段を x 円として方程式をつくる。まず，ノート1冊の値段が鉛筆1本の値段より20円高いとすると，

$5(x+20)+4x=690$，$5x+100+4x=690$，

$5x+4x=690-100$，$9x=590$，$x=65.55\cdots$

答えが整数でないので問題にあてはまらない。

次に，ノート1冊の値段が鉛筆1本の値段より30円高いとすると，

$5(x+30)+4x=690$，$5x+150+4x=690$，

$5x+4x=690-150$，$9x=540$，$x=60$

これは問題にあてはまる。

したがって，鉛筆1本の値段は，60円。ノート1冊の値段は，$60+30=90$（円）

9 1

解説 子ども1人の入園料を x 円とすると，$(x+600):x=5:2$ の関係が成り立つ。

比例式の性質から，$2(x+600)=5x$

これを解くと，$x=400$

定期テスト予想問題 ① (p.48-49)

1 (1) 3 (2) イ，ウ

解説 (1) 方程式の x に値をそれぞれ代入して調べる。

2 (1) ア（またはイ） (2) エ（またはウ）

3 (1) $x=13$ (2) $x=2$ (3) $x=7$ (4) $y=-3$

(5) $x=4$ (6) $x=-3$ (7) $x=\frac{1}{3}$ (8) $a=0$

解説 文字の項を左辺へ，数の項を右辺へ移項して方程式の解を求める。

(8) $3a+8=8-5a$，$3a+5a=8-8$，$8a=0$，$a=0$

4 (1) $x=-1$ (2) $x=3$ (3) $y=6$ (4) $x=24$

(5) $x=-4$ (6) $x=10$ (7) $x=-36$

(8) $x=-13$

解説 (1)(2) まず，分配法則でかっこをはずす。

(3) 両辺に 10 をかけて，$12y-10=7y+20$

(4) 両辺に 100 をかけて，$10x+200=320+5x$

(5) 両辺に 10 をかけて，$9x-5(x-2)=-6$

(6) 両辺に 10 をかけて，$176-3(5x-8)=5x$

(7) 両辺に 12 をかけて，$3x-24=4x+12$

(8) 両辺に 10 をかけて，$5(x-1)+40=2(x-2)$，

$5x-5+40=2x-4$，$5x-2x=-4-35$，

$3x=-39$，$x=-13$

5 (1) $x=7$ (2) $x=9$ (3) $x=18$ (4) $x=3$

解説 $a:b=c:d \rightarrow ad=bc$ を利用する。

(2) $(x+3):15=4:5$，$(x+3)\times5=15\times4$，

$5x+15=60$，$5x=45$，$x=9$

(3) $\frac{1}{3}:\frac{1}{4}=24:x$，$\frac{1}{3}x=\frac{1}{4}\times24$，$\frac{1}{3}x=6$，$x=18$

(4) $6:(x-2)=18:x$，$6x=(x-2)\times18$，

$6x=18x-36$，$-12x=-36$，$x=3$

6 (1) **22 人** (2) **15 分後**

解説 (1) 参加人数を x 人として予算額から方程式をつくると，$300x+500=350x-600$

これを解くと，$x=22$　これは問題にあてはまる。

(2) 2 人が x 時間後に出会うとすると，

兄が進む道のりは，$12x$ km

弟が進む道のりは，$8x$ km

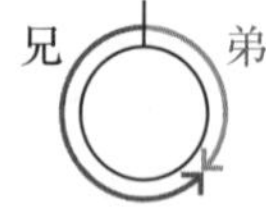

1 周 5 km だから，方程式は，

$12x+8x=5$　これを解くと，$x=\frac{1}{4}$

$\frac{1}{4}$ 時間を分に直すと　$60\times\frac{1}{4}=15$(分) より，

15 分後。

定期テスト予想問題 ② (p.50-51)

1 (1) $x=2$ (2) $x=-6$ (3) $x=4$ (4) $x=2$

(5) $a=3$ (6) $x=-2$ (7) $x=-3$

(8) $x=1$ (9) $x=8$ (10) $x=3$

(11) $x=-5$ (12) $y=-\frac{11}{10}$

解説 文字の項を左辺へ，数の項を右辺へ移項して方程式の解を求める。

(3) $4x+1=5x-3$，$4x-5x=-3-1$

$-x=-4$，$x=4$

(5)～(7) まず，かっこをはずす。

(7) $4(x-1)-2(3x+4)=2x$，$4x-4-6x-8=2x$，

$-2x-2x=12$，$-4x=12$，$x=-3$

(8) $2.5x-4=-0.5x-1$，両辺に 10 をかけて，

$25x-40=-5x-10$，$25x+5x=-10+40$，

$30x=30$，$x=1$

(9) $0.2x-2=0.08x-1.04$，両辺に 100 をかけて，

$20x-200=8x-104$，$20x-8x=-104+200$，

$12x=96$，$x=8$

(10) $0.3(x-1)=0.2x$，両辺に 10 をかけて，

$3(x-1)=2x$，$3x-3=2x$，$3x-2x=3$，$x=3$

(11) $\frac{1}{6}x-2=\frac{3}{4}x+\frac{11}{12}$，両辺に 12 をかけて，

$2x-24=9x+11$，$2x-9x=11+24$，

$-7x=35$，$x=-5$

(12) $\frac{4y+2}{3}=\frac{2y-1}{4}$，両辺に 12 をかけて，

$4(4y+2)=3(2y-1)$，$16y+8=6y-3$，

$16y-6y=-3-8$，$10y=-11$，$y=-\frac{11}{10}$

2 (1) $x=8$ (2) $x=4$ (3) $x=3$ (4) $x=8$

解説 比例式の性質を利用する。

(3) $1.2:3.6=x:9$，$1.2\times9=3.6x$，$10.8=3.6x$，

$x=3$

(4) $\frac{1}{2}:\frac{4}{3}=3:x$，$\frac{1}{2}x=\frac{4}{3}\times3$，$\frac{1}{2}x=4$，$x=8$

3 (1) $a=20$ (2) $a=2$

解説 まず，x の値を代入して a についての方程式をつくる。

(1) 方程式に $x=8$ を代入すると，$6\times8-a=8+a$，

$48-a=8+a$　これを a について解くと，

$-a-a=8-48$，$-2a=-40$，$a=20$

(2) 方程式に $x=-2$ を代入すると，

$4\{1-(-2)\}-7a=-2$，$12-7a=-2$

これを a について解くと，

$-7a=-2-12$，$-7a=-14$，$a=2$

4 (1) 100円玉…13枚，500円玉…7枚
(2) 3年後　(3) 18，20，22　(4) 5個

解説 (1) 100円玉の枚数をx枚とすると，500円玉の枚数は，$20-x$(枚)　合計金額が4800円より，
$100x+500(20-x)=4800$，これを解くと，$x=13$
したがって，500円玉は，$20-13=7$(枚)
これは問題にあてはまる。
(2) 現在からx年後に3倍になるとすると，方程式は$3(12+x)=42+x$になる。これを解くと，$x=3$
したがって3年後で，これは，問題にあてはまる。
(3) いちばん小さい偶数をxとすると，他の2数は$x+2$，$x+4$と表せる。したがって方程式は，
$x+x+2+x+4=60$，これを解くと，$x=18$
連続する3つの偶数は，18，20，22で，これは，問題にあてはまる。
(4) 移したりんごの個数をx個とすると，
$(20-x):(20+x)=3:5$の関係がある。
比例式の性質より，$5(20-x)=3(20+x)$
これを解くと，$x=5$
移したりんごの数は5個で，これは問題にあてはまる。

5 9組

解説 9時から12時30分までは，210分。
演奏できる組の数をx組として方程式をつくる。
休憩の回数は$x-1$(回)となるから，
$15x+5(x-1)+10+10+15=210$
これを解くと，$x=9$
これは問題にあてはまる。

【4章】比例と反比例

1 比例

Step 1 基礎力チェック問題 (p.52-53)

1 (1) ○　(2) ×

解説 (1) 円の面積＝半径×半径×円周率　より，円の半径x cmが決まると，面積y cm^{2}は1つに決まる。
(2) x歳の人の体重y kgは，人それぞれでちがうので，1つに決まらない。

2 (1) $x<10$　(2) $1\leqq x\leqq 7$
(3) $-3\leqq x<8$　(4) $5<x\leqq 9$

解説 以上・以下はその数をふくむので，記号は，等号をふくむ不等号➡≦，≧
より大きい・未満はその数をふくまないので，記号は，等号なしの不等号➡<，>

3 ア…$50x$　イ…比例　ウ…50

解説 ともなって変わる変数x，yの関係が$y=ax$の式で表されるとき，yはxに比例するという。

4 (1) $y=2x$　(2) $y=-18$

解説 yはxに比例するから，比例定数をaとすると，$y=ax$とおける。
(1) $y=ax$に$x=2$，$y=4$を代入すると，
$4=a\times2$，$a=2$　したがって，式は，$y=2x$
(2) $y=ax$に$x=-4$，$y=12$を代入すると，
$12=a\times(-4)$，$a=-3$
したがって，式は，$y=-3x$
この式に$x=6$を代入して，$y=-3\times6=-18$

5 点A…(2，4)　点B…(−4，−3)
点C…(0，2)　点D…(3，0)
点E…(5，−5)

解説 点Aのx座標は2，y座標は4だから，座標はA(2，4)となる。y軸上の点Cのx座標は0，x軸上の点Dのy座標は0となる。

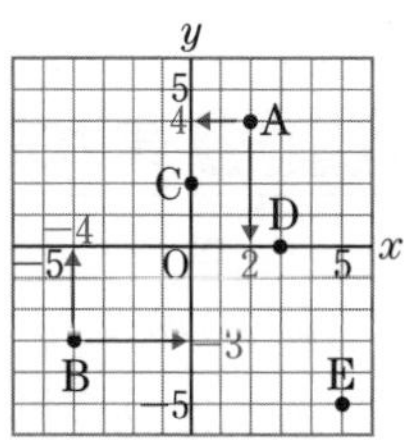

6 右の図

解説 A(4，2)は，x座標が4，y座標が2の点。
x座標が0の点はy軸上の点で，y座標が0の点はx軸上の点。

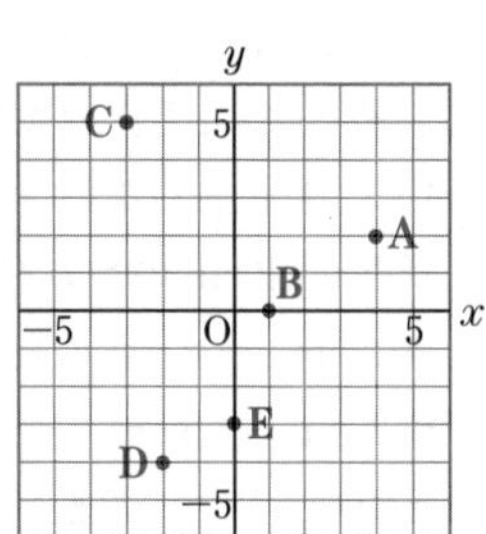

7 **右の図**

解説 (1) $x=1$ のとき，
$y=2\times1=2$
　したがって，原点と点 (1，2) を通る直線をひく。
(2) $x=1$ のとき，
$y=-1\times1=-1$
　したがって，原点と点 (1，−1) を通る直線をひく。
(3) $x=2$ のとき，$y=\frac{1}{2}\times2=1$
　したがって，原点と点 (2，1) を通る直線をひく。
(4) $x=3$ のとき，$y=-\frac{4}{3}\times3=-4$
　したがって，原点と点 (3，−4) を通る直線をひく。
((1)〜(4)の原点以外の点は，グラフが通る点であればどの点でもよい。)

8 (1) ① **4 ずつ増加する。**　② **3 ずつ減少する。**
(2) ① $y=\frac{1}{4}x$　② $y=-\frac{1}{2}x$

解説 (1) 比例の関係 $y=ax$ では，x の値が 1 ずつ増加すると，y の値は比例定数 a ずつ増加する。したがって，①では 4 ずつ増加する。②では，−3 ずつ増加するから，3 ずつ減少することになる。
(2) ①，②は比例のグラフだから，$y=ax$ とおける。
①点 (4，1) を通るから，$y=ax$ に $x=4$，$y=1$ を代入すると，$1=a\times4$，$a=\frac{1}{4}$
　したがって，式は，$y=\frac{1}{4}x$
②点 (2，−1) を通るから，$y=ax$ に $x=2$，$y=-1$ を代入すると，$-1=a\times2$，$a=-\frac{1}{2}$
　したがって，式は，$y=-\frac{1}{2}x$

Step 2 実力完成問題 (p.54-55)

1 ア，エ

解説 アの式は，$y=3x$，エの式は，$y=30-x$ になる。どちらも，x の値が決まると，y の値は 1 つに決まるので，y は x の関数である。
　イでは，たとえば 4 の約数は 1，2，4 の 3 つあり，1 つには決まらない。また，ウでは，たとえば周の長さが 12 cm の長方形を考えると，
縦 2 cm，横 4 cm の長方形の面積は，$2\times4=8(\text{cm}^2)$
縦 1 cm，横 5 cm の長方形の面積は，$1\times5=5(\text{cm}^2)$
となり，1 つに決まらない。

2 (1) $y=\frac{1}{5}x$　(2) $y=-1$

解説 y は x に比例するから，$y=ax$ とおける。
(1) $y=ax$ に $x=10$，$y=2$ を代入すると，
$2=a\times10$，$a=\frac{1}{5}$　したがって，式は，$y=\frac{1}{5}x$
(2) $y=ax$ に $x=-\frac{2}{3}$，$y=\frac{1}{2}$ を代入すると，
$\frac{1}{2}=a\times\left(-\frac{2}{3}\right)$，$a=-\frac{3}{4}$
したがって，式は，$y=-\frac{3}{4}x$
この式に $x=\frac{4}{3}$ を代入して，
$y=-\frac{3}{4}\times\frac{4}{3}=-1$

3 ア…28　イ…16　ウ…4　エ…10

解説 y は x に比例するから，$y=ax$ とおき，
$x=-2$，$y=8$ を代入すると，
$8=a\times(-2)$，
$a=-4$
したがって，式は，$y=-4x$　この式に x または y の値を代入して，y または x の値を求める。

> ミス対策 x，y のどちらの値を代入するかよく確かめる。

4 (1) $y=70x$　(2) $700\leqq y\leqq2100$

解説 (1) 道のり＝速さ×時間　より，$y=70x$
(2) $x=10$ のときの y の値は，$y=70\times10=700$
$x=30$ のときの y の値は，$y=70\times30=2100$
したがって，y の変域は，$700\leqq y\leqq2100$

5 (1) A(−4，2)
(2) ① B(−4，−2)
② C(4，2)
③ D(4，−2)

解説 (1) 点 A の x 座標は −4，y 座標は 2
(2)
> ミス対策 符号の変化のしかたに注意。
> ・x 軸について対称➡y 座標の符号が変わる。
> ・y 軸について対称➡x 座標の符号が変わる。
> ・原点について対称➡x 座標，y 座標の符号が変わる。

6 (1) C(3，2)　(2) 19 cm^2

解説 (1) A(−3，4) について，x 軸の正の方向へ 6 移動すると，x 座標は $-3+6=3$ となり，y 軸の負の方向へ 2 移動すると，y 座標は $4-2=2$ となるから，点 C の座標は，(3，2)

(2) 右の図のように，長方形ADEFをつくり，三角形ABCの面積は，この長方形の面積から3つの直角三角形ADB，CBE，ACFの面積をひくと考える。

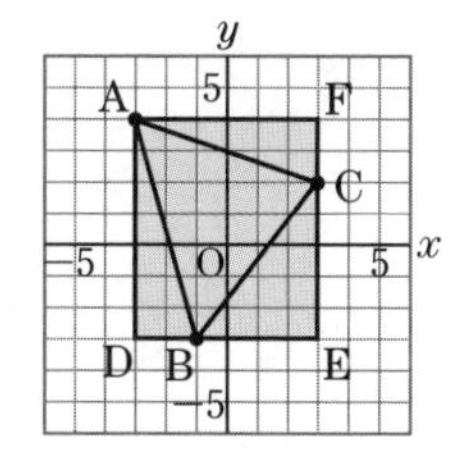

$7\times6-\frac{1}{2}\times2\times7-\frac{1}{2}\times4\times5-\frac{1}{2}\times2\times6$

$=19(\mathrm{cm}^2)$

7 **右の図**

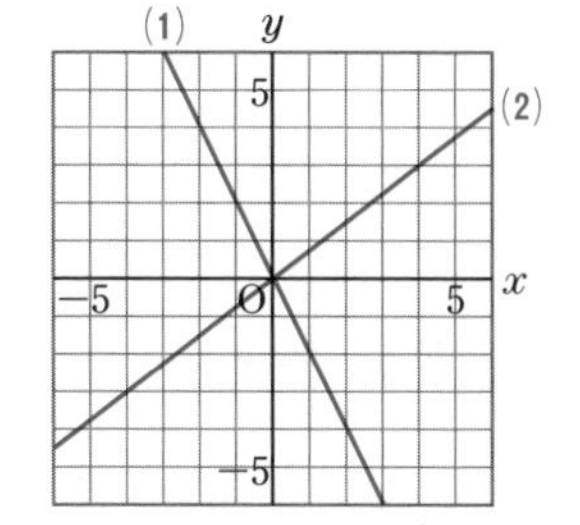

解説 (1) $x=1$ のとき，

$y=-2\times1=-2$

したがって，原点と点 $(1,\ -2)$ を通る直線をひく。

(2) $x=4$ のとき，

$y=\frac{3}{4}\times4=3$

したがって，原点と点 $(4,\ 3)$ を通る直線をひく。

8 (1) $y=-\frac{2}{3}x$ (2) **2ずつ減少する。**

解説 (1) グラフは原点を通る直線だから，比例のグラフ。グラフは点 $(3,\ -2)$ を通るから，比例の式 $y=ax$ に $x=3$，$y=-2$ を代入すると，

$-2=a\times3$，$a=-\frac{2}{3}$

したがって，式は，

$y=-\frac{2}{3}x$

(2) 右のように，x が3ずつ増加すると y は2ずつ減少する。

9 $a=-9$，$b=6$

解説 y は x に比例するので，式を $y=px$ とおき，$x=4$，$y=-12$ を代入すると，

$-12=p\times4$, $p=-3$ したがって，式は，$y=-3x$

$x=-2$ のときの y の値は，$y=-3\times(-2)=6$

$x=3$ のときの y の値は，$y=-3\times3=-9$

したがって，y の変域は，$-9\leqq y\leqq6$

2 反比例

Step 1 基礎力チェック問題 (p.56-57)

1 (1) $y=\frac{30}{x}$，**y が x の関数で，式は $y=\frac{a}{x}$ の形だから，y は x に反比例する。**

(2) 30

解説 (1) 長方形の面積＝縦×横 より，

$30=xy$，$y=\frac{30}{x}$

また，$xy=30$ で，xy の積が一定であることから y が x に反比例すると示すこともできる。

2 (1) $y=\frac{20}{x}$ (2) $y=\frac{8}{x}$ (3) -18 (4) $y=-2$

解説 y は x に反比例するから，比例定数を a として，$y=\frac{a}{x}$ とおける。

(1) $y=\frac{a}{x}$ に，比例定数 $a=20$ を代入。

(2) $y=\frac{a}{x}$ に $x=4$，$y=2$ を代入すると，

$2=\frac{a}{4}$，$a=8$

したがって，式は，$y=\frac{8}{x}$

別解 $xy=a$ の式に $x=4$，$y=2$ を代入して，

$4\times2=a$，$a=8$

したがって，式は，$xy=8$ ➡ $y=\frac{8}{x}$

((3)，(4)も同様にして，$xy=a$ の式を使って求めることができる。)

(3) $y=\frac{a}{x}$ に $x=3$，$y=-6$ を代入すると，$-6=\frac{a}{3}$，

$a=-18$

(4) $y=\frac{a}{x}$ に $x=2$，$y=-3$ を代入すると，

$-3=\frac{a}{2}$，$a=-6$

したがって，式は，$y=-\frac{6}{x}$

この式に $x=3$ を代入して，$y=-\frac{6}{3}=-2$

3 (1)

x	−16	−8	−4	−2	−1	1	2	4	8	16
y	1	2	4	8	16	−16	−8	−4	−2	−1

(2) $\frac{1}{8}$ **倍になる。**

解説 (1) $y=-\frac{16}{x}$ に x の値を代入して，y の値を求める。

(2) x の値が1の8倍の8になると，y の値は，

$\frac{-2}{-16}=\frac{1}{8}$(倍)になる。

4 (1)

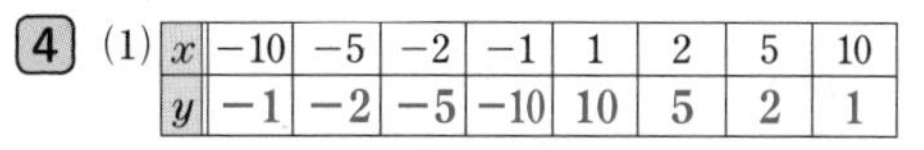

x	−10	−5	−2	−1	1	2	5	10
y	−1	−2	−5	−10	10	5	2	1

(2)

x	−8	−4	−2	−1	1	2	4	8
y	1	2	4	8	−8	−4	−2	−1

グラフは右の図

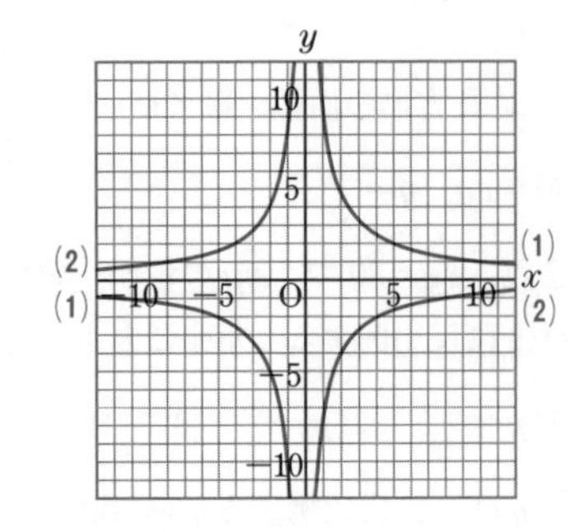

解説 表から，x，y の値の組を座標とする点をとり，なめらかな曲線で結ぶ。

5 (1) ウ　(2) **増加する。**

解説 (1) 反比例のグラフだから，$y=\frac{a}{x}$ とおける。

グラフは点 (2，−6) を通るから，$y=\frac{a}{x}$ に

$x=2$，$y=-6$ を代入すると，$-6=\frac{a}{2}$，$a=-12$

したがって，式は，$y=-\frac{12}{x}$

（グラフが通るほかの点の座標を代入して，求めてもよい。）

(2) $a=-12$ で，$a<0$ だから，x の値が増加すると，y の値も増加する。

Step 2 実力完成問題　(p.58-59)

1 (1) 記号…ア　比例定数…$\frac{1}{3}$

(2) 記号…ウ　比例定数…−2

解説 (1) $y=ax$ の形の式をさがす。

> **ミス対策**
>
> $y=\frac{x}{3}$ は，$y=\frac{1}{3}x$ と表すことができる。これは，$y=ax$ の形だから，y は x に比例する。

(2) ウは，$xy=a$ の形だから，y は x に反比例する。

2 (1) $y=-\frac{56}{x}$　(2) $y=-2$

(3) $y=-\frac{2}{x}$

解説 y は x に反比例するから，$y=\frac{a}{x}$ または $xy=a$ とおける。

(1) $y=\frac{a}{x}$ に $x=7$，$y=-8$ を代入すると，$-8=\frac{a}{7}$，

$a=-56$

したがって，式は，$y=-\frac{56}{x}$

(2) $y=\frac{a}{x}$ に $x=-4$，$y=6$ を代入すると，

$6=\frac{a}{-4}$，$a=-24$

したがって，式は，$y=-\frac{24}{x}$

この式に $x=12$ を代入して，$y=-\frac{24}{12}=-2$

(3) $xy=a$ に $x=\frac{4}{5}$，$y=-\frac{5}{2}$ を代入すると，

$\frac{4}{5}\times\left(-\frac{5}{2}\right)=a$，$a=-2$

したがって，式は，$xy=-2$ ➡ $y=-\frac{2}{x}$

3 ア…18　イ…−3　ウ…6　エ…−8

解説 $y=\frac{a}{x}$ とおいて，$x=2$，$y=-36$ を代入すると，

$-36=\frac{a}{2}$，$a=-72$

したがって，式は，$y=-\frac{72}{x}$　この式に x または y の値を代入して，y または x の値を求める。

ア…$y=-\frac{72}{-4}=18$

イ…$24=-\frac{72}{x}$，$x=-3$

ウ…$-12=-\frac{72}{x}$，$x=6$

エ…$y=-\frac{72}{9}=-8$

符号のミスに注意。x または y の値が正の数か負の数かをまちがえないようにすること。

4 (1) $y=\frac{36}{x}$　(2) $y=4$

(3) $y=96$　(4) $3\leqq y\leqq 18$

解説 (1) 三角形の面積$=\frac{1}{2}\times$底辺$\times$高さ　より，

$18=\frac{1}{2}\times x\times y$，$xy=36$，$y=\frac{36}{x}$

(2) $y=\frac{36}{x}$ に $x=9$ を代入して，$y=\frac{36}{9}=4$

(3) $xy=36$ に $x=\frac{3}{8}$ を代入して，$\frac{3}{8}y=36$，$y=96$

(4) $y=\frac{36}{x}$ に $x=2$，$x=12$ をそれぞれ代入して y の値を求めると，$x=2$ のとき，$y=\frac{36}{2}=18$

$x=12$ のとき，$y=\frac{36}{12}=3$

したがって，y の変域は，$3\leqq y\leqq 18$

5 (1) ① −5　② $y=-\frac{5}{x}$　③ $y=-\frac{5}{2}$

(2) ① $y=\frac{16}{x}$

② 右の図

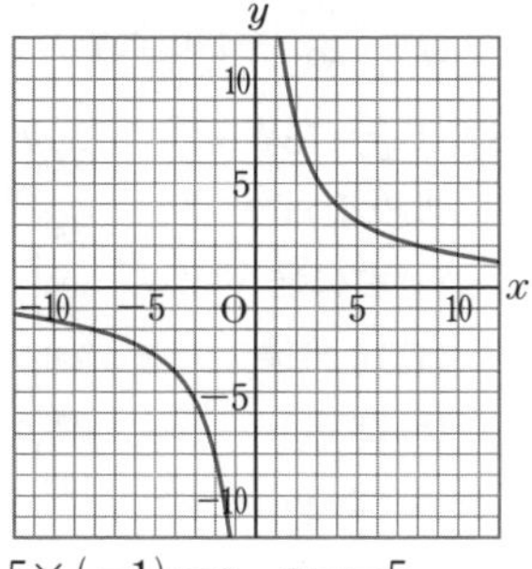

解説 (1) ①②グラフは点 (5, −1) を通るから，反比例の式 $xy=a$ に $x=5$, $y=-1$ を代入すると，$5\times(-1)=a$，$a=-5$

したがって，比例定数は，−5

また，$y=\frac{a}{x}$ より，$y=-\frac{5}{x}$

③ ②の式に，$x=2$ を代入して，y の値を求める。

(2) ① $xy=a$ とおいて，$x=12$, $y=\frac{4}{3}$ を代入すると，

$12\times\frac{4}{3}=a$，$a=16$

したがって，式は，$xy=16$ ➡ $y=\frac{16}{x}$

②対応する x，y の値は，下の表のようになる。

x	…	−8	−4	−2	0	2	4	8	…
y	…	−2	−4	−8	×	8	4	2	…

6 (1) 3 (2) $-12\leqq y\leqq -2$

解説 (1) グラフが通る点の y 座標が 16 のときの x 座標の値を求めればよいから，$y=\frac{48}{x}$ に $y=16$ を代入すると，$16=\frac{48}{x}$，$x=3$

(2) $y=\frac{48}{x}$ に $x=-24$，$x=-4$ をそれぞれ代入して y の値を求め，y の変域を求める。

7 (1) $\frac{1}{4}$ 倍 (2) $a=6$，$b=18$

解説 (1) 反比例では x の値が 2 倍，3 倍，4 倍，…になると，y の値は $\frac{1}{2}$ 倍，$\frac{1}{3}$ 倍，$\frac{1}{4}$ 倍，…になる。

(2) 反比例の式 $y=\frac{a}{x}$ に $x=4$，$y=9$ を代入すると，

$9=\frac{a}{4}$，$a=9\times4=36$　したがって，式は，$y=\frac{36}{x}$

この式に $x=2$，$x=6$ をそれぞれ代入すると，$y=18$，$y=6$ になるから，y の変域は $6\leqq y\leqq 18$

したがって，$a=6$，$b=18$

3 比例と反比例の利用

Step 1 基礎力チェック問題 (p.60-61)

1 (1) $y=\frac{16}{5}x$ (2) 8000 g

解説 (1) コピー用紙 x 枚の重さを y g とすると，y は x に比例する。コピー用紙 100 枚で 320 g だから，$y=ax$ とおき，$x=100$，$y=320$ を代入すると，

$320=a\times100$，$a=\frac{16}{5}$　したがって，式は，$y=\frac{16}{5}x$

(2) コピー用紙 2500 枚分の重さは，(1)の式に $x=2500$ を代入して，$y=\frac{16}{5}\times2500=8000$(g)

別解 右の表のように，枚数が 25 倍になっているから，重さも 25 倍になる。

枚数(枚)	100	2500
重さ(g)	320	8000

（25倍）

2 (1) $y=\frac{1}{6}x$ (2) 26 m

解説 (1) 針金 x g の長さを y m とすると，y は x に比例する。重さ 30 g の針金の長さが 5 m だから，$y=ax$ とおき，$x=30$，$y=5$ を代入すると，

$5=a\times30$，$a=\frac{1}{6}$　したがって，式は，$y=\frac{1}{6}x$

(2) 重さ 156 g の針金の長さは，(1)の式に $x=156$ を代入して，$y=\frac{1}{6}\times156=26$(m)

3 (1) $y=\frac{140}{x}$ (2) 28 分

解説 (1)毎分 x L ずつ水を入れたとき，水そうがいっぱいになるまでに y 分かかるとすると，

$x\times y=4\times35$

したがって，式は，$y=\frac{140}{x}$

(2)(1)の式に $x=5$ を代入して，

$y=\frac{140}{5}=28$(分)

4 (1) $y=\frac{90}{x}$ (2) $\frac{9}{2}$ cm

解説 (1) 右側につるしたおもりの重さが x g，支点からの距離が y cm だから，

$x\times y=15\times6$

したがって，式は，$y=\frac{90}{x}$

(2)(1)の式に $x=20$ を代入して，

$y=\frac{90}{20}=\frac{9}{2}$(cm)

5 (1) $y=80x$ (2) $0\leqq x\leqq 15$
(3) 9 分後

解説 (1) 速さが一定のとき，x 分間に進む道のりを y m とすると，y は x に比例するから，$y=ax$ と表される。

また，道のり＝速さ×時間　より，比例定数は速さになる。

グラフより，15 分間に 1200 m 進んでいるから，

速さは，$1200\div15=80$(m/分)

したがって，式は，$y=80x$

(2)A地点からB地点までの道のりは1200 mだから，yの変域は，$0\leqq y\leqq1200$

グラフより，$y=1200$のとき$x=15$だから，xの変域は，$0\leqq x\leqq15$

(3)(1)の式に$y=720$を代入すると，

$720=80x$，$x=9$

したがって，出発してから9分後。

6 (1) A(3，2) (2) $a=6$

解説 (1) 点Aはグラフ①上の点で，点Aのx座標は3だから，点Aのy座標は，$y=\frac{2}{3}x$に$x=3$を代入して，$y=\frac{2}{3}\times3=2$

したがって，点Aの座標は，A(3，2)

(2) 点Aは，グラフ②上の点でもあるから，$y=\frac{a}{x}$に$x=3$，$y=2$を代入すると，$2=\frac{a}{3}$，$a=6$

Step 2 実力完成問題 (p.62-63)

1 (1) $y=\frac{1}{8}x$ (2) **午前3時58分**

解説 (1) x時間にy分遅れるとすると，yはxに比例するので，$y=ax$と表される。

24時間で3分遅れるから，$y=ax$に$x=24$，$y=3$を代入すると，$3=a\times24$，$a=\frac{1}{8}$

したがって，式は，$y=\frac{1}{8}x$

(2) 正午から翌日の午前4時までは16時間あるから，(1)の式に$x=16$を代入すると，$y=\frac{1}{8}\times16=2$

したがって，2分遅れる。

時計が示している時刻を答えるのだから，答えは「2分」ではなく，「午前3時58分」とする。

2 (1) $y=\frac{8400}{x}$ (2) **毎分140回転**

解説 (1) 歯車AとBが1分間にかみ合う歯数は，歯車の歯数×1分間の回転数　で求められる。

この積が歯車AとBで等しいので，歯車Bの歯数をx，1分間の回転数をy回転とすると，

$xy=24\times350$

したがって，式は，$y=\frac{8400}{x}$

(2)(1)の式に$x=60$を代入して，

$y=\frac{8400}{60}=140$(回転)

3 (1) $y=75x$

(2) 225 m

(3) **右の図**

(4) **10分後**

(5) 75 m

(6) 120 m

解説 グラフは原点を通る直線だから，yはxに比例し，$y=ax$と表される。

(1) グラフより，兄は8分間で600 m進むから，兄の速さは，$600\div8=75$(m/分)

したがって，式は，$y=75x$

(2)(1)の式に$x=3$を代入すると，$y=75\times3=225$(m)

(3) 弟について，yをxの式で表すと，$y=60x$

(4)(3)のグラフより，弟は10分間で600 m進む。

(5) 出発してから5分後の2人が進む道のりの差は，

$75\times5-60\times5=75$(m)

(6) グラフより，兄が公園に着いたのは出発してから8分後。このとき，弟は，家から$60\times8=480$(m)離れた地点にいるから，公園からは，

$600-480=120$(m)手前の地点にいる。

ミス対策 家からの道のりを求めるのではなく，公園からの道のりを求めることに注意。

4 $y=\frac{5}{3}x$

解説 点Aはグラフ②上の点だから，$y=\frac{60}{x}$に$y=10$を代入すると，$10=\frac{60}{x}$，$x=6$　したがって，A(6，10)　点Aはグラフ①上の点でもあるから，①の式を$y=ax$とおき，$x=6$，$y=10$を代入すると，

$10=a\times6$，$a=\frac{5}{3}$

したがって，式は，$y=\frac{5}{3}x$

5 (1) 105 cm^2 (2) **325本**

解説 (1) 厚さや材質が均一な木の板の面積は，重さに比例するから，木の板の重さをx g，面積をy cm^2とすると，$y=ax$と表される。

イの重さは45 gで，面積は，$5\times15=75$(cm^2)だから，$y=ax$に$x=45$，$y=75$を代入すると，

$75=a\times45$，$a=\frac{5}{3}$

したがって，式は，$y=\frac{5}{3}x$

この式に $x=63$ を代入すると，

$y=\frac{5}{3}\times 63=105(\text{cm}^2)$

(2) くぎの重さは本数に比例するから，くぎの本数を x 本，重さを y g とすると，$y=ax$ と表される。

Aの箱のくぎの重さは，$1600-400=1200$(g) だから，$y=ax$ に $x=200$，$y=1200$ を代入すると，

$1200=a\times 200$，$a=6$

したがって，式は，$y=6x$

この式に $y=2350-400=1950$ を代入すると，

$1950=6x$，$x=325$(本)

6 C(0, 9)

解説 $y=\frac{12}{x}$ に $x=4$ を代入すると，$y=\frac{12}{4}=3$

したがって，A(4, 3)　△OAB の面積は

$\frac{1}{2}\times 6\times 3=9$

点 C の座標を (0, p) とすると，△OAC の面積は

$\frac{1}{2}\times p\times 4=2p$　△OAC の面積は△OAB の面積の 2 倍だから，$2p=9\times 2=18$，$p=9$　よって，C(0, 9)

定期テスト予想問題 ①　(p.64-65)

1 (1) ア，イ，エ　(2) 記号…エ　式…$y=3x$

(3) 記号…イ　式…$y=\frac{20}{x}$

解説 (1) ウは，たとえば約数が 4 個ある自然数は 6, 8, 10, …など複数あるので，x の値を 4 と決めても，y の値は 1 つに決まらない。

2 (1) $y=-x$　(2) $y=\frac{3}{2}$

(3) $y=-\frac{32}{x}$　(4) $y=-6$

解説 (1) $y=ax$ とおいて，$x=5$，$y=-5$ を代入すると，$-5=a\times 5$，$a=-1$　式は，$y=-x$

(2) $y=ax$ とおいて，$x=-4$，$y=-3$ を代入すると，

$-3=a\times(-4)$，$a=\frac{3}{4}$　式は，$y=\frac{3}{4}x$

この式に $x=2$ を代入して，$y=\frac{3}{4}\times 2=\frac{3}{2}$

(3) $y=\frac{a}{x}$ とおいて，$x=-8$，$y=4$ を代入すると，

$4=\frac{a}{-8}$，$a=-32$　式は，$y=-\frac{32}{x}$

(4) $y=\frac{a}{x}$ とおいて，$x=9$，$y=2$ を代入すると，

$2=\frac{a}{9}$，$a=18$　式は，$y=\frac{18}{x}$

この式に $x=-3$ を代入して，$y=\frac{18}{-3}=-6$

3 (1) A(2, 3)

B(5, −4)

C(−4, −5)

(2) 右の図

(3) D(2, −3)

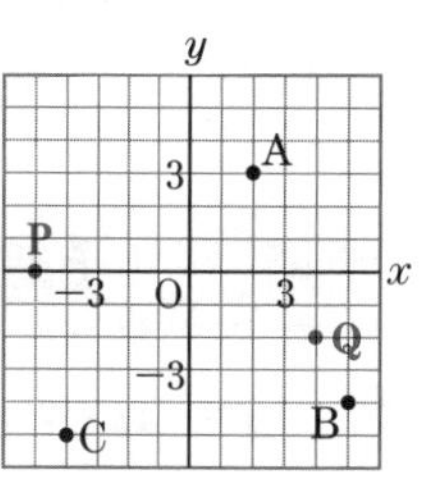

解説 (3) A(2, 3) と x 軸について対称な点 D は，y 座標の符号が変わるので，D(2, −3) になる。

4 (1) $y=\frac{2}{3}x$　(2) $y=\frac{8}{x}$

(3) $y=-3x$　(4) $y=-\frac{9}{x}$

解説 (1) 比例のグラフで，点 (6, 4) を通るから，式を $y=ax$ とおき，$x=6$，$y=4$ を代入すると，

$4=a\times 6$，$a=\frac{2}{3}$　式は，$y=\frac{2}{3}x$

(2) 反比例のグラフで，点 (4, 2) を通るから，

式を $y=\frac{a}{x}$ とおき，$x=4$，$y=2$ を代入すると，

$2=\frac{a}{4}$，$a=8$　式は，$y=\frac{8}{x}$

(3) グラフは点 (2, −6) を通る。

(4) グラフは点 (3, −3) を通る。

5

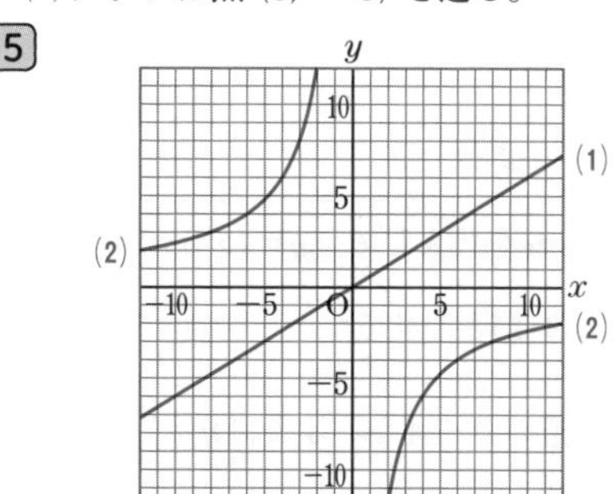

解説 (2) 対応する x, y の値は，下の表のようになる。

x	…	−12	−8	−6	−4	−3	−2	0	2	3	4	6	8	12	…
y	…	2	3	4	6	8	12	×	−12	−8	−6	−4	−3	−2	…

6 (1) 6 ずつ減少する。　(2) $-54\leqq y\leqq 18$

解説 (2) $y=-6x$ に $x=-3$，$x=9$ をそれぞれ代入して，y の値を求める。

7 (1) 姉…$y=70x$　弟…$y=50x$

(2) 200 m　(3) 7 分後

解説 (1) 姉は 10 分間で 700 m 歩き，弟は 14 分間で 700 m 歩くから，

姉の歩く速さは，$700\div 10=70$(m/分)

弟の歩く速さは，$700\div 14=50$(m/分)

(2) 家を出発してから 10 分後に，弟が進む道のりは，

$50\times 10=500$(m)　したがって，駅から，

$700-500=200$(m)手前の地点にいる。

(3) $70x-50x=140$　これを解いて，$x=7$

したがって，家を出発してから7分後。

定期テスト予想問題 ②　(p.66-67)

1 (1) $y=-12$　(2) $y=-\frac{5}{4}$

解説 (1) $y=ax$ とおいて，$x=3$，$y=-4$ を代入すると，

$-4=a\times3$，$a=-\frac{4}{3}$　式は，$y=-\frac{4}{3}x$

この式に $x=9$ を代入して，$y=-\frac{4}{3}\times9=-12$

(2) $y=\frac{a}{x}$ とおいて，$x=5$，$y=3$ を代入すると，

$3=\frac{a}{5}$，$a=15$　式は，$y=\frac{15}{x}$

この式に $x=-12$ を代入して，$y=\frac{15}{-12}=-\frac{5}{4}$

2 (1) $y=4x$　(2) $0\leqq x\leqq\frac{25}{2}$　(3) 24 cm

解説 (1) 水面の高さ＝水面の1分間あたりに上がる高さ×時間　より，$y=4x$

(2) 容器が満水になるまでにかかる時間は，

$50=4x$，$x=\frac{25}{2}$

したがって，$0\leqq x\leqq\frac{25}{2}$

(3) (1)の式に $x=6$ を代入して，$y=4\times6=24$

3 (1) $y=\frac{50}{x}$　(2) 1時間40分

解説 (1) 時間＝道のり÷速さ　より，$y=\frac{50}{x}$

(2) (1)の式に $x=30$ を代入して，$y=\frac{50}{30}=1\frac{2}{3}$

$1\frac{2}{3}$時間＝1時間40分

4 (1) $y=-\frac{3}{2}x$　(2) $y=-\frac{9}{2}$　(3) $-6\leqq y\leqq3$

解説 (1) グラフは点 (2, −3) を通るから，

$y=ax$ とおき，$x=2$，$y=-3$ を代入すると，

$-3=a\times2$，$a=-\frac{3}{2}$

(2) $x=3$ のとき，$y=-\frac{3}{2}\times3=-\frac{9}{2}$

(3) $x=-2$ のとき，$y=-\frac{3}{2}\times(-2)=3$

$x=4$ のとき，$y=-\frac{3}{2}\times4=-6$

したがって，$-6\leqq y\leqq3$

5 (1) $y=\frac{6}{x}$　(2) $2\leqq y\leqq6$　(3) 8個

解説 (1) グラフは点 (3, 2) を通るから，

$y=\frac{a}{x}$ とおき，$x=3$，$y=2$ を代入して，$a=6$

(2) $x=1$ のとき，$y=\frac{6}{1}=6$

$x=3$ のとき，$y=\frac{6}{3}=2$　したがって，$2\leqq y\leqq6$

(3) $y=\frac{6}{x}$ で，y の値が整数になるのは，x の値が6の約数のときである。したがって，x 座標，y 座標が正の整数である点は，(1, 6)，(2, 3)，(3, 2)，(6, 1) の4個。同様にして，x 座標，y 座標が負の整数である点も4個あるから，合わせて8個。x 座標，y 座標が負の整数である点を見のがしやすいので注意すること。

6 (1) $\frac{7}{2}$ cm　(2) 48

解説 (1) x g のおもりをつるしたときに，ばねの伸びる長さを y cm とすると，y は x に比例する。

式を $y=ax$ とおき，$x=40$，$y=2$ を代入すると，

$2=a\times40$，$a=\frac{1}{20}$　したがって，式は，$y=\frac{1}{20}x$

$x=70$ のとき，$y=\frac{1}{20}\times70=\frac{7}{2}$(cm)

(2) $72\times20=$(歯車Bの歯数)$\times30$　より，

歯車Bの歯数は，$1440\div30=48$

7 (1) $y=16x$

(2) $0\leqq x\leqq3$

(3) $0\leqq y\leqq48$

(4) 右の図

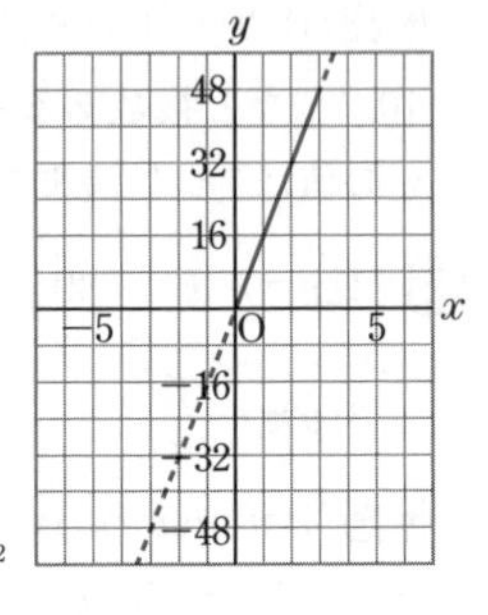

解説 (1) x 秒後の BP の長さは，

BP$=4x$(cm)

三角形 ABP の面積 y cm^2 を求める式は，$y=\frac{1}{2}\times4x\times8$，$y=16x$

(2) 点Pが点Bにあるときは，$x=0$

点Pが点Cにくるまでにかかる時間は，

$12\div4=3$(秒)

したがって，x の変域は，$0\leqq x\leqq3$

(3) $y=16x$ に $x=3$ を代入して，$y=16\times3=48$

したがって，y の変域は，$0\leqq y\leqq48$

(4) 原点と点 (3, 48) を通る直線をひく。

変域外は何もかかないか，かくときは上の答えのように点線(破線)で表すようにする。

【5章】平面図形

1 直線と角，図形の移動

Step 1 基礎力チェック問題 (p.68-69)

1 (1) **3本** (2) **6本**

解説 (1) 点Aを通る直線は，AB，AC，AD

(2) 2点を通る直線は，(1)のほかに，BC，BD，CD

2 (1) **AD=BC** (2) **AB=2BC** $\left(\frac{1}{2}\text{AB}=\text{BC}\right)$

(3) **AB⊥AD** (4) **AB∥DC**

解説 (2) 辺ABの長さは辺BCの長さの2倍。

(3) 長方形のとなり合う辺は垂直。

(4) 長方形の向かい合う辺は平行。

3 (1) **∠BAD(∠DAB)** (2) **∠ADC(∠CDA)**

解説 (1) Aをまん中に書いて，∠BAD

(2) Dをまん中に書いて，∠ADC

4 (1) **点B** (2) **右の図**

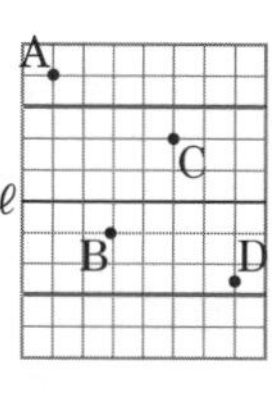

解説 (1) 各点から直線ℓまでひいた垂線の長さは，点A…4めもり，点B…1めもり，点C…2めもり，点D…2.5めもり

(2) 直線ℓに平行で，直線ℓから上に3めもり，下に3めもり分離れている直線をかく。

5 **右の図**

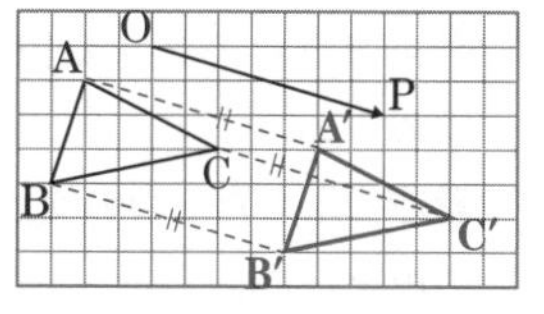

解説 点Pは，点Oを右へ7めもり，下へ2めもり移動させた点だから，点A，B，Cも，それぞれ同じように移動させて，点A′，B′，C′をとり，3点A′，B′，C′を結ぶ。

6 **右の図**

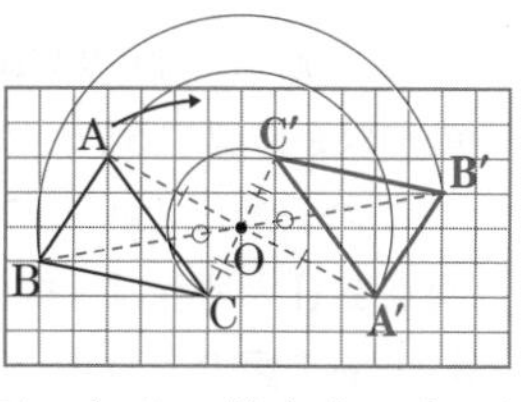

解説 点Oを中心として，半径OAの円をかき，∠AOA′=180°となる点A′をとる。同様にして，点Bに対応する点B′，点Cに対応する点C′をとり，3点A′，B′，C′を結ぶ。

7 **右の図**

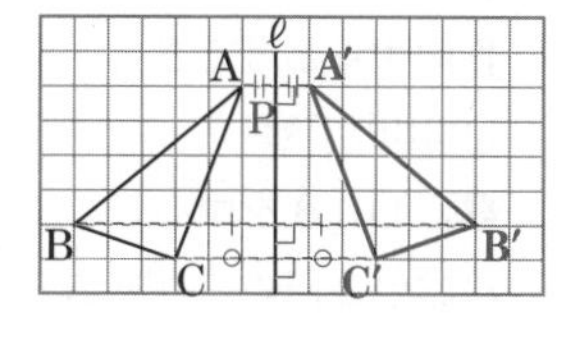

解説 点Aから直線ℓに垂線APをひき，AP=A′Pとなる点A′をとる。同様にして，点Bに対応する点B′，点Cに対応する点C′をとり，3点A′，B′，C′を結ぶ。

8 (1) **△FOE，△OCD** (2) **△EDO**

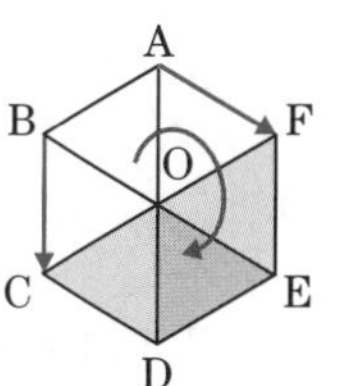

解説 (1) 右の図で，△ABOを矢印AFの方向に平行移動させると△FOEと重なり，矢印BCの方向に平行移動させると△OCDと重なる。

(2) △ABOを，直線CFを対称の軸として折り返すと，△EDOと重なる。

Step 2 実力完成問題 (p.70-71)

1 (1) **AB=3AP** $\left(\frac{1}{3}\text{AB}=\text{AP}\right)$

(2) **AP=2QM** $\left(\frac{1}{2}\text{AP}=\text{QM}\right)$

(3) **QM=$\frac{1}{5}$AM** (**5QM=AM**)

解説 (1) ABの長さはAPの3倍。

(2) AP=QBで，QBの長さはQMの2倍。

(3)

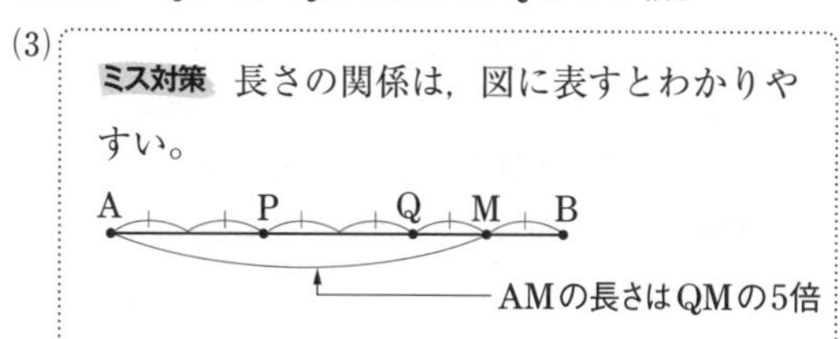

2 (1) **右の図**

(2) **2 cm**

(3) **右の図**

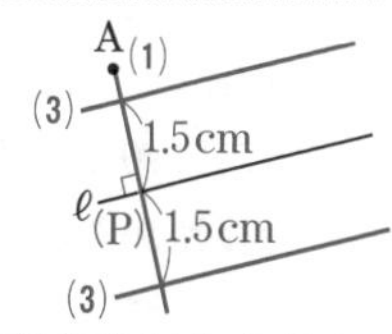

解説 (2) (1)の垂線と直線ℓとの交点をPとすると，APの長さが点Aと直線ℓとの距離になる。

3 (1) **AB⊥CD** (2) **∠BOF(∠FOB)** (3) **35°**

解説 (1) 直線ABとCDは，垂直に交わっている。

(2) アの角は，頂点はO，辺はOBとOFだから，Oをまん中に書いて，∠BOF

(3) 一直線がつくる角は180°だから，アの角の大きさは，180°−(55°+90°)=35°

4 (1) **160°** (2) **70°**

解説

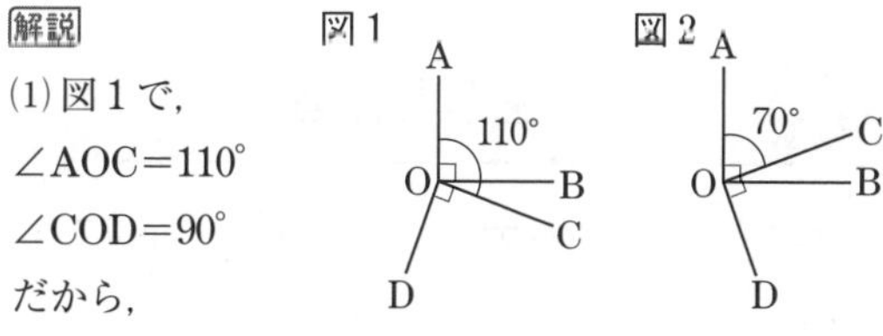

(1) 図1で，∠AOC=110°

∠COD=90°

だから，

∠AOD=360°−(110°+90°)=160°

(2) 図2で，∠AOB=∠COD=90°だから，

∠COB=90°−70°=20°，∠BOD=90°−20°=70°

5 下の図

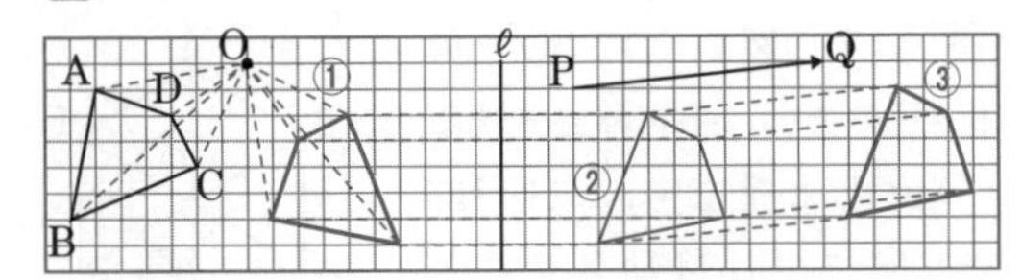

解説 ①回転移動で，対応する点をとるときは，コンパスを使ってもよいし，方眼のめもりを利用してもよい。

②対称移動では，対応する2点を結ぶ線分は，直線ℓと垂直に交わり，直線ℓによって2等分される。

③平行移動では，矢印の点Qが，点Pを右へ10めもり，上へ1めもり移動させた点だから，四角形の4つの頂点も同じように移動させる。

6 (1) **△DBE，△GIF** (2) **△IDE** (3) **90°**

(4) **直線AIを対称の軸として，対称移動させる。**

(5) **(例)まず，△DBEを平行移動させて△GIFに重ねる。次に，直線GFを対称の軸として対称移動させる。**

解説 (1) △ADHを回転させたり裏返したりせず，そのままずらしたときに重なる三角形を選ぶ。

(2)(3) △ADHと△IDEで，点Hと点Eが対応し，∠HDE=90°だから，90°回転させる。

(4) 対称移動では，対称の軸も答えるようにする。

(5) 移動のしかたは何通りかある。たとえば，まず，△DBEを，点Eを回転の中心として時計の針と同じ方向に90°回転移動させて△DIEに重ねる。次に，平行移動させて△GCFに重ねる。

7

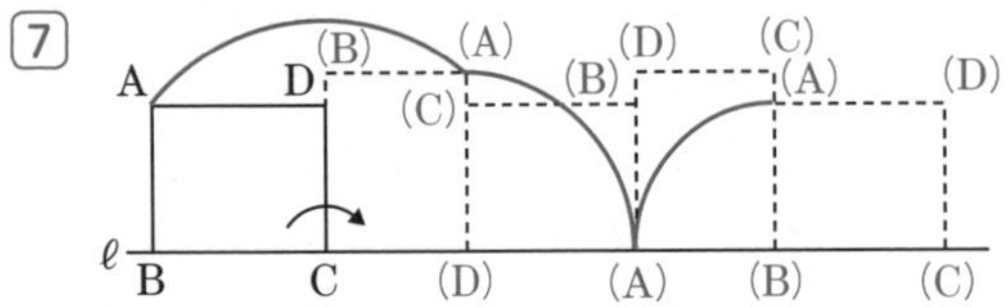

解説 移動させた長方形の図に頂点の記号を書き入れると，点Aの位置の移るようすがとらえやすくなる。直線ℓ上の点C, D, Bをそれぞれ中心にして，点Aを通るように，半径CA，DA，BAの円を順にかいていく。

2 図形と作図

Step 1 基礎力チェック問題 (p.72-73)

1 (1) **右の図の直線ℓ**

(2) **右の図の点M**

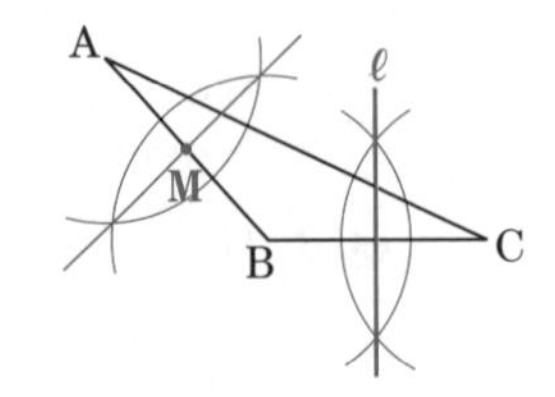

解説〔作図の手順〕

(1) ❶点B, Cを中心として，等しい半径の円をかく。

❷❶の2円の交点を通る直線をかく。

(2) ❶点A, Bを中心として，等しい半径の円をかく。

❷❶の2円の交点を通る直線をかき，辺ABとの交点をMとする。

2 右の図の点P

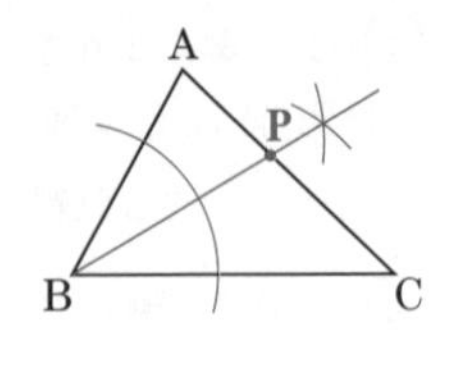

解説〔作図の手順〕

❶点Bを中心とする円をかき，BA，BCとの交点を求める。

❷❶で求めた2つの交点を中心として，等しい半径の円をかき，2円の交点を求める。

❸点Bから❷の2円の交点を通る半直線をかき，辺ACとの交点をPとする。

3 (1) **下の図** (2) **下の図**

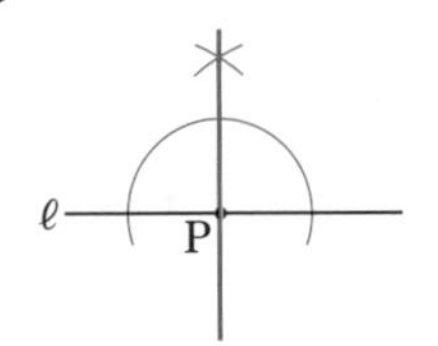

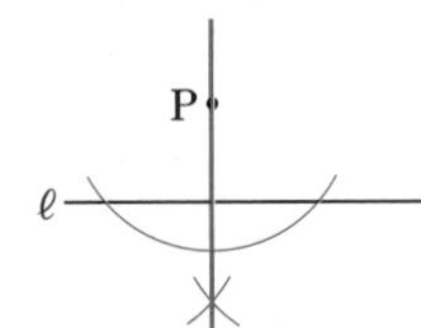

解説〔作図の手順〕

(1)と(2)では，点Pが直線ℓ上にあるかないかのちがいはあるが，次の❶～❸の手順で作図をすることは同じである。

❶点Pを中心とする円をかき，直線ℓとの交点を求める。

❷❶で求めた2つの交点を中心として，等しい半径の円をかく。

❸❷の2円の交点と点Pを通る直線をかく。

4 右の図のBH

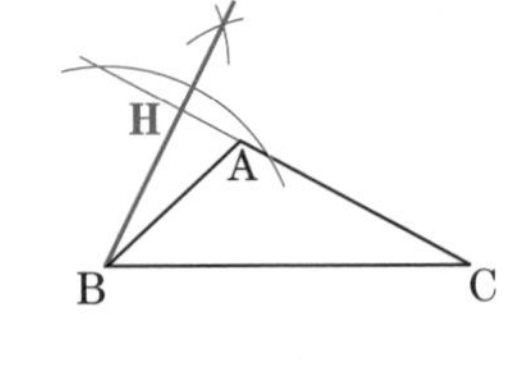

解説 辺CAを延長し，点Bを通る半直線CAの垂線を作図する。

この垂線とCAとの交点をHとすれば，線分BHが高さになる。

5 (1) **右の図の∠AOB**

(2) **右の図の∠COB**

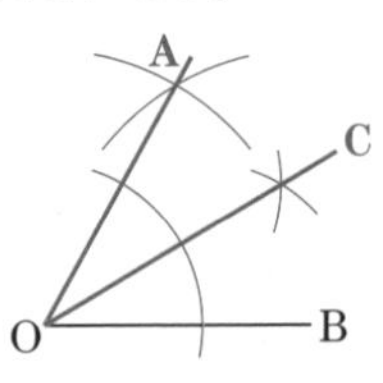

解説 (1) 正三角形AOBを作図すると考える。

〔作図の手順〕

❶点O，Bを中心として，半径OBの円をかく。

❷❶の2円の交点をAとする。

❸半直線OAをかく。

(2) ∠AOBの二等分線OCを作図すれば，∠COBは，60°の角を2等分した角で，30°になる。

6 (1) **二等分線**　(2) **垂直二等分線**

解説 作図の問題で，問題文中に「垂直二等分線を作図しなさい。」などの指示があれば，指示どおりに作図すればよい。しかし，そのような指示のない問題の場合は，2辺との距離が等しい点などの作図であれば，「角の二等分線」を，2点との距離が等しい点などの作図であれば，「垂直二等分線」を使うことが多い。まず，2辺との距離が等しいのか，2点との距離が等しいのかを正しく読み取ることが大切。

7 **右の図の点P**

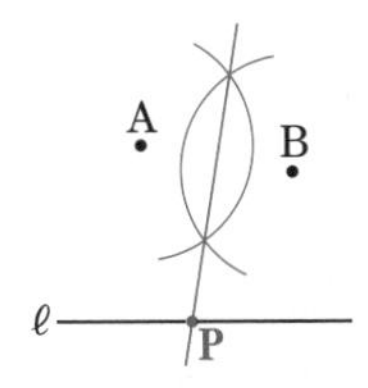

解説 2点A，Bからの距離が等しい点は，線分ABの垂直二等分線上にある。したがって，線分ABの垂直二等分線を作図し（このとき，AとBを結ぶ線分を実際にかく必要はない），直線ℓとの交点をPとすればよい。

Step 2 実力完成問題　(p.74-75)

1 **右の図の∠AOD**

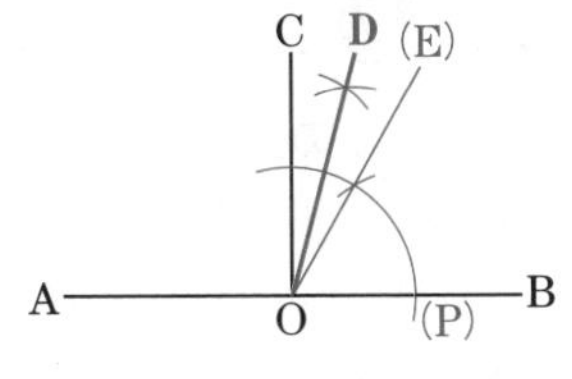

解説 105°=90°+15°だから，右の図のように，15°の∠CODを作図すればよい。

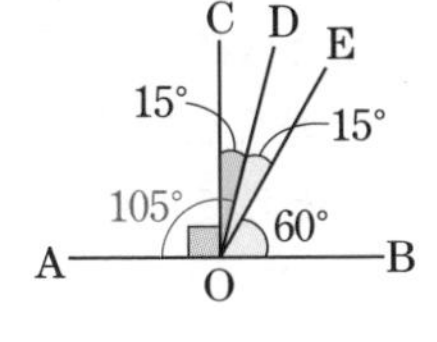

OB上に適当な点Pをとり，線分OPを1辺とする正三角形の作図のしかたを利用して，60°の∠EOBをつくると，∠COE=90°−60°=30°

次に，∠COEの二等分線ODを作図すれば，∠COD=15°で，∠AOD=105°になる。

2 **右の図**

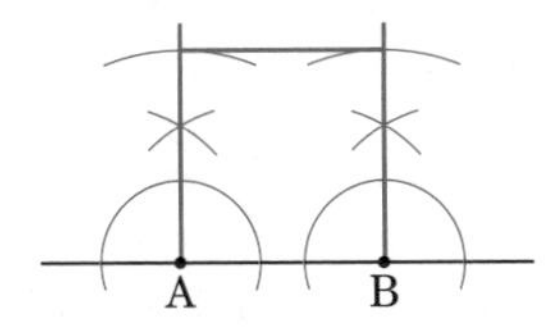

解説 点A，Bを通る直線ABの垂線をそれぞれ作図する。次に，点A，Bを中心として半径ABの円をかき，垂線と円の交点2つと，点A，Bを頂点とする四角形をかけばよい。

3 **右の図の点N**

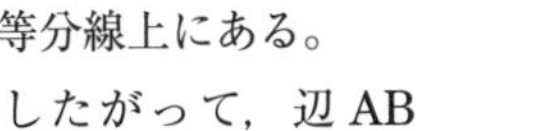

解説 AN=BNである点Nは，辺ABの垂直二等分線上にある。

したがって，辺ABの垂直二等分線を作図し，辺ACとの交点をNとすればよい。

4 **右の図の点P**

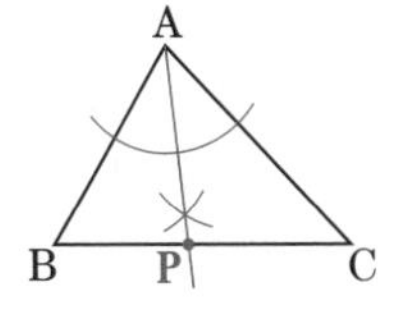

解説 辺AB，ACまでの距離が等しい点は，∠BACの二等分線上にある。

したがって，∠BACの二等分線を作図し，辺BCとの交点をPとすればよい。

5 **右の図の線分EF**

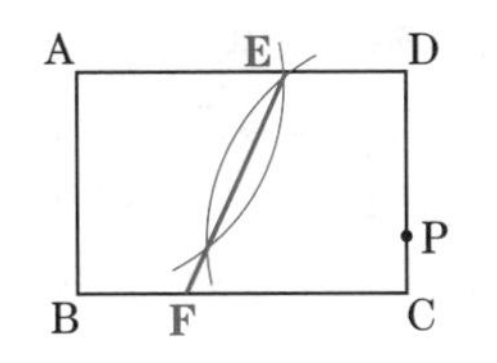

解説 右の図で，四角形EPGFは，折り目となる線分EFを対称の軸として，四角形EABFを対称移動させた図形になる。

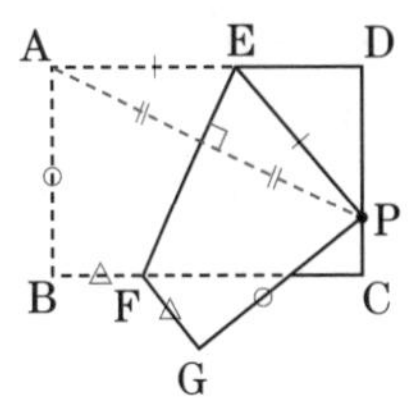

したがって，線分APの垂直二等分線を作図し，辺AD，BCとの交点をE，Fとすればよい。

6 **右の図**

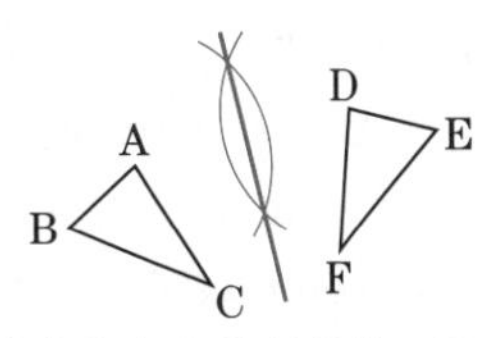

解説 対称の軸は，対応する点を結ぶ線分の垂直二等分線になるから，線分AD（または線分BE，線分CF）の垂直二等分線を作図すればよい。

> **ミス対策** 必ず対応する2点を選んで，その2点を結ぶ線分の垂直二等分線を作図すること。

7 **右の図の点O**

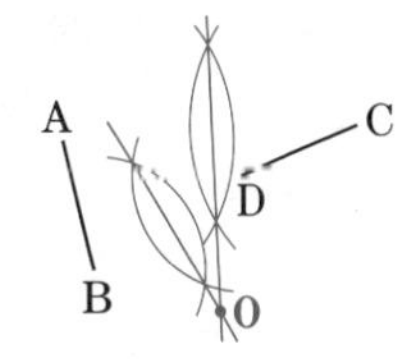

解説 回転移動で，対応する点は，回転の中心から等しい距離にある。したがって，線分ACの垂直二等分線と線分BDの垂直二等分線の交点が，回転の中心Oになる。

8 **右の図の点P**

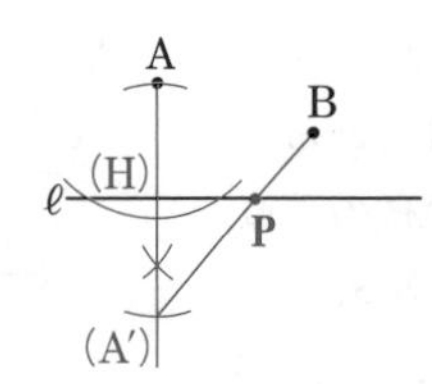

解説 直線 ℓ について，点Aと対称な点を A′ とすると，AP＝A′P だから，

AP＋BP＝A′P＋BP

A′P＋BP が最短になるのは，右の図のように，点Pが線分 A′B 上にあるとき。

〔作図の手順〕

❶点Aを通る直線 ℓ の垂線を作図する。

❷❶の垂線と直線 ℓ との交点をHとし，垂線上に，AH＝A′H となる点 A′ をとる。

❸線分 A′B をかき，直線 ℓ との交点をPとする。

別解 直線 ℓ について，点Bと対称な点 B′ をとり，線分 AB′ と直線 ℓ との交点をPとしてもよい。

9 **右の図の点P**

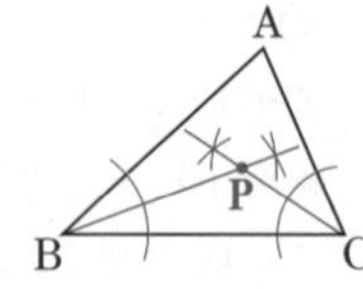

解説 角の2辺までの距離が等しい点は，その角の二等分線上にある。したがって，∠Bと∠Cの二等分線を作図し，その交点をPとすればよい（∠Aと∠Bまたは∠Aと∠Cの二等分線でもよい）。

10 **右の図の点P**

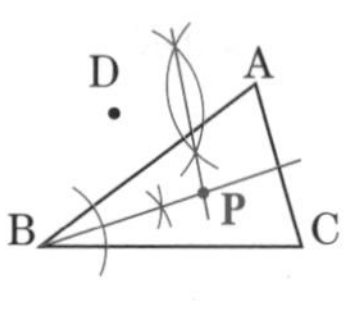

解説 ∠ABC の二等分線を作図し，この半直線と線分 AD の垂直二等分線の交点を点Pとすればよい。

3 円とおうぎ形

Step 1 基礎力チェック問題 (p.76-77)

1 (1) $\overset{\frown}{AB}$ (2) **右の図**

(3) **直径** (4) **おうぎ形**

(5) **中心角**

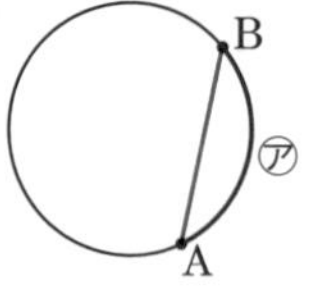

解説 (1) 弧 AB には，短いほうと長いほうの2つの弧があるが，$\overset{\frown}{AB}$ はふつう，短いほうの弧を示す。

2 **右の図**

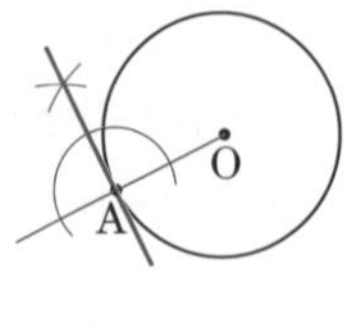

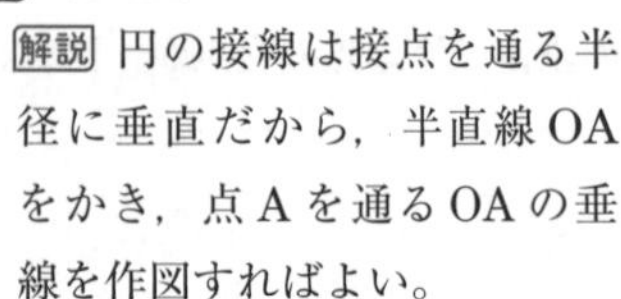

解説 円の接線は接点を通る半径に垂直だから，半直線 OA をかき，点Aを通る OA の垂線を作図すればよい。

3 (1) $\overset{\frown}{AB}=\overset{\frown}{BC}$ (2) $\overset{\frown}{AD}=3\overset{\frown}{AB}$ $\left(\frac{1}{3}\overset{\frown}{AD}=\overset{\frown}{AB}\right)$

解説 (1) ∠AOB＝∠BOC であるから，$\overset{\frown}{AB}$ と $\overset{\frown}{BC}$ の長さは等しい。

(2) ∠AOD の大きさは∠AOB の3倍だから，$\overset{\frown}{AD}$ の長さは $\overset{\frown}{AB}$ の長さの3倍になっている。

4 (1) ① 10π cm ② 25π cm^2

(2) ① 8π cm ② 16π cm^2

解説 (1) ① $2\pi\times5=10\pi$(cm)

② $\pi\times5^2=25\pi$(cm^2)

(2) 半径は，$8\div2=4$(cm)

① $8\times\pi=8\pi$(cm)

② $\pi\times4^2=16\pi$(cm^2)

5 (1) $\frac{1}{4}$ 倍 (2) $\frac{1}{4}$ 倍 (3) ① 2π cm ② 3π cm^2

解説 (1)(2) 中心角 90° のおうぎ形の弧の長さや面積は，同じ半径の円の周の長さや面積の，

$\frac{90}{360}=\frac{1}{4}$(倍)になる。

(3) ① $2\pi\times3\times\frac{120}{360}=2\pi$(cm)

② $\pi\times3^2\times\frac{120}{360}=3\pi$(cm^2)

Step 2 実力完成問題 (p.78-79)

1 **右の図の円O**

解説 円の中心は，円周上の2点A，Bから等しい距離にあるから，線分 AB の垂直二等分線を作図して，直線 ℓ との交点をOとし，Oを中心として，半径 OA(OB) の円をかけばよい。

2 135°

解説 円の接線は，接点を通る半径に垂直で，四角形 APBO の4つの角の和は 360° だから，

∠AOB＝360°－(90°＋45°＋90°)＝135°

3 **右の図の円O**

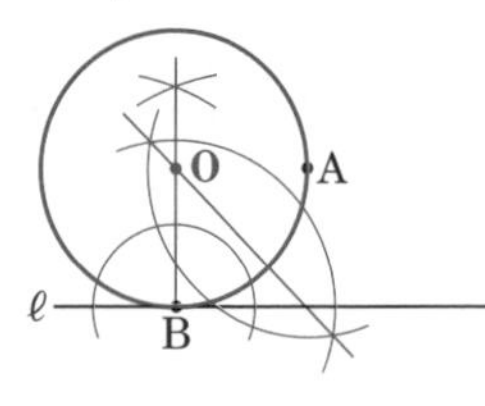

解説 円の中心は，点Bを通る直線 ℓ の垂線上にある。また，円の中心は，2点A，Bから等しい距離にあるから，線分 AB の垂直二等分線上にある。

したがって，点Bを通る直線 ℓ の垂線と線分 AB の垂直二等分線を作図し，その交点を円の中心Oとして，半径 OA(OB) の円をかけばよい。

4 **右の図**

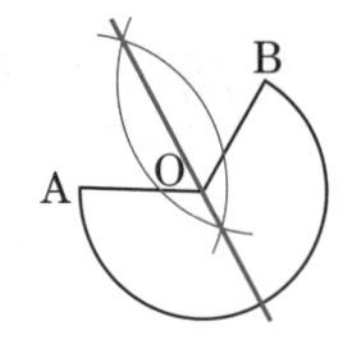

解説 おうぎ形OABは線対称な図形で，点Aと点Bが対応しているから，対称の軸は，線分ABの垂直二等分線になる。

5 (1) $\frac{3}{4}$ **倍** (2) **2倍**

解説 半径が等しいおうぎ形の弧の長さや面積は，中心角に比例する。

(1) ∠AOPの大きさは，∠QOBの $\frac{45}{60}=\frac{3}{4}$(倍)

だから，$\overset{\frown}{AP}$ の長さは，$\overset{\frown}{QB}$ の長さの $\frac{3}{4}$ 倍。

(2) ABは直径だから，∠AOB＝180°

∠AOQ＝180°－60°＝120°

したがって，∠AOQの大きさは，∠QOBの120÷60＝2(倍)だから，おうぎ形OAQの面積は，おうぎ形OQBの面積の2倍になっている。

6 (1) ① 10π cm ② 40π cm^2

(2) 48π cm^2 (3) 135° (4) 144°

解説 (1) ① $2\pi\times8\times\frac{225}{360}=10\pi$(cm)

② $\pi\times8^2\times\frac{225}{360}=40\pi$(cm^2)

(2) 半径 r，弧の長さ ℓ のおうぎ形の面積を求める公式 $S=\frac{1}{2}\ell r$ を使うと，$S=\frac{1}{2}\times8\pi\times12=48\pi$(cm^2)

(3) 半径4 cmの円の周の長さは，$2\pi\times4=8\pi$(cm)

だから，弧の長さは，円周の $\frac{3\pi}{8\pi}=\frac{3}{8}$(倍)

おうぎ形の弧の長さは中心角に比例するから，

求める中心角は，$360°\times\frac{3}{8}=135°$

別解 中心角を x°として，比例式に表すと，

$3\pi:8\pi=x:360$ これを解いて，$x=135$

または，おうぎ形の弧の長さを求める公式から，

$3\pi=2\pi\times4\times\frac{x}{360}$ これを解いて，$x=135$

(4) 半径5 cmの円の面積は，$\pi\times5^2=25\pi$(cm^2)だから，おうぎ形の面積は，円の面積の $\frac{10\pi}{25\pi}=\frac{2}{5}$(倍)

おうぎ形の面積は中心角に比例するから，

求める中心角は，$360°\times\frac{2}{5}=144°$

別解 中心角を x°として，比例式に表すと，

$10\pi:25\pi=x:360$ これを解いて，$x=144$

または，おうぎ形の面積を求める公式から，

$10\pi=\pi\times5^2\times\frac{x}{360}$ これを解いて，$x=144$

7 (1) $\frac{14}{3}\pi+6$(cm) (2) $9\pi-18$(cm^2)

解説 (1) 周の長さは，大きい弧の長さ＋小さい弧の長さ＋2つの線分の長さ で求められるから，

$2\pi\times(9+3)\times\frac{40}{360}+2\pi\times9\times\frac{40}{360}+3\times2$

$=\frac{14}{3}\pi+6$(cm)

ミス対策 線分の長さをたすのを忘れやすいので注意。

(2) ア，イの部分を右の図のように移して考えると，色をつけた部分の面積は，おうぎ形の面積－直角三角形の面積で求められるから，

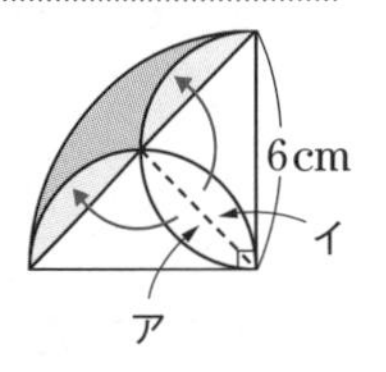

$\pi\times6^2\times\frac{90}{360}-\frac{1}{2}\times6\times6=9\pi-18$(cm^2)

8 **右の図の点P**

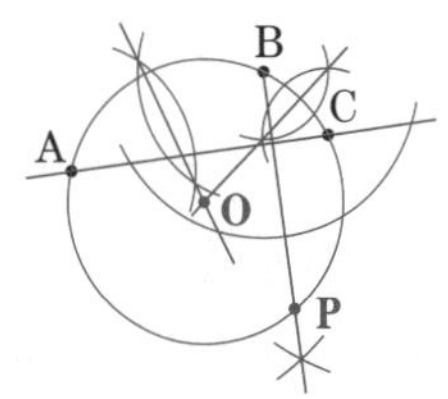

解説 3点A，B，Cを通る円を作図する（線分AB，BCの垂直二等分線をそれぞれ作図し，その交点を円の中心Oとして半径OAの円を作図する)。

次に，点BからACに垂線をひき，円との交点をPとする。

定期テスト予想問題 ① (p.80-81)

1 (1) ① AB⊥BC ② AB∥DC

(2) ∠DOC（∠COD）

(3) ① 3 cm ② 5 cm

解説 (3) 点と線分との距離は，点から線分までひいた垂線の長さになる。

2 (1) **右の図の△DEF**

(2) **右の図の△GHI**

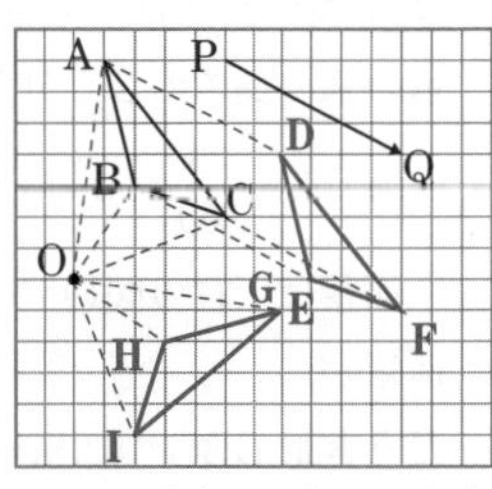

解説 (1) 点Qは，点Pを右へ6めもり，下へ3めもり移動した点だから，点A，B，Cも，それぞれ同じように移動させる。

(2) ∠AOG＝∠BOH＝∠COI＝90°となる。

3 (1) ① $AE \perp CG$　② $BH /\!/ DF$　(2) 頂点 G

(3) $\angle BAE = \dfrac{1}{2}\angle BAH$　$(2\angle BAE = \angle BAH)$

解説 (1)(2) 対称の軸は対応する 2 点を結ぶ線分の垂直二等分線になっている。

(3) $\angle BAE = \angle HAE$ であることから考える。

4 (1) ①右の図の直線 ℓ

②右の図の線分 AH

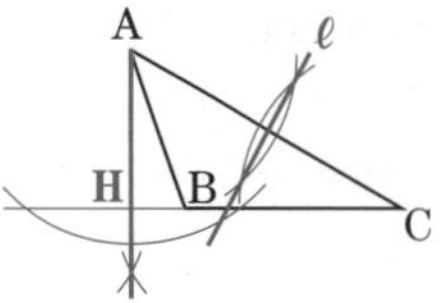

(2) 下の図の∠AOP　(3) 下の図

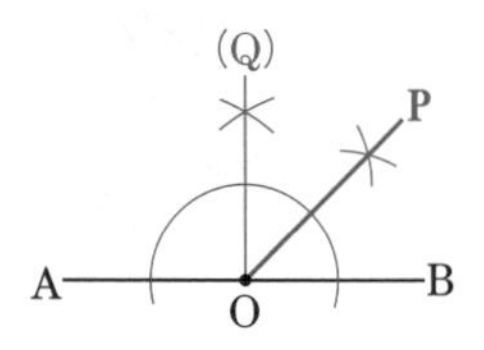

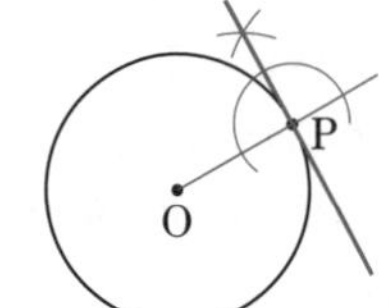

(4) 右の図

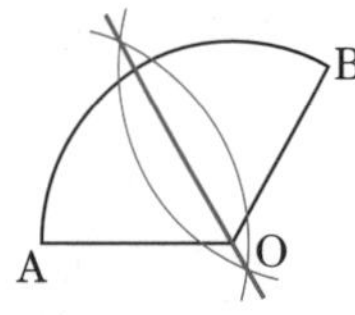

解説 (1) ② CB を延長し，点 A を通る半直線 CB の垂線を作図して，CB との交点を H とする。

(2) 点 O を通る AB の垂線 QO を作図し，∠QOB の二等分線 OP を作図すれば，

$\angle AOP = \angle AOQ + \angle QOP = 90^\circ + 45^\circ = 135^\circ$ になる。

(3) 求める接線と半径 OP は垂直に交わるから，半直線 OP をひき，点 P を通る OP の垂線を作図する。

(4) 線分 AB の垂直二等分線を作図する。

5 弧の長さ…$\dfrac{7}{3}\pi$ cm　面積…7π cm^2

解説 弧の長さは，$2\pi \times 6 \times \dfrac{70}{360} = \dfrac{7}{3}\pi$(cm)

面積は，$\pi \times 6^2 \times \dfrac{70}{360} = 7\pi$(cm^2)

6 周の長さ…5π cm　面積…$\dfrac{25}{2}\pi - 25$(cm^2)

解説 周の長さは，半径 5 cm，中心角 90° のおうぎ形の弧の長さの 2 つ分だから，

$2\pi \times 5 \times \dfrac{90}{360} \times 2 = 5\pi$(cm)

面積は，右の図のアの部分の面積が，

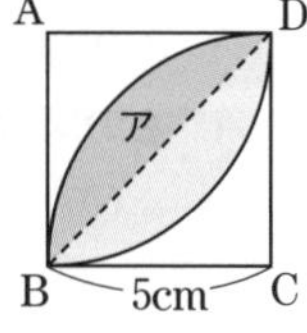

おうぎ形 DBC の面積－△DBC の面積　だから，

$\pi \times 5^2 \times \dfrac{90}{360} - \dfrac{1}{2} \times 5 \times 5 = \dfrac{25}{4}\pi - \dfrac{25}{2}$(cm^2)

したがって，求める面積は，

$\left(\dfrac{25}{4}\pi - \dfrac{25}{2}\right) \times 2 = \dfrac{25}{2}\pi - 25$(cm^2)

定期テスト予想問題 ②　(p.82-83)

1 (1) $AP = 3PQ$　$\left(\dfrac{1}{3}AP = PQ\right)$

(2) $PQ = \dfrac{1}{6}AB$　$(6PQ = AB)$

(3) $AQ = 2QB$　$\left(\dfrac{1}{2}AQ = QB\right)$

解説 線分の長さの関係は，下の図のようになっている。

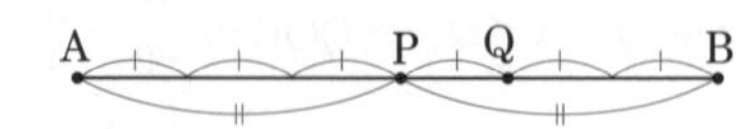

2

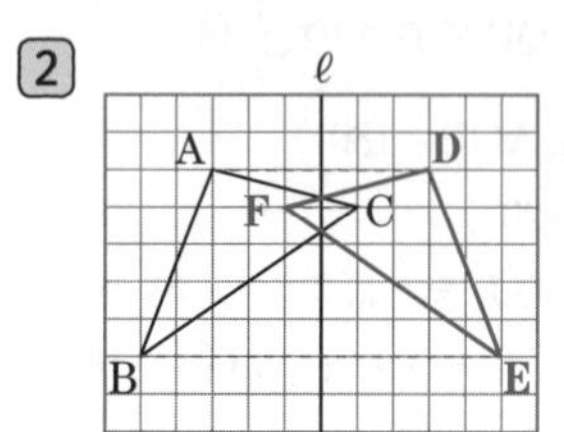

解説 △ABC の頂点 C が，対称の軸をはさんで右側にあるので，頂点 C に対応する△DEF の頂点 F の位置は，対称の軸の左側になる。

3 (1) △OQC　(2) 270°

(3) △DRO，△BPO，△CQO，△ASO

解説 (2) 点 A と点 B，点 P と点 Q がそれぞれ対応しているから，∠AOB か∠POQ の角度を考える。

4 (1) 右の図の半直線 OM と半直線 ON

(2) 90°

解説 (2) $\angle MON = \underline{\angle MOC} + \underline{\angle CON}$

$= \dfrac{1}{2}\angle AOC + \dfrac{1}{2}\angle COB = \dfrac{1}{2}(\angle AOC + \angle COB)$

$= \dfrac{1}{2}\angle AOB = \dfrac{1}{2} \times 180^\circ = 90^\circ$

5 (1) 下の図の点 Q　(2) 下の図の円 O

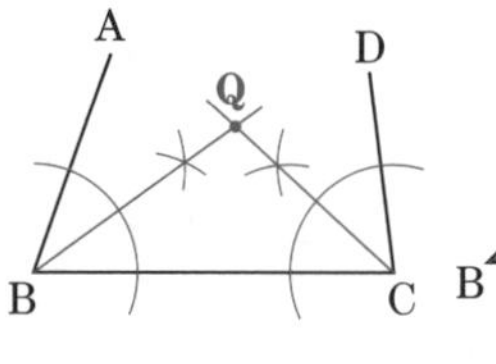

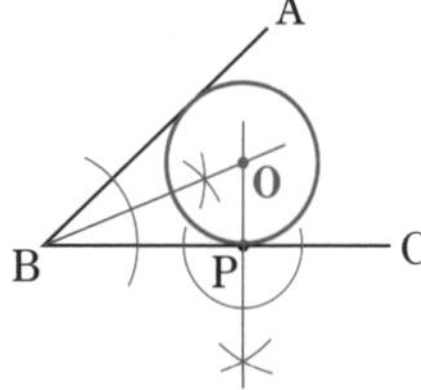

解説 (1) ∠ABC の二等分線と∠DCB の二等分線を作図し，2 つの二等分線の交点を Q とする。

(2) 点 P を通る辺 BC の垂線と，∠ABC の二等分線を作図し，その交点を O とする。点 O を中心として，半径 OP の円をかく。

6 (1) 弧の長さ…$\frac{5}{3}\pi$ cm　面積…$\frac{5}{2}\pi$ cm^2

(2) 105°

解説 (1) 弧の長さは，$2\pi\times3\times\frac{100}{360}=\frac{5}{3}\pi$(cm)

面積は，$\pi\times3^2\times\frac{100}{360}=\frac{5}{2}\pi$(cm^2)

(2) 半径12 cmの円の周の長さは，$2\pi\times12=24\pi$(cm)

だから，弧の長さは，円周の $\frac{7\pi}{24\pi}=\frac{7}{24}$(倍)

おうぎ形の弧の長さは中心角に比例するから，求める中心角は，$360\times\frac{7}{24}=105$

別解 中心角をx°として，比例式に表すと，

$7\pi:24\pi=x:360$　これを解いて，$x=105$

または，おうぎ形の弧の長さを求める公式から，

$7\pi=2\pi\times12\times\frac{x}{360}$　これを解いて，$x=105$

7 96 cm^2

解説 半径6 cm，8 cmの2つの半円の面積と，底辺12 cm，高さ16 cmの直角三角形の面積の和から，半径10 cmの半円の面積をひく。

$\pi\times6^2\times\frac{1}{2}+\pi\times8^2\times\frac{1}{2}+\frac{1}{2}\times12\times16$

$-\pi\times10^2\times\frac{1}{2}=96$(cm^2)

8 イ

解説 問題文の条件を示すと，下の図1のようになり，駅の位置は駅①，駅②の2つがあり，1つにしぼれない。

図1

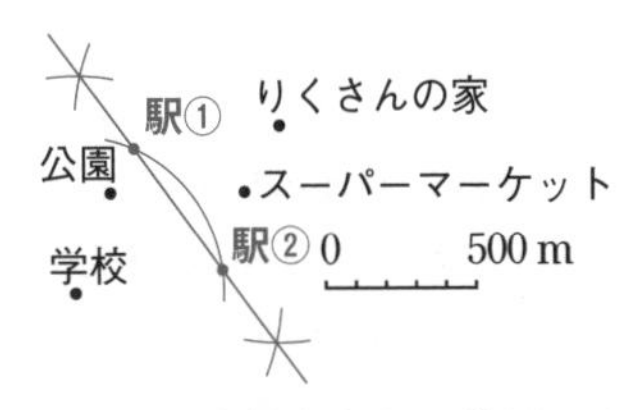

次に，ア，イ，ウの条件をもとに作図した線をかきこむと，下の図2のようになる。

図2

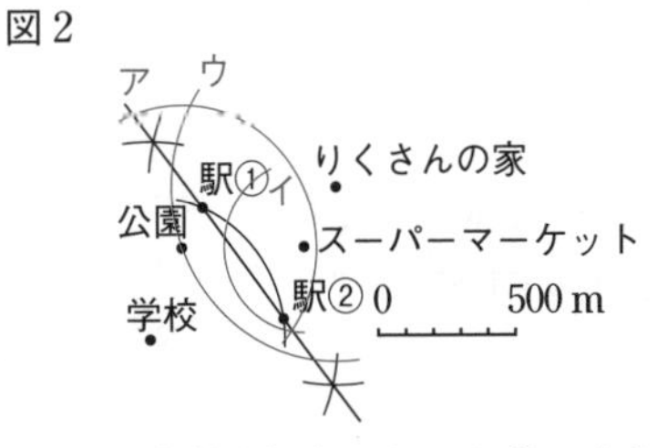

よって，イの条件を加えると，駅①に定まる。

【6章】空間図形

1　いろいろな立体

Step 1　基礎力チェック問題　(p.84-85)

1 (1) 底面の形…**四角形**，側面の形…**長方形**，辺の数…12，面の数…6

(2) 底面の形…**五角形**，側面の形…**長方形**，辺の数…15，面の数…7

(3) 底面の形…**四角形**，側面の形…**三角形**，辺の数…8，面の数…5

(4) 底面の形…**五角形**，側面の形…**三角形**，辺の数…10，面の数…6

解説 角錐の底面は1つで，側面は三角形である。

2 (1) 縦…4 cm，横…9 cm

(2) 縦…6 cm，横…6π cm

(3) ア…3 cm，イ…2 cm，ウ…90°

(4) 弧の長さ…12π cm，中心角…144°

解説 (1) 横の長さは，$3+3+3=9$(cm)

(2) 横の長さは，$2\pi\times3=6\pi$(cm)

(3) アは側面の二等辺三角形の等しい辺の長さで3 cm，イは底面の正方形の1辺の長さで2 cm，ウは正方形の1つの角で90°である。

(4) 側面のおうぎ形の弧の長さは，$2\pi\times6=12\pi$(cm)

1つの円で，おうぎ形の弧の長さは中心角に比例するから，中心角は$360\times\frac{弧の長さ}{円周}$で求められる。

したがって，おうぎ形の中心角は，

$360\times\frac{12\pi}{2\pi\times15}=144$

別解 おうぎ形の中心角をx°とすると，

$(2\pi\times6):(2\pi\times15)=x:360$

これを解くと，$x=144$

3 (1) **五面体**　(2) **六面体**

(3) 面の形…**正方形**，頂点の数…8，辺の数…12

(4) ア…**点D**，イ…**点D**，ウ…**点C**

解説 (1) 三角柱は面が5個あるから，五面体である。

(2) 五角錐は面が6個あるから，六面体である。

(3) 正六面体は立方体である。

(4) 展開図を組み立てたときに，どの辺とどの辺が重なるかを考えるとよい。

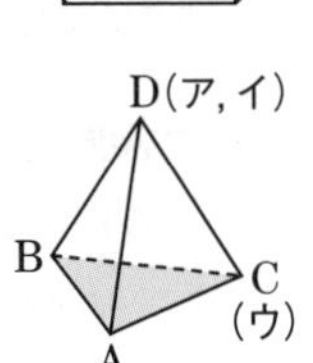

Step 2 実力完成問題 (p.86-87)

1 (1) **四角柱(直方体)**　(2) **四角錐**
(3) **三角錐**　(4) **正八面体**

解説 (1) 角柱の2つの底面は合同な図形で，側面は長方形になっている。
(2)(3) 角錐の，底面は1つで，側面は三角形になっている。
(4) 平面だけで囲まれた立体を多面体という。

また，次の①，②の性質をもち，へこみのない多面体を正多面体という。

①どの面もみな合同な正多角形である。
②どの頂点にも，面が同じ数だけ集まっている。

2 (1)①（例）　②（例）

(2) **右の図**
(3) ①**正八面体**
②面の数…8,
辺の数…12,
頂点の数…6

解説 (1) まず，与えられた立体の特徴をつかむ。
①正四角錐は，底面が正方形で，側面の4つの三角形は二等辺三角形である。
②円錐の展開図は，底面が円で，側面はおうぎ形になる。このおうぎ形の弧の長さは，底面の円の周の長さに等しいから，おうぎ形の中心角の大きさは，

$$360\times\frac{2\pi\times4}{2\pi\times10}=144$$

(2) 図2の展開図を，面HEFGが底面になるように組み立てたとき，図1の立方体に対応する頂点の記号を展開図に書き入れると右の図のようになる。

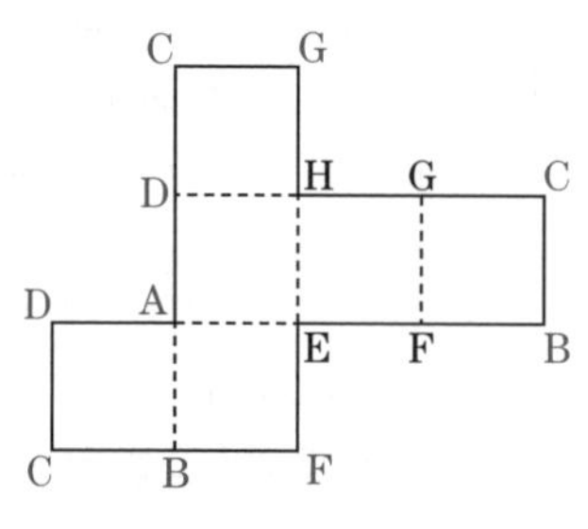

ミス対策 展開図上では，頂点Cにあたるところは1か所ではない。頂点Cは見取図で3つの面の頂点であり，この展開図では3か所あることになる。

(3) ②この展開図を組み立ててできる立体は正八面体だから，面の数は8, 辺の数は12, 頂点の数は6である。

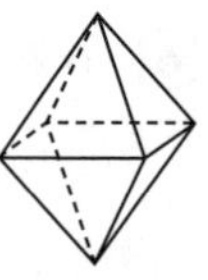

展開図から，辺の数や頂点の数を数えるとき，重なる辺や点に注意する。

3

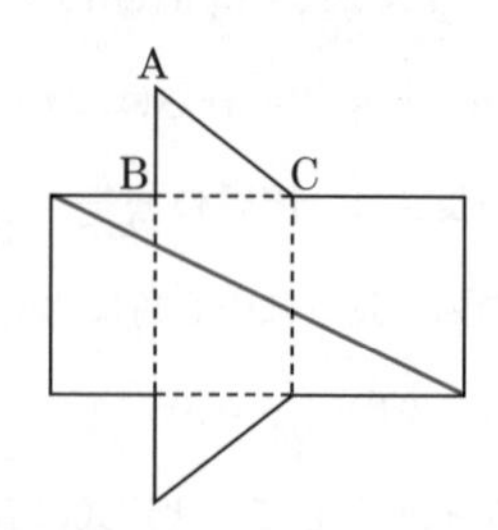

解説 2点間を通る道すじは，2点を結ぶ線分のとき最も短くなるから，長さが最も短くなるときのひもは，展開図上では，点Aと点Dを結ぶ線分になる。

まず，展開図に対応する頂点の記号を入れる。頂点Dは，展開図では3か所あるが，ひもは，辺BE, CF上を通るから，解答の図のようになる。

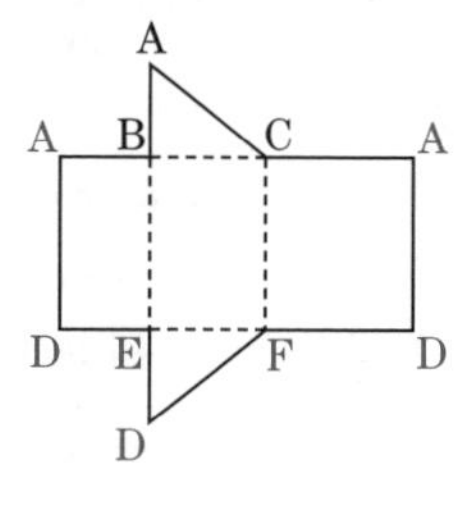

4（例）

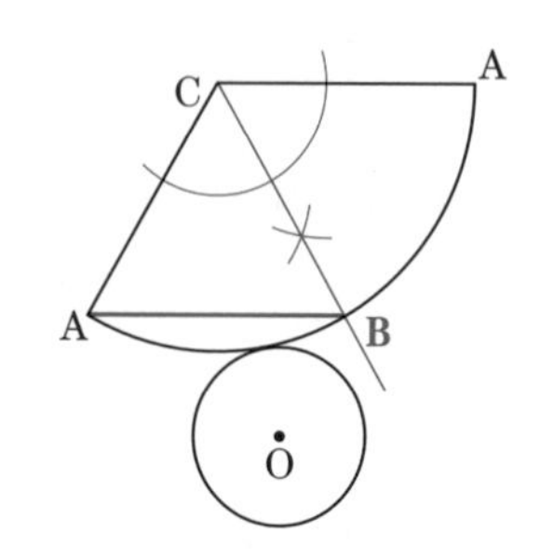

解説 線分ABは底面の円の直径だから，点Bは展開図の側面のおうぎ形の弧のまん中の点になる。

したがって，展開図で，∠Cの二等分線を作図し，おうぎ形の弧との交点をBとすればよい。

5 (1) **頂点Cと頂点K**
(2) **辺IH**

解説 組み立てると，右の図のようになる。

点AとC，Kが重なり，辺EFと辺IHが重なる。

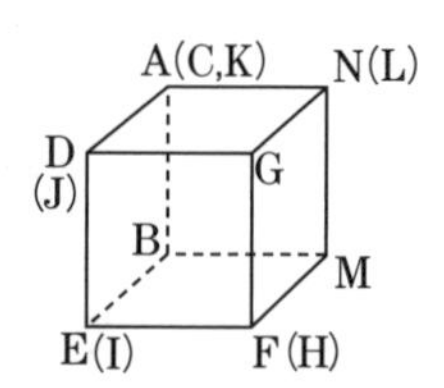

2 空間内の直線や平面

Step 1 基礎力チェック問題 (p.88-89)

1 (1) 3 (2) **直線** (3) **直線**

解説 次の点や直線をふくむ平面は，ただ1つに決まる。

①1直線上にない3点

②1直線とその直線上にない1点

③交わる2直線

④平行な2直線

2 (1) **辺DC，辺EF，辺HG**

(2) **辺AE，辺FE，辺DH，辺GH**

解説 (1) 長方形ABCDで，AB∥DC

長方形ABFEで，AB∥EF

長方形EFGHで，EF∥HGだから，AB∥HG

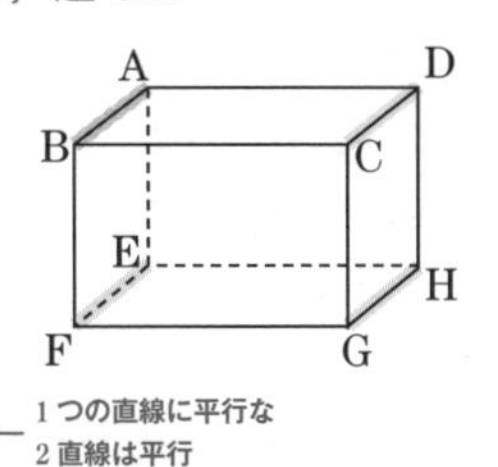

1つの直線に平行な2直線は平行

(2) 辺BCと交わらず，平行でもない辺である。

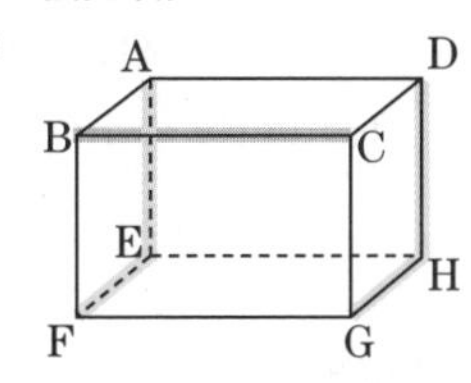

3 (1) **辺DE，辺EF，辺DF**

(2) **面ABC，面BEFC，面DEF**

解説 (1) 面ABC∥面DEFだから，面DEF上の辺を考える。

(2) 面ADEBと面ABCの交わりの直線ABについて，CB⊥AB，EB⊥ABで，∠CBE＝90°だから，面ADEB⊥面ABC

ほかも同様に考える。

4 (1) ○ (2) × (3) ×

解説 1つでも成り立たない例があれば，正しいとはいえない。

右の図の直方体で考える。

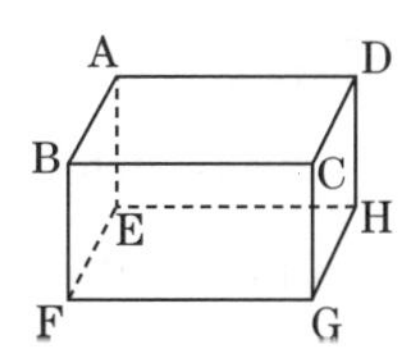

(2) BC⊥AB，BC⊥BFであるが，AB⊥BFだから，正しくない。

(3) 面ABFE⊥面ABCD，面ABFE⊥面BFGCであるが，面ABCD⊥面BFGCだから，正しくない。

5 (1)

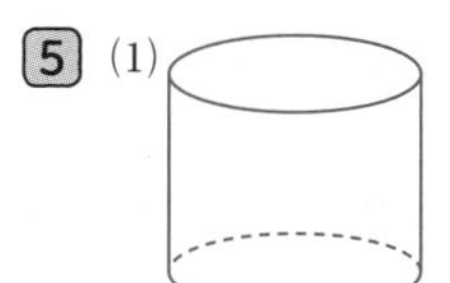

(2)

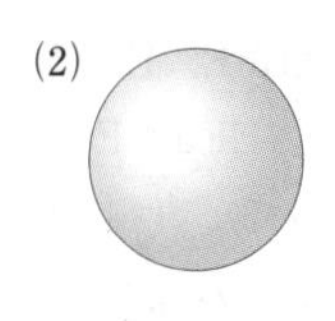

解説 (1) 長方形の1辺を回転の軸とする回転体は，円柱となる。

(2) 半円の弧は，直線ℓのまわりを1回転すると，球の表面をつくる。したがって，できる立体は球である。

6 (1) **三角柱** (2) **三角錐**

(3) **四角柱(直方体)**

解説 投影図の上の図は立面図で，下の図は平面図。

(1) 立面図が長方形だから，角柱か円柱である。平面図(底面)が三角形だから，この立体は三角柱。

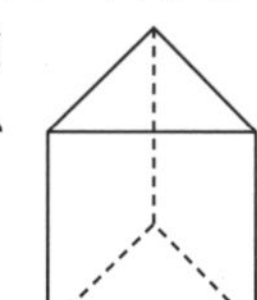

(2) 立面図が三角形だから，角錐か円錐である。平面図(底面)が三角形だから，この立体は三角錐。

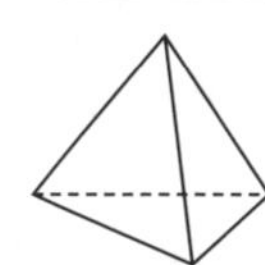

(3) 立面図が長方形だから，角柱か円柱である。平面図(底面)が四角形だから，この立体は四角柱。

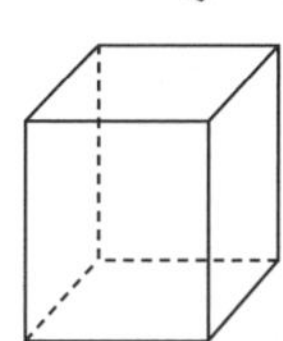

Step 2 実力完成問題 (p.90-91)

1 ①○ ②× ③○ ④×

解説 成り立たない例が1つでもあれば，正しくない。

ミス対策 空間での直線や平面の位置関係を調べるときは，直方体を利用するとわかりやすい。

②

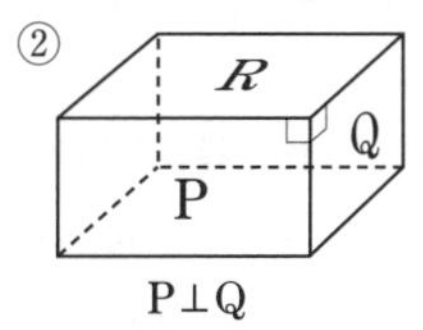

P⊥Q

④

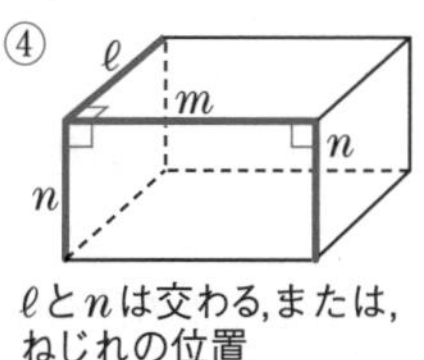

ℓとnは交わる，または，ねじれの位置

2 (1) **垂直** (2) **垂直**

解説 (1) 平面Pと交わる直線ℓが，その交点Oを通るP上の2つの直線m，nに垂直になっていれば，直線ℓは平面Pに垂直であるから，

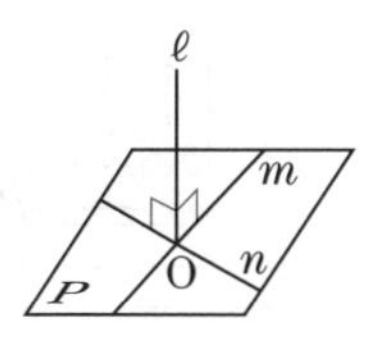

直線EFとBF，CFそれぞれの位置関係を調べてみればよい。

四角形 ABFE，EFCD は長方形だから，

EF⊥BF，EF⊥CF

したがって，直線 EF と平面 P との交点 F を通る P 上の 2 つの直線に垂直になっているから，直線 EF は平面 P に垂直である。

(2) 平面 P への垂線をふくむ平面は，平面 P に垂直である。ここで，平面 ABFE は直線 EF をふくむから，(1)より，平面 ABFE は平面 P に垂直である。

3 (1)**面エ，面オ**　(2)**面ア，面ウ**　(3)**面カ**

(4)**面ア，面イ，面ウ，面カ**

解説 右の図のように，見取図をかいて，辺 AB，面の記号を入れて判断する。

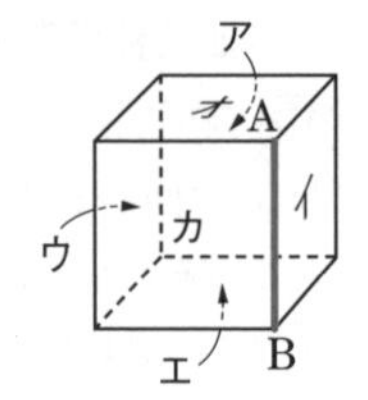

4 (1)**三角形**　(2)8 cm

解説 角柱や円柱は，1 つの多角形や円を，その平面に垂直な方向に，一定の距離だけ平行に動かしてできる立体とみることができる。

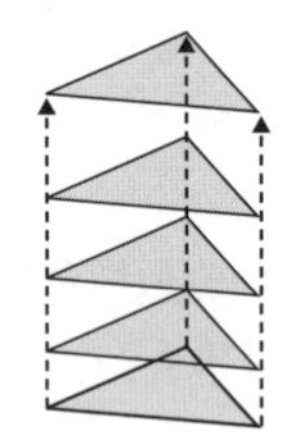

5 (1) エ　(2) ア　(3) ウ

解説

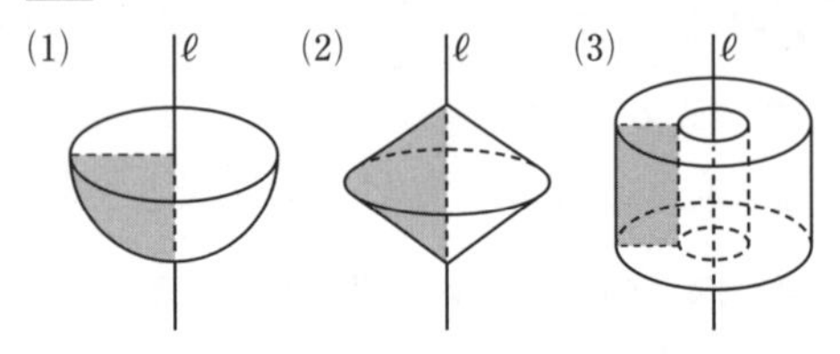

6 ウ

解説 三角柱，円柱などの立体を横に倒しておく場合も考える。

正四角柱は，問題に与えられた投影図で表すことができる。また，底面が直角二等辺三角形の三角柱や円柱も，下の図のようにおくと，与えられた投影図で表すことができる。

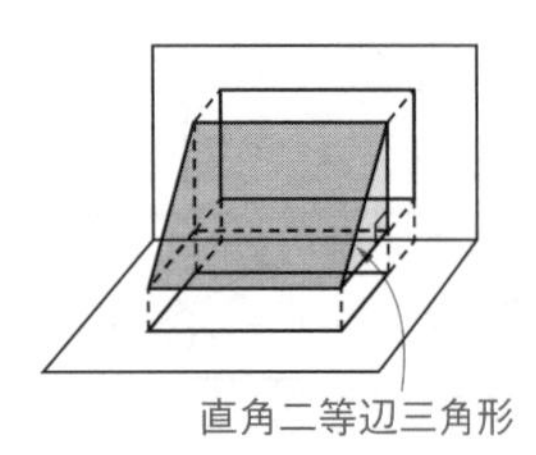

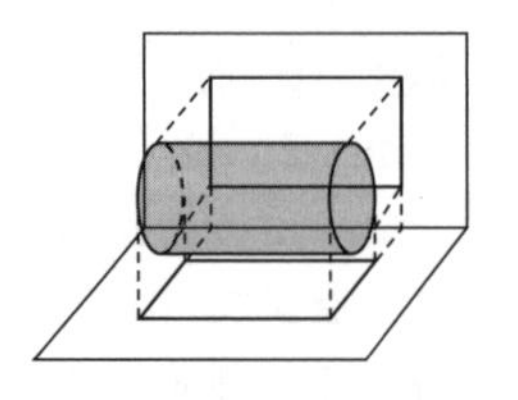

7 (1)**辺 OC**　(2) ア，ウ，エ

解説 (1) 辺 AB と平行でなく交わらない辺をさがす。

(2) **ア** 面 EFGH と平行な面を考える。直方体で，向かい合う面は平行だから，面 EFGH に平行な面は面 ABCD である。辺 AD は面 ABCD 上の辺だから，辺 AD と面 EFGH は平行である。

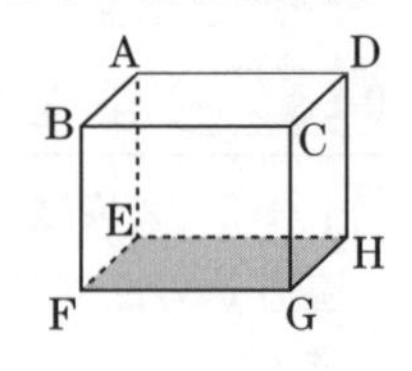

イ 辺 EF は面 CGHD の向かい合う面 BFEA 上の辺だから，辺 EF と面 CGHD は平行である。面 CGHD と垂直な辺は辺 BC，辺 FG，辺 EH，辺 AD である。

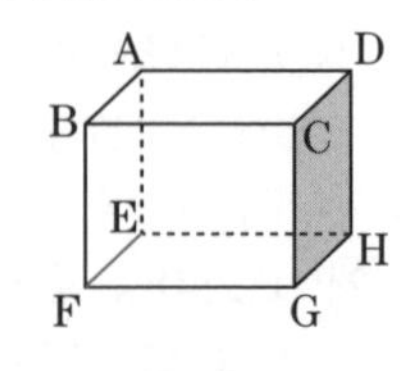

ウ 面 ABCD と平行な面は，向かい合う面である面 EFGH だけである。

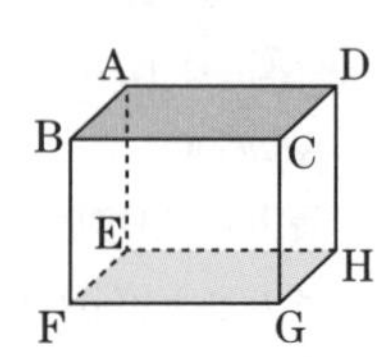

エ 辺 CG とねじれの位置にある辺は，辺 AD，辺 AB，辺 EH，辺 EF の 4 つある。

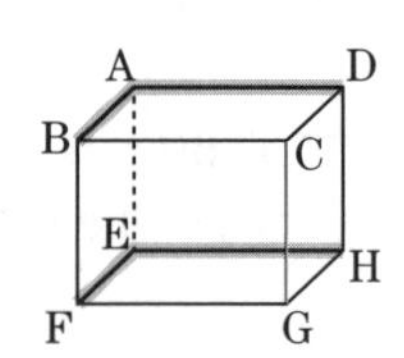

3 立体の体積と表面積①

Step 1 基礎力チェック問題 (p.92-93)

1 (1) 150 cm^3　(2) 160π cm^3

解説 角柱・円柱の体積＝底面積×高さ　だから，

(1) $\underbrace{(5\times5)}_{\text{底面積}}\times\underbrace{6}_{\text{高さ}}=150(\mathrm{cm}^3)$

(2) $\underbrace{(\pi\times4^2)}_{\text{底面積}}\times\underbrace{10}_{\text{高さ}}=160\pi(\mathrm{cm}^3)$

2 (1) 9 cm^2　(2) 18 cm^3

解説 (1) 底面は 1 辺 3 cm の正方形だから，底面積は，

$3\times3=9(\mathrm{cm}^2)$

(2) 四角錐の体積＝$\frac{1}{3}$×底面積×高さ　だから，

$\frac{1}{3}\times\underbrace{9}_{\text{底面積}}\times\underbrace{6}_{\text{高さ}}=18(\mathrm{cm}^3)$

3 (1) **ア**…7 cm，**イ**…16 cm　(2) 15 cm^2

(3) 112 cm^2　(4) 142 cm^2

解説 (1) 側面の**ア**の長さは角柱の高さに等しいので，

ア＝7 cm

イの長さは底面の長方形の周の長さに等しいので，**イ**＝3＋5＋3＋5＝16(cm)

(2) $3\times5=15(\mathrm{cm}^2)$

(3) 側面積は，縦 7 cm，横 16 cm の長方形の面積だから，$7\times16=112(\mathrm{cm}^2)$

(4) 角柱の表面積＝側面積＋底面積×2　だから，
$112+15\times2=142(\mathrm{cm}^2)$

4 (1) 9π cm^2　(2) ア…7 cm，イ…6π cm
(3) 42π cm^2　(4) 60π cm^2

解説 (1) 底面は半径が 3 cm の円だから，底面積は，
$\pi\times3^2=9\pi(\mathrm{cm}^2)$

(2) 側面のアの長さは円柱の高さに等しいので，
7 cm
イの長さは底面の円の周の長さに等しいので，
$2\pi\times3=6\pi(\mathrm{cm})$

(3) 側面積は，縦 7 cm，横 6π cm の長方形の面積だから，$7\times6\pi=42\pi(\mathrm{cm}^2)$

(4) 円柱の表面積＝側面積＋底面積×2　だから，
$42\pi+9\pi\times2=60\pi(\mathrm{cm}^2)$

5 (1) 25π cm^2　(2) 180°
(3) 50π cm^2　(4) 75π cm^2

解説 (1) 底面は半径が 5 cm の円だから，底面積は，
$\pi\times5^2=25\pi(\mathrm{cm}^2)$

(2) 側面のおうぎ形の弧の長さは，底面の円の周の長さに等しいので，$2\pi\times5=10\pi(\mathrm{cm})$
また，半径が 10 cm の円の円周は，
$2\pi\times10=20\pi(\mathrm{cm})$
したがって，おうぎ形の中心角は，
$360\times\dfrac{10\pi}{20\pi}=180$

別解 側面のおうぎ形の弧の長さは，底面の円の円周に等しいから，おうぎ形の中心角を x° とすると，

$\underbrace{2\pi\times10\times\dfrac{x}{360}}_{\text{おうぎ形の弧の長さ}}=\underbrace{2\pi\times5}_{\text{底面の円周}}$

これを解いて，$x=180$

(3) 側面積は，半径が 10 cm，中心角が 180° のおうぎ形の面積だから，$\pi\times10^2\times\dfrac{180}{360}=50\pi(\mathrm{cm}^2)$

別解 $S=\dfrac{1}{2}\ell r$ を利用して側面積を求めてもよい。
半径 10 cm，弧の長さ 10π cm のおうぎ形の面積だから，側面積は，$\dfrac{1}{2}\times10\pi\times10=50\pi(\mathrm{cm}^2)$

(4) 円錐の表面積＝側面積＋底面積　だから，
$50\pi+25\pi=75\pi(\mathrm{cm}^2)$

Step 2 実力完成問題 (p.94-95)

1 (1) 体積…240 cm^3，　表面積…300 cm^2
(2) 体積…108π cm^3，　表面積…90π cm^2
(3) 体積…360 cm^3，　表面積…408 cm^2
(4) 体積…125π cm^3，　表面積…100π cm^2

解説 (1) 底面積は，$\dfrac{1}{2}\times12\times5=30(\mathrm{cm}^2)$
体積は，$30\times8=240(\mathrm{cm}^3)$
側面積は，$8\times(12+5+13)=240(\mathrm{cm}^2)$
したがって，表面積は，$240+30\times2=300(\mathrm{cm}^2)$

(2) 円柱を横に倒した形である。
底面積は，$\pi\times3^2=9\pi(\mathrm{cm}^2)$
体積は，$9\pi\times12=108\pi(\mathrm{cm}^3)$
側面積は，$12\times(2\pi\times3)=72\pi(\mathrm{cm}^2)$
したがって，表面積は，$72\pi+9\pi\times2=90\pi(\mathrm{cm}^2)$

(3) ミス対策 底面が，3 辺の長さが 6 cm，8 cm，10 cm の直角三角形で，高さが 15 cm の三角柱と考える。

底面積は，$\dfrac{1}{2}\times8\times6=24(\mathrm{cm}^2)$
体積は，$24\times15=360(\mathrm{cm}^3)$
側面積は，$15\times(8+6+10)=360(\mathrm{cm}^2)$
したがって，表面積は，$360+24\times2=408(\mathrm{cm}^2)$

(4) 底面の直径が 10 cm の円柱である。
底面積は，$\pi\times5^2=25\pi(\mathrm{cm}^2)$
体積は，$25\pi\times5=125\pi(\mathrm{cm}^3)$
側面積は，$5\times10\pi=50\pi(\mathrm{cm}^2)$
したがって，表面積は，$50\pi+25\pi\times2=100\pi(\mathrm{cm}^2)$

2 (1) 体積…1280 cm^3，表面積…800 cm^2
(2) 体積…12π cm^3，　表面積…24π cm^2

解説 (1) 底面積は，$16\times16=256(\mathrm{cm}^2)$
体積は，$\dfrac{1}{3}\times256\times15=1280(\mathrm{cm}^3)$
側面は，底辺 16 cm，高さ 17 cm の二等辺三角形だから，側面積は，$\left(\dfrac{1}{2}\times16\times17\right)\times4=544(\mathrm{cm}^2)$
したがって，表面積は，$544+256=800(\mathrm{cm}^2)$

(2) 円錐の体積＝$\dfrac{1}{3}$×底面積×高さ　だから，
底面積は，$\pi\times3^2=9\pi(\mathrm{cm}^2)$
体積は，
$\dfrac{1}{3}\times9\pi\times4=12\pi(\mathrm{cm}^3)$
側面のおうぎ形の中心角は，

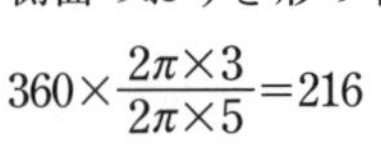
$360\times\dfrac{2\pi\times3}{2\pi\times5}=216$

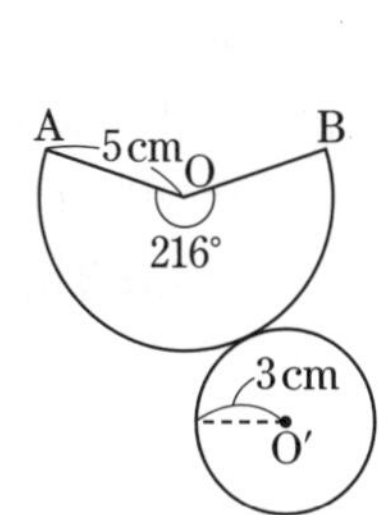

側面積は,

$\pi\times5^2\times\frac{216}{360}=15\pi(\text{cm}^2)$

したがって，表面積は,

$15\pi+9\pi=24\pi(\text{cm}^2)$

別解① 側面積を求める式 $\pi\times5^2\times\frac{216}{360}$ で，$\frac{216}{360}$ を $\frac{\overset{\frown}{AB}\text{の長さ}}{\text{円Oの円周}}$ つまり $\frac{2\pi\times3}{2\pi\times5}$ や，$\frac{\text{底面の半径}}{\text{母線の長さ}}$ つまり $\frac{3}{5}$ におきかえてもよい。

別解② （おうぎ形の面積）:（円の面積）＝（おうぎ形の弧の長さ）:（円の円周） を利用して側面積を求めてもよい。

側面積を S cm² とすると,

$S:(\pi\times5^2)=(2\pi\times3):(2\pi\times5)$

これを解くと，$S=15\pi$

3 (1) **35 cm³** (2) $\frac{560}{3}\pi$ **cm³**

解説 (1) 直角をはさむ2辺が6cm，5cmの直角三角形を底面と考えると，この三角錐の高さは7cmになる。

底面積は，$\frac{1}{2}\times6\times5=15(\text{cm}^2)$ だから，求める体積は，$\frac{1}{3}\times15\times7=35(\text{cm}^3)$

別解 直角をはさむ2辺が5cm，7cmの直角三角形を底面と考えると，この三角錐の高さは6cmになる。

底面積は，$\frac{1}{2}\times5\times7=\frac{35}{2}(\text{cm}^2)$ だから，求める体積は，$\frac{1}{3}\times\frac{35}{2}\times6=35(\text{cm}^3)$

(2) 底面の円の半径が8cm，高さが10cmの円錐から，底面の円の半径が4cm，高さが5cmの円錐を切り取った形(円錐台という)である。

大きい円錐の体積は，$\frac{1}{3}\pi\times8^2\times10=\frac{640}{3}\pi(\text{cm}^3)$

小さい円錐の体積は，$\frac{1}{3}\pi\times4^2\times5=\frac{80}{3}\pi(\text{cm}^3)$

したがって，求める立体の体積は,

$\frac{640}{3}\pi-\frac{80}{3}\pi=\frac{560}{3}\pi(\text{cm}^3)$

4 (1) **60 cm²** (2) **100π cm³** (3) **65π cm²**

解説 (1) 回転体を，回転の軸をふくむ平面で切るとき，その切り口はどこで切ってもすべて合同で，軸について線対称な図形になる。

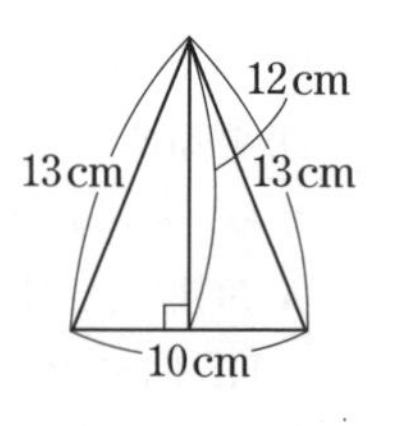

円錐は，直角三角形の直角をはさむ2辺のうちの一方を軸として回転させたものだから，回転の軸をふくむ平面で切ると，右の図のような二等辺三角形になる。

求める面積は，$\frac{1}{2}\times10\times12=60(\text{cm}^2)$

(2) $\frac{1}{3}\times(\pi\times5^2)\times12=100\pi(\text{cm}^3)$

(3) $\pi\times13^2\times\frac{2\pi\times5}{2\pi\times13}=65\pi(\text{cm}^2)$

5 (1) **288π cm³** (2) **8 cm**

解説 (1) $\pi\times4^2\times18=288\pi(\text{cm}^3)$

(2) Bの水の高さを x cmとすると,

$\pi\times6^2\times x=288\pi$ これを解くと，$x=8$

したがって，水の高さは8cm

6 **108π cm³**

解説 円柱の体積は，底面積×高さ

円錐の体積は，$\frac{1}{3}$×底面積×高さ

だから，図の円錐の体積は，円柱の体積の $\frac{1}{3}$

したがって，円錐の体積は,

$\frac{1}{3}\times324\pi=108\pi(\text{cm}^3)$

4 立体の体積と表面積②

Step 1 基礎力チェック問題 (p.96-97)

1 (1) **ア…3，イ…36π**

(2) **ウ…3，エ…36π**

解説 (1) 半径 r の球の体積 V は，$V=\frac{4}{3}\pi r^3$

(2) 半径 r の球の表面積 S は，$S=4\pi r^2$

2 (1) **円柱** (2) **80π cm³** (3) **72π cm²**

解説 (2) 底面積は,

$\pi\times4^2=16\pi(\text{cm}^2)$

体積は,

$16\pi\times5=80\pi(\text{cm}^3)$

(3) 側面積は,

$5\times(2\pi\times4)=40\pi(\text{cm}^2)$

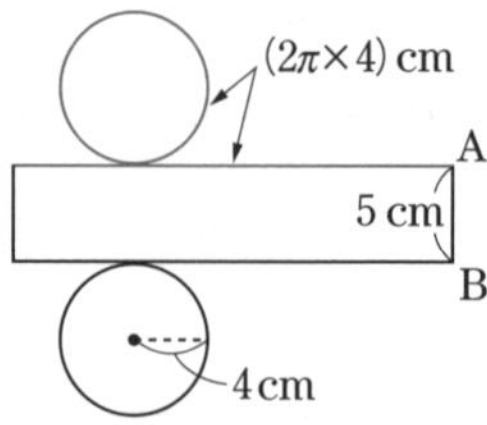

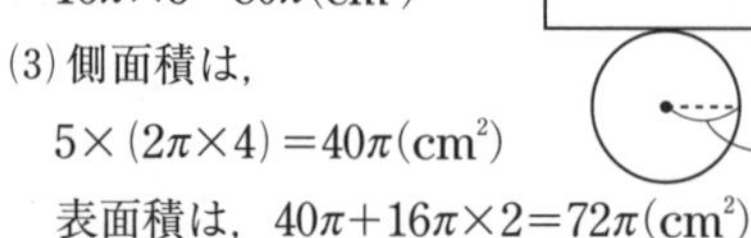

表面積は，$40\pi+16\pi\times2=72\pi(\text{cm}^2)$

3 (1) **円錐** (2) **96π cm³** (3) **96π cm²**

解説 (2) 底面積は，$\pi\times6^2=36\pi(\text{cm}^2)$

体積は，$\frac{1}{3}\times36\pi\times8=96\pi(\text{cm}^3)$

(3) 側面のおうぎ形の中心角の大きさは，

$360\times\frac{2\pi\times6}{2\pi\times10}=216$

したがって，側面積は，

$\pi\times10^2\times\frac{216}{360}=60\pi(\text{cm}^2)$

表面積は，

$60\pi+36\pi=96\pi(\text{cm}^2)$

4 (1) **ア**…3，**イ**…3，**ウ**…5

(2) **エ**…6π，**オ**…15π，**カ**…21π

解説 できる立体は，底面が共通で，高さの異なる2つの円錐を上下に組み合わせた形になる。

(2) 上の円錐の体積は，

$\frac{1}{3}\times(\pi\times3^2)\times2=6\pi(\text{cm}^3)$

下の円錐の体積は，

$\frac{1}{3}\times(\pi\times3^2)\times5=15\pi(\text{cm}^3)$

5 (1) **30 cm²** (2) **10 cm** (3) **300 cm³**

解説 できる立体は，下の図のような三角柱である。

(1) $\frac{1}{2}\times5\times12=30(\text{cm}^2)$

(3) $30\times10=300(\text{cm}^3)$

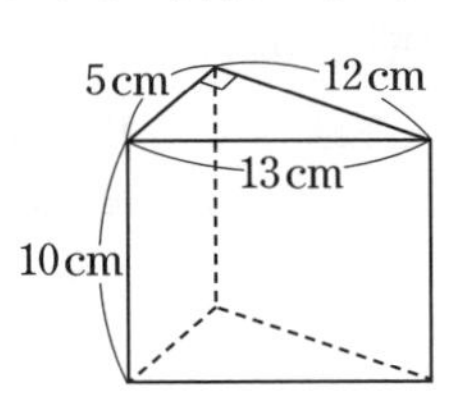

6 (1) **三角錐（四面体）** (2) **6 cm**

解説 (1) 三角錐は，4つの平面で囲まれた立体でもあるので，四面体と答えてもよい。

(2) 面ABD⊥AEより，高さは，AE＝6 cm

Step 2 実力完成問題 (p.98-99)

1 (1) **288π cm³** (2) **144π cm²**

解説 体積 $V=\frac{4}{3}\pi r^3$，表面積 $S=4\pi r^2$ を利用。

(1) $\frac{4}{3}\pi\times6^3=288\pi(\text{cm}^3)$

(2) $4\pi\times6^2=144\pi(\text{cm}^2)$

2 (1) **486π cm³** (2) **243π cm²**

解説 (2) 半球は，曲面の部分と切り口の円の部分でできている。曲面の部分の面積は，球の表面積の半分だから，$(4\pi\times9^2)\times\frac{1}{2}=162\pi(\text{cm}^2)$

また，円の部分の面積は，$\pi\times9^2=81\pi(\text{cm}^2)$

したがって，表面積は，$162\pi+81\pi=243\pi(\text{cm}^2)$

ミス対策 半球の表面積は，球の表面積の半分と思いこみがちである。切り口の円の部分の面積をたし忘れないように。

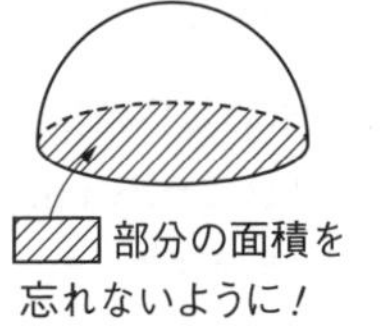

3 (1) **75π cm³** (2) **48π cm²**

解説 (1) 辺BCを軸として，長方形ABCDを1回転させると，右の図のように，底面の半径が5 cm，高さが3 cmの円柱ができる。

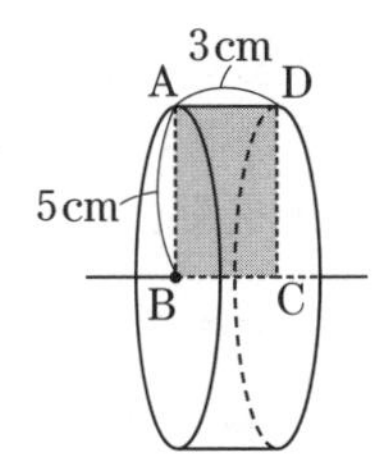

求める体積は，

$(\pi\times5^2)\times3=75\pi(\text{cm}^3)$

長方形の1辺を軸として，1回転させてできる円柱の体積を求める問題では，円柱の底面の円の半径と高さをしっかりおさえることが大切。

(2) ABの長さを x cmとすると，ABは円柱の高さになるから，

$(\pi\times4^2)\times x=96\pi$，$x=6$

また，この円柱の底面の円周は，

$2\pi\times4=8\pi(\text{cm})$

したがって，側面積は，$6\times8\pi=48\pi(\text{cm}^2)$

4 **20 cm³**

解説 直方体ABCD-EFGHの体積から，三角錐ABDEの体積をひけばよい。

直方体ABCD-EFGHの体積は，

$3\times4\times2=24(\text{cm}^3)$

三角錐ABDEの体積は，

$\frac{1}{3}\times\left(\frac{1}{2}\times3\times4\right)\times2=4(\text{cm}^3)$

したがって，残った立体の体積は，

$24-4=20(\text{cm}^3)$

5 (1) **28 cm³** (2) **60 cm²**

解説 展開図に各辺の長さを書き入れると，次のようになる。

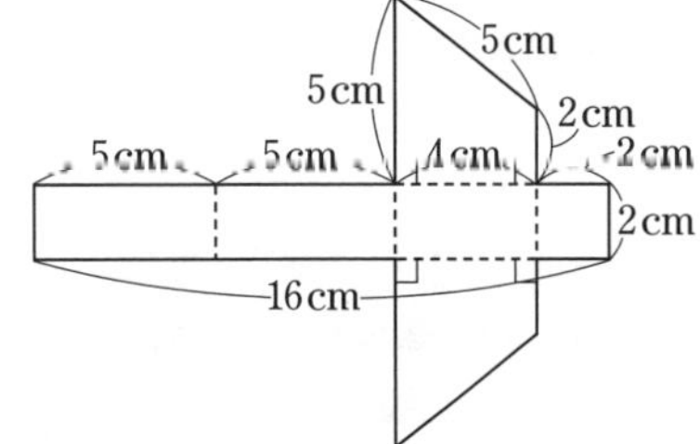

(1) 展開図を組み立てると，右の図のような底面が台形の角柱になる。

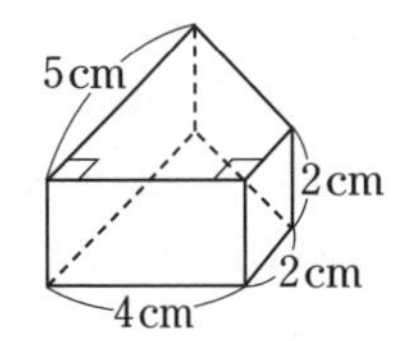

底面の台形の面積は，

$\frac{1}{2}\times(2+5)\times4=14(\text{cm}^2)$

求める体積は,

$14\times2=28(\text{cm}^3)$

(2) 表面積は,

$\underset{\text{側面積}}{\underline{2\times16}}+\underset{\text{底面積}}{\underline{14\times2}}=32+28=60(\text{cm}^2)$

6 (1) 384 cm³　(2) 432 cm²

解説 この立体の見取図は，右の図のような三角柱になる。

(1) 底面積は,

$\frac{1}{2}\times8\times6=24(\text{cm}^2)$

体積は $24\times16=384(\text{cm}^3)$

(2) 側面積は,

$16\times(6+8+10)=384(\text{cm}^2)$

したがって，表面積は,

$384+24\times2=432(\text{cm}^2)$

7 (1) 288π cm³　(2) $P:Q=3:2$

解説 (1) 半径 r の球の体積は $\frac{4}{3}\pi r^3$

半径が 6 cm であるから，$\frac{4}{3}\pi\times6^3=288\pi(\text{cm}^3)$

(2) $P=\frac{1}{3}\pi\times3^2\times2=6\pi(\text{cm}^3)$

$Q=\frac{1}{3}\pi\times2^2\times3=4\pi(\text{cm}^3)$

したがって，$P:Q=6\pi:4\pi=3:2$

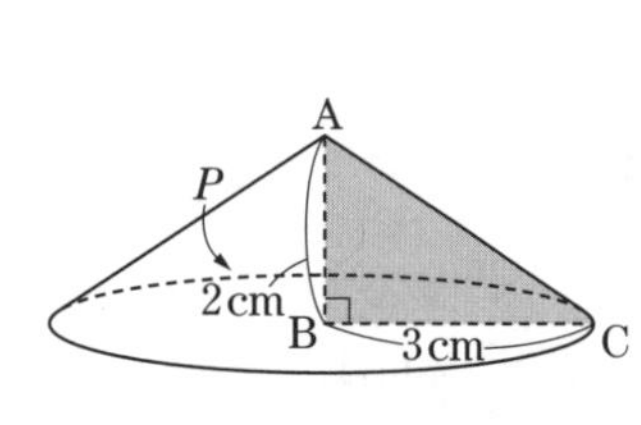

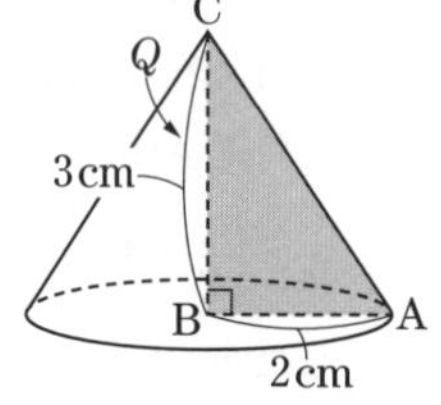

定期テスト予想問題 ①　(p.100-101)

1 (1) **七面体**　(2) **五角柱**　(3) 10　(4) 15

(5) **正五角柱**

解説 (1) 底面が2つ，側面が5つで，面の数は全部で7つなので，七面体。

(2) 底面が五角形なので五角柱。

(5) 底面が正■角形で，側面がすべて合同な長方形の角柱を，正■角柱という。

2 (1) **面 EFGH**　(2) **面 EFGH，面 DHE**

(3) **辺 CG，辺 GH，辺 GF，辺 HE，辺 EF**

解説 (1) 辺 BD をふくまず，交わらない面は，面 EFGH のみである。

(2) 面 DHE を面 ADHE と答えてはいけない。この立体は3つの頂点 B, D, E を通る平面で切り取られたものだから，辺 BC と平行な面は面 DHE である。

(3) 辺 BD と平行な辺はなく，交わる辺は BC，BF，BE，DC，DH，DE だから，それ以外の辺がねじれの位置にある。

3 **右の図**

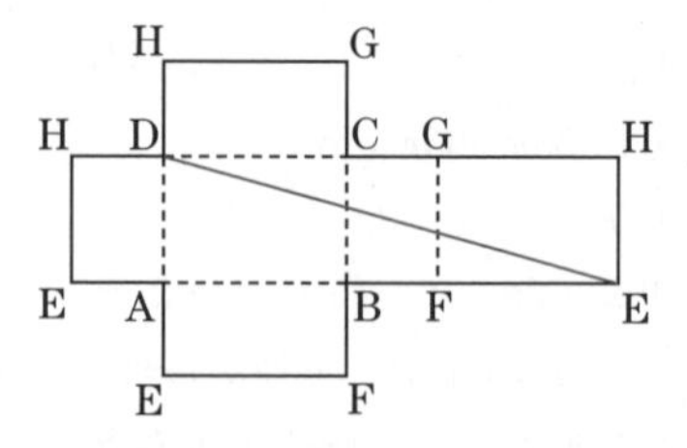

解説 展開図上で，点 D から辺 CB，GF 上を通る E までの線分 DE をひく。

4 (1) 120 cm³　(2) 204 cm²

解説 (1) 底面積は，$\frac{1}{2}\times8\times3=12(\text{cm}^2)$

体積は，$12\times10=120(\text{cm}^3)$

(2) 側面積は，$10\times(5+5+8)=180(\text{cm}^2)$

したがって，表面積は，$180+12\times2=204(\text{cm}^2)$

5 200π cm³

解説 できる立体は，右の図のように，底面の半径が 5 cm，高さが 11 cm の円柱から，底面の半径が 5 cm，高さが 9 cm の円錐を取りのぞいたものである。

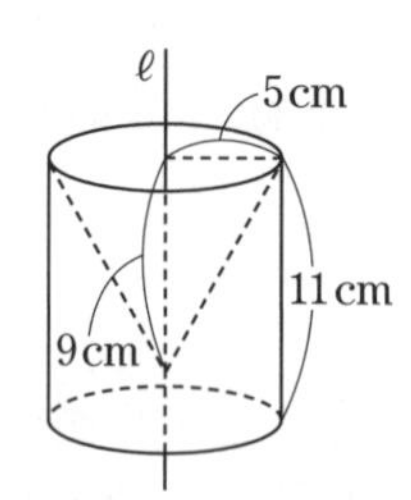

円柱の体積は,

$\pi\times5^2\times11=275\pi(\text{cm}^3)$

円錐の体積は，$\frac{1}{3}\pi\times5^2\times9=75\pi(\text{cm}^3)$

したがって，求める体積は,

$275\pi-75\pi=200\pi(\text{cm}^3)$

6 (1) $\frac{8}{3}\pi$ cm³　(2) 8π cm²

解説 (1) 半径 2 cm の球の体積は,

$\frac{4}{3}\pi\times2^3=\frac{32}{3}\pi(\text{cm}^3)$

したがって，この立体の体積は,

$\frac{32}{3}\pi\times\frac{1}{4}=\frac{8}{3}\pi(\text{cm}^3)$

(2) 半径 2 cm の球の表面積は,

$4\pi\times2^2=16\pi(\text{cm}^2)$

したがって，この立体の曲面部分の面積は,

$16\pi\times\frac{1}{4}=4\pi(\text{cm}^2)$

また，平面部分は，2つの半円部分を合わせると半径2cmの円になるから，その面積は，

$\pi\times2^2=4\pi(\text{cm}^2)$

したがって，この立体の表面積は，

$4\pi+4\pi=8\pi(\text{cm}^2)$

7 (1) **24 cm³** (2) **24 cm³**

解説 (1) 正四角錐 P－EFGH の底面積は，

ひし形・正方形の面積＝対角線×対角線÷2

より，$4\times4\div2=8(\text{cm}^2)$

したがって，体積は，

$\frac{1}{3}\times8\times9=24(\text{cm}^3)$

(2) 四角錐 Q－BDHF の底面積は，$4\times9=36(\text{cm}^2)$

点Qから面 BDHF までの距離(四角錐の高さ)は2cmだから，体積は，

$\frac{1}{3}\times36\times2=24(\text{cm}^3)$

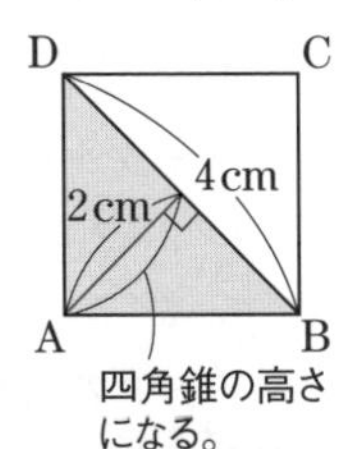

定期テスト予想問題 ② (p.102-103)

1 (1) **点B，点D** (2) **辺LM** (3) **面JGFK**

(4) **面NCFK，面JGHI**

(5) **辺CF，辺NK，辺GF(辺EF)，辺JK(辺LK)**

解説 この展開図を組み立てると，右の図のような立体になる。

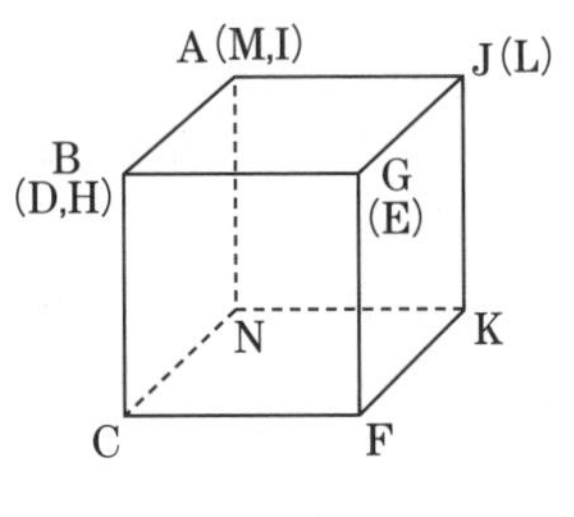

(3) 立方体の向かい合った面は平行である。

(4) 辺FGを高さと考えると，2つの底面NCFKとJGHIは辺FGと垂直になっていることがわかる。

2 (1) **円錐** (2) **円** (3) **二等辺三角形**

解説 (1) 直角三角形を，直角をはさむ2辺のうちの一方を軸として1回転させてできる立体は円錐である。

(2) 回転体を，回転の軸に垂直な平面で切ると，その切り口は，どこで切っても円になる。

(3) 回転体を，回転の軸をふくむ平面で切ると，その切り口は軸について線対称な図形になるから，円錐を回転の軸をふくむ平面で切ったときの切り口は二等辺三角形になる。

3 **右の図**

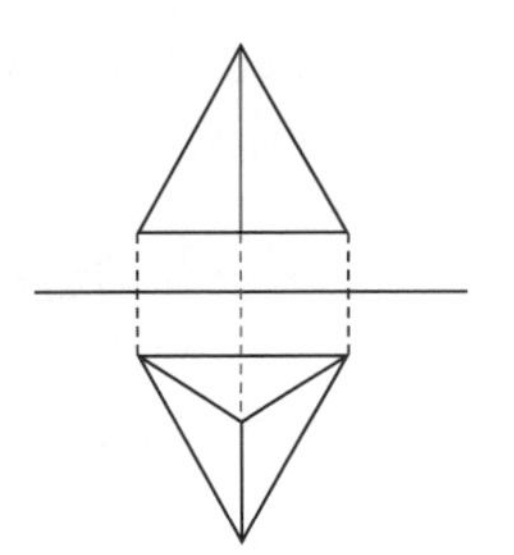

解説 三角錐の見取図を記号をつけてかくと，右の図のようになり，辺ACは正面から見えるので，立面図に実線でかく。

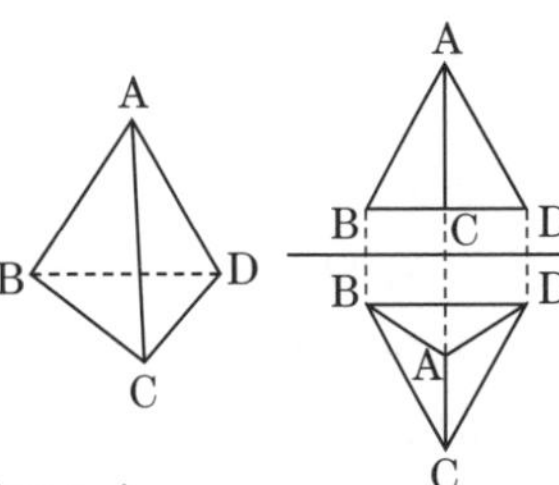

4 (1) **8π cm** (2) **120°** (3) **64π cm²**

解説 (1) 円錐の側面のおうぎ形の弧の長さは，底面の円の円周に等しいから，

$2\pi\times4=8\pi(\text{cm})$

(2) $360\times\frac{8\pi}{2\pi\times12}=120$

(3) $\pi\times4^2+\pi\times12^2\times\frac{120}{360}=64\pi(\text{cm}^2)$

5 (1) **504π cm³** (2) **228π cm²**

解説 できる立体は，下の図のように，半球と円柱を組み合わせた形になる。

(1) 半球部分の体積は，

$\frac{4}{3}\pi\times6^3\times\frac{1}{2}=144\pi(\text{cm}^3)$

円柱の体積は，

$\pi\times6^2\times10=360\pi(\text{cm}^3)$

したがって，この立体の体積は，$144\pi+360\pi=504\pi(\text{cm}^3)$

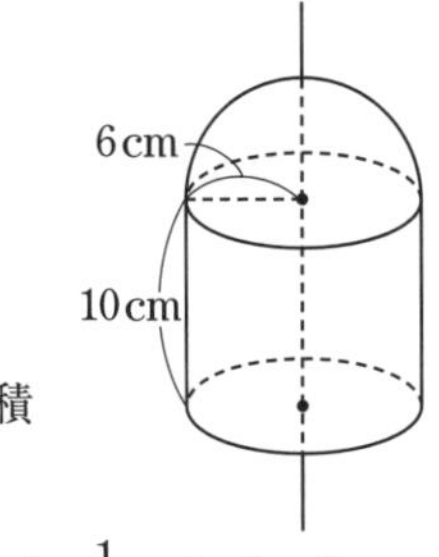

(2) 半球部分の表面積は，$4\pi\times6^2\times\frac{1}{2}=72\pi(\text{cm}^2)$

円柱の側面積は，$10\times(2\pi\times6)=120\pi(\text{cm}^2)$

円柱の底面積は，$\pi\times6^2=36\pi(\text{cm}^2)$

したがって，この立体の表面積は，

$72\pi+120\pi+36\pi=228\pi(\text{cm}^2)$

6 (1) **18 cm³** (2) $x=3$

解説 (1) 図1で，水の量は三角錐ABCDの体積に等しいから，

$\frac{1}{3}\times\left(\frac{1}{2}\times9\times6\right)\times2=18(\text{cm}^3)$

(2) 図2で，水の入っている部分は三角柱になるから，

$\left(\frac{1}{2}\times6\times x\right)\times2=18$

これを解くと，$x=3$

【7章】データの活用

1 データの分析

Step 1 基礎力チェック問題 (p.105-107)

1 (1) **50 kg 以上 55 kg 未満の階級**
(2) **5 kg** (3) **10**
(4) **右の図**
(5) **45 kg 以上 50 kg 未満の階級**
(6) **32 人**

体重の記録

階級 (kg)	度数 (人)	累積度数 (人)
以上 未満		
35 ～ 40	2	2
40 ～ 45	4	6
45 ～ 50	10	16
50 ～ 55	16	32
55 ～ 60	8	40
合 計	40	

解説 (2) $40-35=5$(kg)
(5) 累積度数から，12 番目の人が入る階級は，45 kg 以上 50 kg 未満。
(6) 50 kg 以上 55 kg 未満の累積度数から，32 人。

2 (1)(2) **下の図**

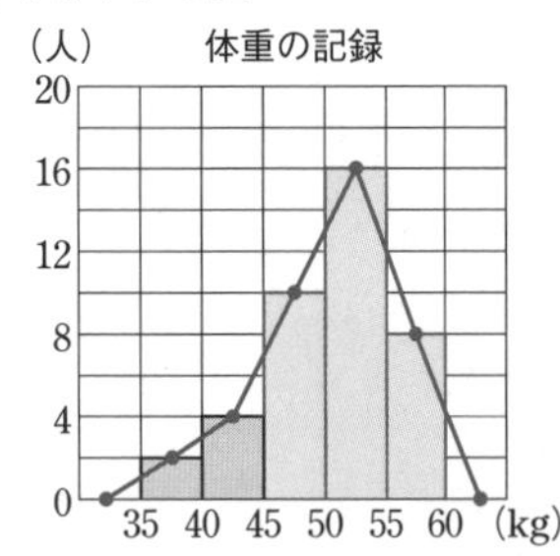

(3) **50 kg 以上 55 kg 未満の階級**

解説 (1) ヒストグラムは，階級の幅を底辺，度数を高さとする長方形を順にかいて，度数の分布のようすを表したグラフである。
(2) 度数折れ線は，ヒストグラムのそれぞれの長方形の上の辺の中点を順に線分で結んだグラフである。ただし，両端の階級の左右には度数が 0 の階級があるものとして，線分を横軸までのばす。
(3) 長方形の高さが最も高い階級だから，50 kg 以上 55 kg 未満の階級。

3 (1) **ア**…0.40 **イ**…0.40 **ウ**…1.00
(2) 15%

解説 (1) 相対度数 $=\dfrac{\text{その階級の度数}}{\text{度数の合計}}$ だから，

アは $\dfrac{16}{40}=0.40$

累積相対度数はその階級までの相対度数の合計だから，イは 40 kg 以上 45 kg 未満の階級の累積相対度数に 45 kg 以上 50 kg 未満の階級の相対度数をたして，$0.15+0.25=0.40$

ウは，$0.80+0.20=1.00$

いちばん下の階級の累積相対度数は相対度数の合計なので，1 になる。
(2) 40 kg 以上 45 kg 未満の階級の累積相対度数を百分率に直して，$0.15\times100=15$(%)

4 (1) **9 点** (2) **6 点**
(3) **6.5 点** (4) **7 点**

解説 (1) 範囲＝最大値－最小値で，最大値は 10 点，最小値は 1 点だから，$10-1=9$(点)
(2) 平均値 $=\dfrac{\text{データの値の合計}}{\text{度数の合計}}$ だから，

$$\frac{8+1+7+2+3+10+9+2+7+6+5+7+4+10+6+9}{16}$$

$=\dfrac{96}{16}=6$(点)
(3) データを小さい順に並べると，
1 2 2 3 4 5 6 6
7 7 7 8 9 9 10 10
データの個数は 16 で偶数だから，中央値は 8 番目と 9 番目の平均値になる。

$\dfrac{6+7}{2}=6.5$(点)
(4) データの中で最も多く出てくる値は 7 だから，最頻値は 7 点。

5 (1) **40 分以上 60 分未満の階級**
(2) **50 分**

解説 (1) データの個数は 25 で奇数だから，中央値は，13 番目の値。13 番目の値は 40 分以上 60 分未満の階級に入っている。
(2) 度数が最も多いのは 9 人だから，最頻値は 40 分以上 60 分未満の階級の階級値である。

$\dfrac{40+60}{2}=50$(分)

6 (1) **ア**…47.5 **イ**…170
(2) **50.5 kg**

解説 (1) 階級値はそれぞれの階級のまん中の値だから，ア…$\dfrac{45+50}{2}=47.5$
イ…$42.5\times4=170$
(2) 平均値 $=\dfrac{(\text{階級値}\times\text{度数})\text{の合計}}{\text{度数の合計}}$ だから，

$\dfrac{2020}{40}=50.5$(kg)

7 イ，エ

解説 ア…いちばん小さい階級といちばん大きい階級が離れているのは，B の箱だから，B の箱のほうが範囲は大きい。

イ…平均値，中央値，最頻値がほとんど同じになるのは，ヒストグラムの形がほぼ左右対称の場合だから，Aの箱。

ウ…データの度数の合計はどちらも20であるから，中央値は10番目と11番目の値の平均値となる。したがって，10番目と11番目の値が入っている階級を調べる。

Aの箱は95g以上100g未満の階級に，Bの箱は90g以上95g未満の階級に入っている。

エ…Aの箱の平均値は95g以上100g未満の階級にあるが，Bの箱のヒストグラムはそれより左にかたよった分布で，小さい階級のほうによりデータが集まっているから，Bの箱のほうが平均値は小さい。

8 (1) **表**　(2) **0.58**　(3) **2900回**

解説 (1) 表が出た回数は投げた回数の半分より多い(相対度数が0.5より大きい)ので，表が出るほうが起こりやすいといえる。

(2) 相対度数を調べると下のようになる。

投げた回数(回)	表が出た回数(回)	相対度数
100	57	0.57
500	286	0.572
1000	577	0.577
1500	868	0.5786…
2000	1162	0.581

0.58に近づいている。

(3)(2)より，表が出る確率は0.58と考えられるから，

$5000\times0.58=2900$(回)

Step 2 実力完成問題 (p.108-109)

1 (1) **ア…6**　**イ…28**　**ウ…0.20**

エ…0.25　**オ…1.00(1)**　**カ…0.70**

キ…0.95

(2) **160cm以上165cm未満の階級**

(3)

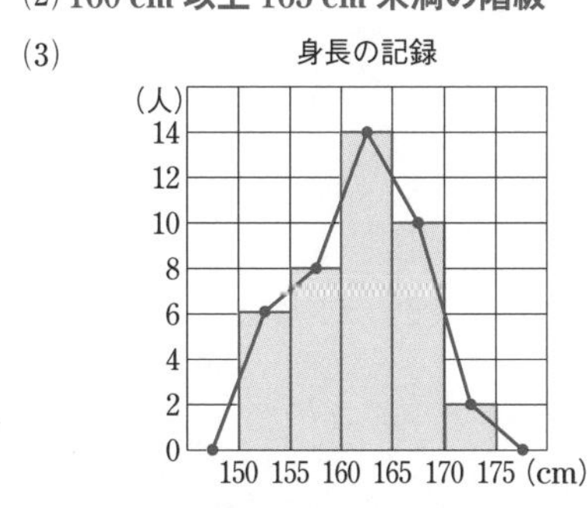

解説 (1) ア…度数と同じ6　イ…$14+14=28$

ウ…$\frac{8}{40}=0.20$　エ…$\frac{10}{40}=0.25$　オ…相対度数の合計はつねに，1　カ…$0.35+0.35=0.70$

キ…カの値＋エの値 $=0.70+0.25=0.95$

別解 キ…$1.00-0.05=0.95$

(2) データの度数の合計は40であるから，中央値が入る階級は20番目と21番目の値が入っている階級である。

2 (1)

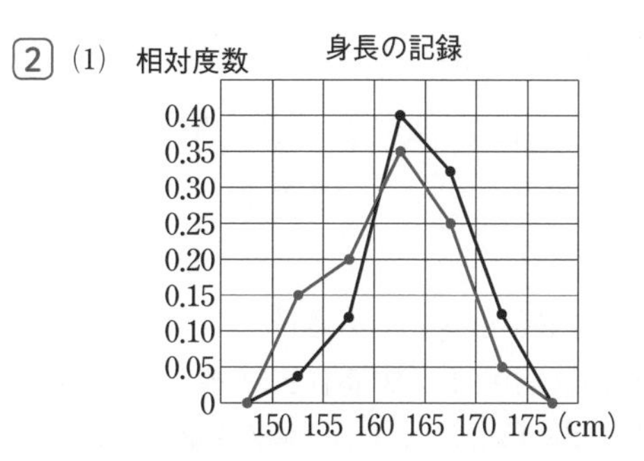

(2) (例) **山の右側の高さが，BのほうがAより高いので，Bのほうが身長が高い人の割合が多い。**

解説 (1) 各階級のまん中のところに，各階級の相対度数を表す点をとり，順に結ぶ。両端の階級の左右には相対度数が0の階級があるものと考えて，線分を横軸までのばす。

3 **範囲…55点**　**平均値…68点**

中央値…69点

解説 範囲…範囲＝最大値－最小値で，最大値は95点，最小値は40点だから，

$95-40=55$(点)

平均値…データの合計を計算すると，1224点になり，平均値$=\frac{\text{データの値の合計}}{\text{度数の合計}}$だから，

$1224\div18=68$(点)

中央値…データを小さい順に並べると，

40　42　49　50　56　58　60　62　68

70　74　75　75　82　86　90　92　95

データの個数は18で偶数だから，中央値は9番目と10番目の値の平均値になる。

$\frac{68+70}{2}=69$(点)

4 (1) **0.52**　(2) **4160回**

解説 (1) 相対度数を調べると下のようになる。

投げた回数(回)	上向きになった回数(回)	相対度数
1000	524	0.524
2000	1036	0.518
3000	1563	0.521

0.52に近づいている。

(2) (1)より，上向きになる確率は0.52と考えられるから，$8000\times0.52=4160$(回)

5 (1) 22.5分　(2) 0.30 (0.3)　(3) イ，エ

解説 (1) A中学校の度数が最も大きい階級は20分以上25分未満の9人。最頻値はその階級の階級値だから，$\frac{20+25}{2}=22.5$(分)

(2) $\frac{4+10+16}{100}=0.30$

(3) **ア**…B中学校の度数が最も大きい階級は15分以上20分未満だから，最頻値は

$\frac{15+20}{2}=17.5$(分)

イ…A中学校の中央値は20番目。

B中学校の中央値は50番目と51番目の平均値で，2校とも15分以上20分未満の階級にある。

ウ…A中学校の15分未満の生徒の相対度数は，

$\frac{6+7}{39}=0.333\cdots$

B中学校は(2)より0.30だから，通学時間が15分未満の生徒の相対度数はA中学校のほうが大きい。

エ…0分以上5分未満，35分以上40分未満の階級に入る人はA中学校にはいないが，B中学校にはいるので，B中学校のほうが範囲が大きい。

定期テスト予想問題　(p.110-111)

1 (1) 3 m　(2) 23.5 m

(3) 34　(4) 0.375

(5)

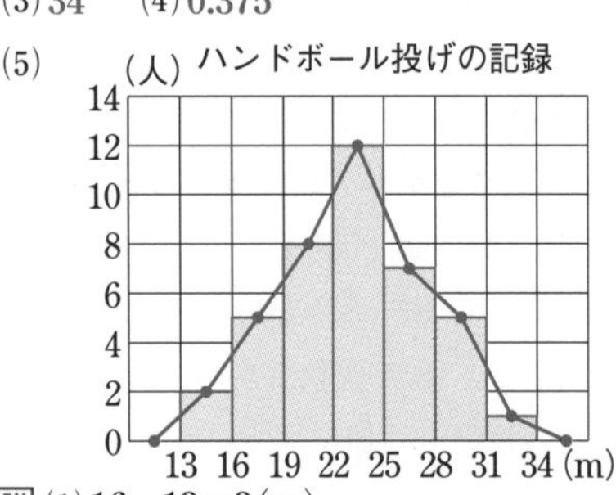

解説 (1) $16-13=3$(m)

(2) 度数が最も多い階級は22 m以上25 m未満だから，この階級値で，$\frac{22+25}{2}=23.5$(m)

(3) $2+5+8+12+7=34$

(4) $\frac{2}{40}+\frac{5}{40}+\frac{8}{40}=\frac{15}{40}=0.375$

2 (1) **ア**…37.5　**イ**…47.5　**ウ**…9

エ…110.0　**オ**…1080.0

(2) 36 kg

解説 (1) **ア**…$\frac{35+40}{2}=37.5$　**イ**…$\frac{45+50}{2}=47.5$

ウ…$30-(1+4+8+5+3)=9$

エ…$27.5\times4=110.0$

オ…$22.5+110.0+292.5+300.0+212.5+142.5$
$=1080.0$

(2) 平均値$=\frac{(階級値\times度数)の合計}{度数の合計}$だから，

$\frac{1080}{30}=36.0$(kg)

3 平均値…7.1回　中央値…6.5回　最頻値…6回

解説 平均値…データの合計を計算すると，142回になり，平均値$=\frac{データの値の合計}{度数の合計}$だから，

$142\div20=7.1$(回)

中央値…データを小さい順に並べると，

3　4　4　5　5　6　6　6　6　6
7　7　7　8　9　9　10　11　11　12

データの個数は20で偶数だから，中央値は10番目と11番目の平均値になる。$\frac{6+7}{2}=6.5$(回)

最頻値…データの中で最も多く出てくる値は6だから，最頻値は6回。

4 白

解説 表の相対度数は

赤…$\frac{632}{1000}=0.632$　白…$\frac{964}{1500}=0.6426\cdots$

白のほうが相対度数が大きいので，白のほうが表が出やすいといえる。

5 (1) イ　(2) ウ　(3) ア

解説 (1) 中央値が平均値より小さく，最頻値より大きいのは，ヒストグラムの山が左にかたよった分布のときであるから，**イ**のヒストグラム。

(2) 平均値，中央値，最頻値がすべて近い値になるのは，ヒストグラムの形がほぼ左右対称の場合だから，**ウ**のヒストグラム。

(3) 範囲がいちばん大きいのは10～20，90～100までの階級に度数がある**ア**のヒストグラム。

⑨